云计算环境下移动 Agent 系统信任安全与资源分配研究

王素贞 著

中国物资出版社

图书在版编目（CIP）数据

云计算环境下移动 Agent 系统信任安全与资源分配研究/王素贞著．—北京：中国物资出版社，2012.8

ISBN 978 - 7 - 5047 - 4237 - 7

Ⅰ.①云…　Ⅱ.①王…　Ⅲ.①计算机网络—安全技术—研究　Ⅳ.①TP393.08

中国版本图书馆 CIP 数据核字（2012）第 070641 号

策划编辑 马　军		**责任印制** 方朋远	
责任编辑 王泽宁		**责任校对** 孙会香　杨小静	

出版发行 中国物资出版社

社　　址 北京市丰台区南四环西路 188 号 5 区 20 楼　　　**邮政编码** 100070

电　　话 010 - 52227568（发行部）　　　　　010 - 52227588 转 307（总编室）
　　　　　 010 - 68589540（读者服务部）　　　010 - 52227588 转 305（质检部）

网　　址 http://www.clph.cn

经　　销 新华书店

印　　刷 北京京都六环印刷厂

书　　号 ISBN 978 - 7 - 5047 - 4237 - 7/TP · 0073

开　　本 710mm×1000mm　1/16　　　　　**版　次** 2012 年 8 月第 1 版

印　　张 15　　　　　　　　　　　　　　**印　次** 2012 年 8 月第 1 次印刷

字　　数 286 千字　　　　　　　　　　　**定　价** 35.00 元

前　言

目前，"云计算"成为学术界、产业界和政府部门等各界关注的焦点，预示着全球信息化进程进入资源集成化、应用规模化、服务专业化发展阶段。从概念层面看，"云"是网络环境下构建的动态资源池，这种资源池由一系列处在不同网络节点可以维护和管理的物理和虚拟计算资源组成，通常为一些大型服务器集群，包括计算服务器、存储服务器、数据服务器及带宽资源等。从服务层面看，"云计算"是指云中资源的交付和使用模式，是指用户通过网络以按需、易扩展的方式获得所需的资源，包括硬件资源、平台资源和软件资源等。从技术层面看，"云计算"有两个研究重点，一是资源池中大规模动态资源的分布式构建方法研究；二是分布式协同应用开发平台上的计算方法与编程方法研究。对于后者来说，移动 Agent 计算范型为"云计算"环境下应用系统的设计与开发提供了普适参考模型。但由于云环境的虚拟性、动态性、开放性以及公用性，给移动 Agent 范型的应用带来了极大的安全性挑战。本书主要研究与探索在云计算环境下，移动 Agent 系统设计中的信任、安全与资源分配问题。

移动 Agent 系统信任管理问题研究。提出基于 SPKI（Simple Public Key Infrastructure）与 RBAC（Role Based Access Control）的移动 Agent 系统客观信任对等管理模型 OTPMM（Objective Trust P2P Management Model），解决执行主机和移动 Agent 交互过程中的身份认证、操作授权和访问控制问题。在此基础上，重点研究并提出移动 Agent 系统主观信任动态管理算法 STDMA（Subjective Trust Dynamic Management Algorithm）。基于 Josang 事实空间和观念空间的基本概念与 Gauss 可能性分布理论，使用"信任度"对执行（移动 Agent）主机和移动 Agent 交互行为的可信程度进行量化表示。在指定的时间周期内，通过交互双方的直接交互经验和第三方的推荐信息采集交互对象的基础信任数据。给出了"公信主机选择算法""孤立恶意主机算法"和"信任程度综合计算算法"，利用这些算法评价并预测移动 Agent 系统交互主机信任状态。每一个交互主机可根据自身的信任需求，指定信任门限值，以区分其他主机为"可信主机"与"不可信主机"，选择自己的可信交互机群，孤立恶意主机。对提出的所有算法都进行了模拟实验验证，证明了这些算法的合理性和有效性。

移动 Agent 安全保护问题研究。提出了一种增强移动 Agent 安全保护方法，简称 IEOP（Improved Encrypted Offer Protocol）方法，解决在不可信任环境中恶意主机对移动 Agent 的攻击问题，实现对移动 Agent 完整性和机密性保护。该方法先采用加密函数技术对敏感移动 Agent 加密，再用 IEOP 协议对加密 Agent 和执行结果分别进行封装，分别发送给下一个执行主机和源主机。源主机对回收的可疑结果使用执行追踪技术进行检查，确认是否有恶意行为，析出恶意主机。在基于组件的移动 Agent 系统 HBAgent 中，初步实现了该方法并分析和测试了移动 Agent 的巡回时间性能。

移动 Agent 系统安全评价问题研究。基于 CC 标准规范移动 Agent 安全功能设计和开发过程，采用组件设计移动 Agent 系统的安全子系统，并实施 CC - EAL3（Evaluation Assurance Level 3）等级的安全保证措施。在此基础上，重点研究移动 Agent 系统安全功能定量评价方法，引入主观逻辑理论，对通用评价方法论 CC_CEM 进行扩展，提出了一种移动 Agent 系统安全功能确信度定量评价方法 CEM_MAS，以解决 CC - EALn～ EALn＋1 两等级之间的安全程度量化评价问题。用三个评价示例验证了该方法是合理的与可行的，与其他方法进行比较证明了该方法具有更优化的评价结果。

移动 Agent 系统 CPU 资源分配机制与策略及移动 Agent 投标策略研究。在总结了移动 Agent 系统资源分配机制复杂性基础上，指出拍卖协商协议作为一种资源分配机制，可以有效地简化其复杂性，适应其信息不完全及自利性等特点，并确定了基于单边密封组合拍卖协议的 CPU 时间片资源分配机制。而后针对该拍卖协议提出了两种资源分配算法：其一，针对对 CPU 时间片资源分配无具体截止期限要求的 Agent，提出了一种改进的动态规划算法。实验表明，该算法不但计算开销非常小，而且可求得最优解；其二，针对对 CPU 时间片资源分配有各自截止期限要求的 Agent，提出了一种组合拍卖遗传算法。实验表明，该算法具有求解精度高、自适应能力强、稳定性好等优点。最后针对上述分配机制与策略，提出了四种投标算法：ZIPca、NZIPca 、GDca 和 FLca。其中，ZIPca 适合于对最大截止期限不作要求或要求非常宽松的场合；NZIPca 适合于对最大截止期限要求相对严格的场合；GDca 适合于对收益要求较高、对截止期限要求相对宽松的场合；FLca 适合于对截止期限要求严格的场合。仿真结果验证了上述四种投标算法的特点。其中 FLca 和 NZIPca 竞标能力强，最适应本书 Agent 的目标和在线动态的 CPU 时间片拍卖环境。二者相比，FLca 能力更强。

　　由于作者水平有限，加之相关技术发展迅速，书中难免存在某些缺点与不足，恳请广大读者和专家批评指正。

作　者

2012 年 7 月

目　　录

1 绪 论

1.1 研究背景及意义

1.1.1 研究背景

近年来，"云计算（Cloud Computing）"是信息技术领域研究热点之一，是 IT 产业界、学术界以及政府都十分关注的焦点，它预示着全球信息化发展进程将步入资源集约化、应用规模化、服务专业化发展的新阶段。"云计算"也是一种全新的互联网应用商业模式，为用户屏蔽了数据中心管理、大规模数据处理、应用程序部署等问题。用户通过网络可以根据其业务需求快速申请或释放资源，并以按需支付的方式对所使用的资源付费，就如同现在使用水电一样方便快捷，用户不必购置部署硬软件基础设施，将其从 IT 基础设施管理与维护的沉重压力中解放出来，更专注于自身的核心业务发展。"云计算"以其经济便利的服务优势吸引了众多企业的关注，在 IT 产业界，"云计算"被普遍认为具有巨大的市场增长前景。

（1）"云计算"技术原理及服务形态

目前，各界从不同的角度对"云计算"的内涵有不同的解释，中国云计算专家刘鹏教授给出如下定义："云计算将计算任务分布在大量计算机构成的资源池上，使各种应用系统能够根据需要获取计算力、存储空间和各种软件服务。" IBM 的技术白皮书给出了关于"云计算"的一个描述性定义："云计算一词用来描述一个系统平台或者一种类型的应用程序，一个云计算平台可以按需进行动态部署（Provision）、配置（Configuration）、重新配置（Reconfiguration）以及取消服务（Deprovision）等；云计算平台中的服务器可以是物理的也可以是虚拟的，高级的计算云通常包含一些其他计算资源，如网络存储区域，网络设备，防火墙及其他安全设备等；在应用（实现）方面，云计算描述了一种可以通过互联网进行访问的可扩展的应用程序，使用大规模的数据中心和功能强劲的服务器来运行网络应用程序和网络服务；任何一个用户可以通过一个合适的互联网接入设备和标准浏览器就能访问一个云计算应用程序。"可以从三个角度解读 IBM 的定义：从基础设施层面上看，"云"是网络环境下构建的动态资源池，这种资源池由一系列处在不同网络节点可以维护和管理的物理和虚拟的计算资源组成，通常为一些大型服务器集群，包括计算服务器、存储服务器、数据服务器、带宽资源以及安全设备等；从技术层面上看"云计算"是一种分布式计算技术，通过网络把成千上万台服务器连接起来，组成一台虚拟的超级计算机，并利用它的空闲时间和存储空间来完成大规模计算事务的求解，以实现网络上不同地理位置的海量资源的快速计算与处理，使网络中的计算资源、软件资源、数据资源、通信资源能够共享；从服务层面上看"云计算"提供的服务是指云中资源的交付和使用模式，用户通过网络终端以按需、易扩展的方式方便快捷地获得所需的硬件、平台、软件等服务。根据美国国家标准与技术研究院（NIST）的定义，当前把云服务分为三个层次：①基础设施即服务（Infrastructure as a Server）；②平台即服务（Platform as a Server）；③软件即服务（Software as a Server）。简单来说，云计算的基本技术原理是将动态可伸缩的 IT 资源以服务方式通过互联网提供给用户。图 1-1 从服务角度显示了云计算的内涵和部分应用。

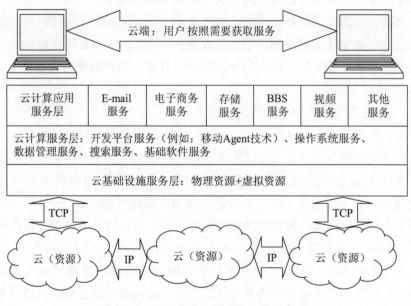

图 1-1　云计算的内涵与部分应用示意

从系统属性和设计思想来表示"云计算"技术体系结构,可分为云资源(物理资源和虚拟资源)部分、中间件管理部分和服务接口部分,目前,关于"云计算"技术上的研究主要包括两个方面,一个是如何构建分布式平台的基础设施;另一个是如何帮助开发人员在云计算的分布式平台上进行编程。针对后者来说,使用移动 Agent 计算范型为"云计算"环境下应用系统的设计提供参考模型。能够契合"云计算"中轻客户机的服务形态。

(2)移动 Agent 概念与技术特征

移动 Agent 技术是人工智能领域软件 Agent 和 Internet 相结合的产物。其基本概念是:移动 Agent 是一个独立运行的计算机应用程序,它可自主地在同构或异构网络上按照一定的规程移动,寻找合适的计算资源、信息资源或软件资源,利用与这些资源处于同一主机或网络的优势,就近处理或使用这些资源,代表用户意愿完成指定的任务,把结果返回给用户。其技术特征如下:

一是异步计算,提供不同时间和空间范围内的交互机制。用户可以自己创建 Agent,它移动到其他网络节点上可以异步地与一个或多个 Agent 交互,任务完成后将结果反馈给创建者。移动 Agent 引入了完整的异步计算环境,可以工作在同构或异构计算机软件、硬件等环境中,解决系统平台之间的不兼容问题。

二是资源优化:移动 Agent 能够优化网络和计算资源,实现负载均衡。对于客户方,只需要给出 Agent 的创建与收发设施,而不必为建立网络以及数据库连接投入大量资源;服务方利用 Agent 的异步性能够分析各种"服务请求"之间的逻辑相关性,从而将接纳的移动 Agent 根据一定的调度策略和资源分配策略统一处理;在网络使用方面,移动 Agent 减少了网络连接耗费的带宽,能够根据任务目标、通信能力和服务器负载等因素静态或动态规划其各项任务的执行主机,从而优化网络和主机资源的使用,避免出现盲目地访问资源等问题。

三是移动计算:移动计算受到处理能力、网络连接质量和代价、能源及安全性各方面的限制,缓冲管理、资源分配与撤销算法等传统方法难以提供根本的解决方案。移动 Agent 技术避开了移动计算中的网络和处理能力瓶颈,将交互与信息处理转移到具有很强的处理能力和安全性的云计算主机集群上执行,代表用户完成信息查询、数据交换等多种任务,然后把执行结果返回给用户。

四是分布式任务求解:为完成某项复杂任务,通过将任务分解并分配给多个移动 Agent,由这些 Agent 分别完成其中一个或多个特定的任务,将它们映射到相同或不同云计算节点上运行,利用其并行性、移动性和信息处理能力能够实现大规模任务的求解。

由上面分析可知，移动 Agent 模型在技术方面能够实现云计算的核心思想和计算原理，在服务方面能够实现云计算的商业服务形态。因此，移动 Agent 技术能够支持云计算应用实现，将成为其关键技术之一。

（3）基于移动 Agent 的开放云计算架构

目前，云计算标准和可移植性不健全，多个云计算服务提供商 CCSP 之间互操作性是不兼容的，这就需要在进行计算时使用移动 Agent。依据是：移动 Agent是一个软件的数据组成，数据可以完整地从一个环境到另一个环境的状态迁移，能够在新环境中正确进行计算。实现思路是采用基于移动 Agent 的开放式云计算联盟的机制，解决跨 CCSP 兼容性问题。首先解决可移植性，从定义来看移动 Agent 确保了可移植性，每个移动 Agent 运行在一个称为 Mobile Agent Place（MAP）的虚拟机上。移动 Agent 携带应用程序代码或用户的任务独立地从一个 MAP 到另一个 MAP，从而实现异构 CCSPs 之间的可移植性。其次解决互操作性，解决代理商之间的协商和合作问题。工作机制是：在这个架构中使用基于任务管理器的一个集中的方式。在 CCSP 的每个管理域都安装有一个虚拟机和 MAP。选择一个虚拟机作为任务管理器执行许多服务，包括资源索引、认证、安全、计费、灾难恢复和容错。在用户端，任务被封装在移动 Agent 中，作为一个数据结构，发送到云中。MAP 收到所有新发送的移动 Agent。每当移动Agent接收和负责备份和监控移动 Agent 时通知任务管理器。MAP 与任务管理器频繁地互动和交流信息。

（4）云环境下移动 Agent 系统及安全问题

目前云计算关键技术的理论研究和应用实践处在起步阶段，未雨绸缪，安全问题仍是影响云计算广泛应用的关键问题之一。尤其是未来云计算的发展趋势是不同云服务之间的互通互融，当多个私有云和公有云联合形成混合云计算状态时，安全问题更加复杂，受商业利益驱动，恶意云节点和恶意用户都可能出现，需要研究并实施对云计算平台及购买其应用的用户进行双向行为约束机制。该问题目前在学术领域和产业界亟待开展深入的理论研究与应用实践。云计算环境下安全管理与服务内容很丰富，主要包括：安全审计、综合防护、访问授权、身份认证等。冯登国等提出了一种云计算安全技术框架，把云安全服务分为可信云基础设施服务、云安全基础服务以及云安全应用服务三类。本书主要研究与探索云计算环境下移动 Agent 系统信任、安全及资源分配问题，属于云安全应用服务层面，以期有抛砖引玉的作用。

1.1.2 研究的意义

随着电子信息技术和无线网络（3G/4G）的迅速发展，新一代个人数字终端，如笔记本电脑，平板电脑、个人数字助理（Personal Digital Assistaint, PDA）和智能手机（SmartPhone）广泛普及，其功能不断增强，用户可以使用这些终端从网络中随时随地获取自己感兴趣的信息。但在信息获取过程中用户仍然需要面对网络基础设施与通信协议的复杂性、主机操作系统的异构性、交互双方的安全性，以及无线带宽的局限性等问题带来的种种干扰，在云计算环境下能够一定程度消除上述部分弊端，有些问题仍然存在，如安全问题、无线带宽限制问题以及目前网络应用系统中使用的客户机—服务器（C/S）计算模型，浏览器—服务器（B/S）计算模型，主要表现在对离线计算支持不够，以及对低带宽、网络连接不稳定的网络环境适应性不足等方面问题。移动 Agent 作为新的分布式计算模型能有效克服这些不足，移动 Agent 跨域移动以及异步通信特性，形成了灵活的系统结构，可以解决云计算环境下的用户在线和离线的各种分布式计算问题，尤其是离线分布式计算问题，能更好适应新的分布式应用随时随地计算需求，为用户提供灵活便捷的同时，进一步节约通信成本。研究与探索移动 Agent 系统信任安全及资源分配问题具有重要的应用价值。

移动 Agent 技术是一项涉及多学科的、处于国际研究前沿的新型技术，在云计算环境下对移动 Agent 系统信任安全与资源分配问题进行研究，能够跟踪国际前沿技术。该项目的研究成果，能够丰富云计算和移动 Agent 模型的理论体系，增强移动 Agent 应用系统的安全性能，促进我国分布式应用技术和信息安全技术的进一步发展，推进移动 Agent 技术在云计算环境下更广泛的应用于各个领域，具有重要的理论和现实意义。

1.1.3 课题来源与要解决的问题

本书作者所在的课题组对移动 Agent 系统的研究自 1999 年开始，同年申请了清华大学"智能技术与系统"国家重点实验室开放课题基金资助项目：《基于移动 Agent 的 Web 信息检索系统研究》[①]，研制了移动 Agent 开发平台 M&MAP（Military & Mobile Agent Platform）。在此基础上，2005 年又申请到了河北省科技攻关项目《基于组件的移动 Agent 平台系统研究与实现》[②]，开发了一个基于

---

①项目编号：990087
②项目编号：05 2435179D

组件的移动 Agent 平台系统。在前期工作的基础上，申请到河北省 2008 年度科技支撑计划项目《基于 Agent 信任度的资源分配系统》①，重点研究云计算环境下，移动 Agent 系统的信任与安全问题，从信任管理和安全控制两方面着手，增强移动 Agent 系统安全性能。同时，对移动 Agent 系统 CPU 的资源分配机制和策略以及移动 Agent 投标算法进行系统研究，并开发实现了基于 Agent 信任度的资源分配系统系列组件。目前正在把上述研究成果应用于移动电子商务领域，开发一个"移动电子商务征信系统"，并申请到了河北省 2011 年度科技支撑计划项目《移动电子商务征信系统研究与实现》②。

移动 Agent 在云中跨域移动性带来方便的同时，也带来了新的信任与安全问题，有效解决这些问题成为移动 Agent 模型广泛应用于各领域的关键所在。尤其在电子商务等领域，对信任和安全问题的解决更具有必要性和紧迫性。本书重点研究解决以下四个问题：

1. 移动 Agent 系统信任管理问题

基于 SPKI 和 RBAC 研究移动 Agent 系统中实体信任关系的形成、传播与进化规律，对移动 Agent 与执行主机的交互行为进行信任管理，提出一种信任程度表示和计算方法，实现交互前可信主机选择。

2. 移动 Agent 安全保护方法问题

由于移动 Agent 相对于执行主机处在弱势状态，保护移动 Agent 安全难度较大，提出一种增强移动 Agent 安全保护的方法。

3. 移动 Agent 系统安全程度评价方法问题

基于 CC 标准，采用安全功能组件和安全保证组件实现移动 Agent 系统安全方案，规范其开发过程，阻断移动 Agent 和执行主机之间的相互攻击。在此基础上，引入主观逻辑理论，提出一种移动 Agent 系统安全功能确信度定量评价方法。

4. 移动 Agent 系统 CPU 资源分配问题

研究移动 Agent 系统 CPU 资源分配机制与策略及移动 Agent 投标策略。在总结了移动 Agent 系统资源分配机制复杂性基础上，提出拍卖协商协议作为一种资源分配机制，可以有效地简化其复杂性，适应其信息不完全及自利性等特点。首先提出基于单边密封组合拍卖协议的 CPU 时间片资源分配机制，而后针对该拍卖协议提出两种资源分配算法。其一，针对 CPU 时间片资源分配无具体截止

①项目编号：08 213511D

②项目编号：11213527D

期限要求的 Agent，提出一种改进的动态规划算法；其二，针对对 CPU 时间片资源分配有各自截止期限要求的 Agent，提出一种组合拍卖遗传算法；最后针对上述分配策略，提出移动 Agent 四种投标算法：一是适合于对最大截止期不作要求或要求非常宽松的场合；二是适合于对最大截止期要求相对严格的场合；三是适合于对收益要求较高、对截止期要求相对宽松的场合；四是适合于对截止期要求很严格的场合。

1.2　移动 Agent 系统概述

1.2.1　基本概念

移动 Agent（Mobile Agent，MA）是能在异构网络环境中自主移动执行并与环境交互以完成用户特定任务的软件实体，移动内容包括代码、数据和执行状态。

移动 Agent 在网络主机上"指定"区域内运行，这个区域称为移动 Agent 平台（Mobile Agent Platform，MAP），它是驻留在主机上的服务软件实体，也称移动 Agent 服务器（Sever）。本书把云中多个网络主机上的 MAP 称之为构成 MA 的执行环境（Execution Environment，EE）。MA 和 MAPs 构成移动 Agent 系统（Mobile Agent System，MAS）。在云计算环境中，移动 Agent 计算模型与 C/S、B/S 等传统的分布式计算模型相比，具有结构和性能方面的优势，移动 Agent 系统参考模型如图 1-2 所示。

移动 Agent 的组成描述如下：

＜移动 Agent＞∷＝＜标识＞＜授权信息＞＜代码＞＜状态＞＜数据＞

＜标识＞∷＝＜规范＞＜移动 Agent 系统类型＞＜ID＞

＜授权信息＞∷＝＜区域＞＜证书＞

＜代码＞∷＝＜系统方法＞/＜用户方法＞

＜状态＞∷＝＜初始化及运行信息＞

＜数据＞∷＝＜预定义数据＞/＜计算结果＞

＜规范＞∷＝ FIPA/MAFS

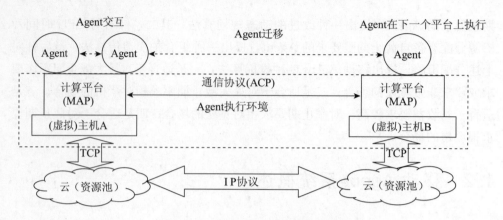

图 1 - 2 移动 Agent 系统参考模型

标识：用于标识移动 Agent 实体，保持其唯一性。ID 的唯一性可确保系统能够对移动 Agent 进行有效的管理和调度。

授权信息：是移动 Agent 所代理的用户的安全证书，包含移动 Agent 对资源的访问权限，以及用户的身份信息。

代码：是移动 Agent 为实现用户的计算任务而预先编写的方法序列，也可以来自系统的代码库。

状态：记录了移动 Agent 的初始化及其运行时的相关信息，移动 Agent 用户和系统的管理组件可以根据移动 Agent 的状态信息做出管理决策。

数据：主要是指移动 Agent 的计算结果，包含通信所需要的数据和中间计算结果。

规范：指移动 Agent 系统能够遵循的公共规范 FIPA/MAFS，如果移动 Agent能够遵循公共规范，不同移动 Agent 系统可以进行通信，移动 Agent 也可以使用和访问更多的网络资源。

1.2.2 主要特性及系统分类

移动 Agent 是一种新的计算模型，有以下主要特性：移动性，指移动Agent能够在多个网络主机间并行或者顺序移动执行，与 C/S、B/S 等分布式计算模型相比，能够明显减少中间数据的产生，可降低网络流量，节约网络带宽；离线计算，对计算环境的适应性，可广泛应用于移动计算、带宽较低的无线网络环境以及网络连接不稳定的网络计算环境；跨平台性，移动 Agent 及其运行环境均属于网络主机中的应用层程序，移动 Agent 跨平台的特性降低了分布式应用程序开发的复杂性，增加了灵活性和可伸缩性；自主性，移动 Agent 能够根据用户的意图自主决定移动路线和移动时间，这是区别于其他分布式实体的主要特征；并行性，多个移动 Agent 在一组主机中并行执行，实现资源的合理分配，以缩短完成计算任务的时间。

已经存在的移动 Agent 系统主要分为三类：基于平台的系统、基于程序设计语言支持的软件开发包以及一些平台中间件。基于平台的系统，具有统一的移动 Agent 执行环境，具有一个后台服务程序，称之为移动 Agent 服务器。提供的主要功能包括：移动性支持、命名、安全、通信、移动 Agent 跟踪、持久性、外部应用程序网关、平台管理和容错等。如 Grasshopper、D'Agent 和 Aglets 等。基于程序设计语言支持的软件开发包类型的移动 Agent 系统，具有专用于移动 Agent 应用程序设计的语言规范和编译系统，在语言级支持移动 Agent 的移动性、通信、同步和跟踪等。中间件系统，一般没有统一的服务器和移动 Agent 运行的基础设施，只提供应用程序接口供其他开发语言调用，开发支持移动 Agent 特性的应用程序。这种中间件系统具有良好的可扩展性，如 Voyager。

移动 Agent 系统开发规范有两类：一类是 OMG（Object Management Group）组织发布的 MASIF（Mobile Agent System Interoperability Facility），后改名为 MAFS 规范。MAFS 规范清晰地定义了移动 Agent 系统体系结构、互操作原语和两个接口。MAFS 的作用是推动不同移动 Agent 平台之间实现互操作；多数开发平台基本遵循了 MAFS 规范。另一类是 FIPA（The Foundation for Intelligent Physical Agent）组织制订的移动 Agent 规范集。FIPA 目的是促进传统电信网和现代计算机网络的融合。

本书所研究的移动 Agent 系统信任与安全问题与 Agent 的移动性密切相关。图 1-3 给出了基于 Java 语言的移动 Agent 移动示意图。

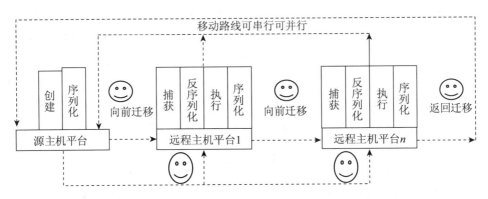

图 1-3 基于 Java 语言的移动 Agent 迁移过程

1.3 研究现状与存在问题

1.3.1 研究与应用现状

在国外，目前有许多研究机构和商业组织在研制自己的移动 Agent 系统，已经发布的移动 Agent 应用开发环境有 200 多个，其中比较知名的有 10 多个。这些移动 Agent 系统中一类采用脚本语言编程，例如 Telescript、TACOMA 及 Agent TCL 等；另一类则使用 Java 语言编程，典型的有 Aglets、Voyager 和 Concordia 等。近年来，基于组件的开发技术成为热点，采用组件技术的平台主要有 Open Group Research Institute 开发的 MOA，Technical University of Vienna 开发的 ADK 以及 University of COIMBRA 研制的 M&M，这些平台有的还正在开发过程中。在移动 Agent 技术的应用方面，美国、欧洲等国家和地区成立了专门的研究机构负责移动 Agent 技术的应用，已经在电信、军事、电子商务领域得到了较为广泛的应用。例如：Telescript 侧重于解决电子商务领域的应用问题。移动 Agent 系统 TACOMA 的一个成功应用案例是美国的暴风预报项目。Dartmouth College 开发的移动 Agent 系统 D′agent 的应用优势是实现了多种安全机制，可根据移动 Agent 拥有者的身份确定资源管理策略，采用数字货币的机制保护主机分组，支持移动 Agent 强移动等。移动 Agent 系统 Concordia 主要是针对电子拍卖行的应用需求而开发的。移动 Agent 系统 Aglets 是由 IBM 主持开发的一个较为完整的商用移动 Agent 平台，基于该平台可开发多种应用案例，目前已经成为开源项目。移动 Agent 系统 Voyager 为分布式对象交互提供了通用的解决方案。移动 Agent 系统 Grasshopper 是同时遵循 MAFS 规范和 FIPA‑97 规范的移动 Agent 平台，它是欧洲电信环境智能移动 Agent 机群 CLIMATE（Cluster for Intelligent Mobile Agent for Telecommunication Environments）研究中多个国际研究项目的基础开发平台，其主体结构已经基本完善。目前该平台主要用于研究特定领域基于移动 Agent 中间件的应用。例如，移动网络中的服务控制、电信管理、电子商务以及多媒体应用等。这些国外开发的移动 Agent 平台系统各其有特点。

在国内对于移动 Agent 平台的研究多集中在解决移动 Agent 通信、安全性和路由规划以及资源分配与调度等理论研究层面。国内较为完善的移动 Agent 平台之一是 Mogent，对解决 TAP（Travel Agent Problem）问题提出了一些解决方案。此外，还有用于移动 Agent 路由规划问题、网络管理以及系统安全性研究的一些研究型平台。本书作者所在的课题组在完成智能技术与系统国家重点实验室开放课题《基于移动 Agent 的 Web 信息检索系统研究》基金项目的基础上，开发了一个移动 Agent 平台原型系统 M&MAP（Military & Mobile Agent Platform），这是一个基于 Intranet 的移动 Agent 应用程序开发环境，实现了移动 Agent 装载、移动 Agent 移动、移动 Agent 管理、基于入口点的持续性等功能。继而，在研究河北省科技攻关项目《基于组件技术的移动 Agent 平台研究与实现》的过程中，课题组开发了一个基于组件技术的移动 Agent 系统 HBAgent。该平台作为实验环境用于深入研究移动 Agent 关键技术问题，如信任与安全、路由、资源分配和优化调度等问题。国内移动 Agent 技术的应用相对滞后，有若干个应用案例，例如：基于 Agent 的网上税收系统，基于移动 Agent 的拍卖系统，以及基于移动 Agent 信任度的资源分配系统等。

1.3.2 移动 Agent 系统存在的主要问题

1. 安全问题

由于云环境的虚拟性、动态性和开放性，致使云计算中移动 Agent 系统安全问题的内涵异常丰富。从广义上将其安全问题划分为四类：主机安全问题，指恶意移动 Agent 对主机的攻击（Malicious Agent-to-Host）；移动 Agent 安全问题，指恶意主机对移动 Agent 的攻击（Malicious Host-to-Agent）；移动 Agent 之间的安全问题（Agent-to-Agent）；主机相对其他实体的安全问题（Other-to-Host）。后两者的问题也可以合并到前两者中解决。因此，移动 Agent 的跨域移动主要产生了两类安全问题，一类是保护合法主机免受恶意移动 Agent 的攻击问题；另一类是保护合法移动 Agent 免受恶意主机的攻击问题。后者更为复杂，目前已有的移动 Agent 系统还没有有效解决第二类安全问题，有待研究新的方法。移动 Agent 系统安全问题与网络安全问题密切相关，因为无法证明网络协议100%正确性，无法保证软件 100%正确性，导致也无法从根本上确保移动 Agent 系统达到 100%安全性。移动 Agent 系统的绝对安全是一个"极限"状态，安全策略与安全技术的实施只能去逼近而无法达到这个"极限"状态。

2. 信任问题

在云计算环境下，目前关于"信任"没有明确的统一定义，研究者们对信任的理解和约定也缺乏一致性，在很多研究中信任与安全相关的概念有很多混同的用法，这极不利于对信任问题深入细化的研究。本书认为信任问题与安全问题二者是既有区别又有联系的。在开放的网络系统中，辨析两个实体之间"是否信任"通常发生在两个实体交互之前，是一种可能性判断，一种预期；而辨析两实体交互"是否安全"通常发生在两个实体交互之后，是对实际交互过程是否安全的认定。信任与安全又是紧密相关的，在两实体 A 与 B 交互之前，如果实体 A 不信任 B，A 可能调用一切系统可提供的安全措施增强交互过程的安全性，B 对 A 也一样，这种情况下 A 和 B 的交互行为是高成本低效率的；如果 A 信任 B，A 可能对 B 少用或不用安全措施，A 与 B 之间的交互将是低成本高效率的。实体 A 与 B 本次的交互结果是否安全，会影响 A 和 B 下一次交互之前的信任程度。因此"判定信任"发生在两实体交互之前，起预测作用，"判定安全"发生在主体交互之后，起验证作用。

移动 Agent "异地交互"过程中所表现出来的安全问题，与交互双方"是否信任"的问题密切相关。目前，在已有的移动 Agent 系统中尚未建立信任管理机制，主机与到访的移动 Agent 之间是"弱信任或零信任"关系，属于不同信任域的移动 Agent 和执行主机之间互不信任，互相戒备，甚至互相攻击。产生多种攻击的背后的共同原因往往是某一个信任链的断裂。在移动 Agent 系统中，通过加强信任管理增强移动 Agent 系统安全性是解决移动 Agent 安全问题的新途径。近年来，开放网络系统的基础信任问题成为研究热点，这些研究为移动 Agent 系统信任问题的解决带来启示和借鉴。

3. 性能评价问题

移动 Agent 技术著名研究者 Lange 指出"面向对象技术……的出现极大地提高了软件工业的生产率，而移动 Agent 技术正是面向对象技术的继承者"。但"怎样优化移动 Agent 系统的性能，也是移动 Agent 技术广泛应用的瓶颈问题之一"。目前，很多对移动 Agent 技术的研究还停留在理论层面，缺少大量应用场合的验证以及对系统定量分析与评价研究，能查到少量国外相关评价文献，几乎都是针对解决局部问题，如路由协议、认证机制与安全技术等进行单项指标评价。因此，研究移动 Agent 系统信任与安全问题的过程中，在具体的移动 Agent 系统加以实验，对移动 Agent 系统安全功能进行整体上的定量分析与评价，也是待解决的重要问题之一。

4. 系统 CPU 资源分配问题

因为移动 Agent 代表的是其用户的利益，而不是服务主机的利益。一般情况下，用户总是希望 Agent 用较少的花费、在最短的时间内、使用最多的资源来完成任务。这使得 Agent 在服务主机上执行的时候，为最大化自身的利益，总是想方设法多占用资源，而对服务主机和其他 Agent 的利益漠不关心。这极易造成对服务主机资源的过度使用，更有甚者，那些恶意的 Agent 会给主机系统造成不可估计的损失和危害。因此，研究有效的资源分配机制，尤其是提供服务主机的 CPU 时间片资源分配机制及方法对促进移动 Agent 系统的发展有着重要的意义。

5. 系统集成问题

已有的移动 Agent 平台，大多数采用了紧耦合的设计策略，没有采用可重用的组件技术，增加了移动 Agent 应用开发和集成的复杂性。移动 Agent 技术著名研究者 Picco 提倡在移动 Agent 系统开发及应用过程中广泛使用组件技术，增加移动 Agent 应用系统的灵活性和可伸缩性。他建议把移动 Agent 系统构建成一组可灵活装配的组件，例如：某一组件只提供迁移服务，另一组件提供安全服务，又一组件提供通信服务等。设计者可以根据具体的应用需要添加、删除某一组件，或向某一组件中添加一些功能。目前基于组件技术构建移动 Agent 系统成为研究热点，详情见参考文献。

1.4 本书主要工作

针对云计算环境中上述移动 Agent 系统中待解决的问题，本书所做的主要工作如下：

1. 移动 Agent 系统信任管理问题研究

首先基于 SPKI 信任机制，提出一种移动 Agent 系统客观信任对等管理模型（OTPMM），统一解决移动 Agent 系统中身份认证、操作授权和访问控制问题；在此基础上，借鉴人类信任机制（Human Trust Mechanism，HTM），重点研究主观信任形成、信任传播与信任进化规律，提出主观信任动态管理算法（STD-MA），基于移动 Agent 与执行主机的交互经历以及第三方推荐信息收集基础信任数据，给出了公信主机选择算法，孤立恶意主机算法和综合信任度计算算法，实现选择信任机群，孤立恶意主机的功能，以增强移动 Agent 与主机的安全交互效果。对所给出的算法均进行了模拟验证，证明了其可行性和有效性。

2. 保护移动 Agent 安全问题研究

重点研究并提出一种强化移动 Agent 安全保护的方法，简称 IEOP（Improved Encyrpted Offer Protocol）方法，以保护移动 Agent 的完整性和机密性。由于执行主机控制移动 Agent 执行过程，移动 Agent 相对执行主机来说处于弱势地位，针对恶意主机有效保护移动 Agent 安全更为复杂。在分析移动 Agent 系统安全需求和已有的保护移动 Agent 安全技术的基础上，选择加密函数技术和执行追踪技术结合，改进加密提供者协议 EOP 形成 IEOP，用 IEOP 封装加密移动 Agent 及其执行结果，阻断恶意主机对移动 Agent 的攻击，实现移动 Agent 的完整性和机密性保护。在基于组件技术的移动 Agent 系统 HBAgent 中对 IEOP 方法进行了验证。

3. 移动 Agent 系统安全功能评价方法研究

分析 CC 标准（Common Criteria for Informaton Technology Security Evaluation）和通用评价方法论（Common Evaluation Methodology，CEM）的使用方法，基于 CC 标准使用 MAS_PP 表达移动 Agent 系统安全需求，使用 MAS_ST 描述移动 Agent 系统安全目标，采用组件技术设计移动 Agent 系统安全功能，选择 EAL3（Evaluation Assurance Level 3）等级实施安全保证方案；在此基础上，重点研究移动 Agent 系统安全功能可信度评价理论与方法，引入主观逻辑理论对通用评估方法论 CEM 进行扩展，提出一种移动 Agent 系统安全功能可信度定量评价方法 CEM_MAS，并用该方法对三个示例进行了模拟评价，验证了该方法的合理性与可行性，与其他方法比较，证明了该方法具有更优化的性能。

4. 移动 Agent 系统 CPU 资源分配机制、分配策略及移动 Agent 投标策略研究

在总结了移动 Agent 系统资源分配机制复杂性基础上，指出拍卖协商协议作为一种资源分配机制，可以有效地简化其复杂性，适应其信息不完全及自利性等特点，并确定了基于单边密封组合拍卖协议的 CPU 时间片资源分配机制。而后针对该拍卖协议提出了两种资源分配算法。其一，针对对 CPU 时间片资源分配无具体截止期限要求的 Agent，提出了一种改进的动态规划算法。实验表明，该算法不但计算开销非常小，而且可求得最优解。其二，针对对 CPU 时间片资源分配有各自截止期限要求（包括无具体截止期要求）的 Agent，提出了一种组合拍卖遗传算法。实验表明，该算法具有求解精度高、自适应能力强、稳定性好等优点。最后针对上述分配策略，提出了四种投标算法：ZIPca、NZIPca 、GDca 和 FLca。其中 ZIPca 利用最近一次拍卖信息和强化学习的方法，生成下次报价，具有单元收益高、竞标能力弱的特点，适合于对最大截止期不作要求或要求非常宽松的场合。NZIPca 只根据最近一次拍卖信息，生成下次报价，具有单元收益低、竞标能力较强的特点，适合于对最大截止期要求相对严格的场合。GDca 利用多次历史拍卖信息，寻找产生最大期望收益的报价，具有单元收益高、竞标能力中等的特点，适合于对收益要求较高、对截止期要求相对宽松的场合。FLca

利用模糊逻辑的方法，对历史竞胜标信息和 Agent 竞标成功率建立推理规则，生成新的报价，具有竞标能力最强、单元收益差的特点，适合于对截止期要求严格的场合。仿真结果验证了上述四种投标算法的特点。其中 FLca 和 NZIPca 竞标能力强，最适应移动 Agent 的目标和在线动态的 CPU 时间片拍卖环境。二者相比，FLca 能力更强。

1.5　本书结构

第 1 章，首先介绍了所选题目的来源、研究背景、理论与现实意义；其次概述移动 Agent 系统在国内外的研究现状与存在的问题，然后给出本书要解决的主要问题及框架。

第 2 章，重点研究移动 Agent 系统客观信任管理问题。把信任分成客观信任和主观信任两部分进行管理，基于 SPKI 分析了移动 Agent 系统中执行主机和移动 Agent 之间的信任需求关系，给出了信任需求关系图。提出基于 SPKI 与 RABC 的移动 Agent 系统客观信任对等管理模型（OTPMM），统一解决移动 Agent 和执行主机交互过程中的身份认证、操作授权和访问控制问题。

第 3 章，重点研究移动 Agent 系统主观信任动态管理方法。在客观信任对等管理的基础上，提出移动 Agent 系统主观信任动态管理算法（STDMA）。基于 Josang 事实空间和观念空间的基本概念和 Gauss 可能性分布理论，对交互实体（主机、移动 Agent）的信任程度进行量化表示，定义"信任度"来刻画实体的可信程度。通过交互双方的直接交互经验和第三方的推荐信息采集交互对象的基础信任数据，基于一系列算法对信任度进行计算与更新，主要给出了"公信主机选择算法"，"孤立恶意主机算法"，以及"信任度综合计算算法"。依据这些算法评价和预测主机信任状态，每一个主机可根据自身的信任需求，指定信任门限值，以区分其他主机为可信主机和不可信主机，选择自己可信的交互机群，孤立恶意主机。

第 4 章，重点研究移动 Agent 安全保护问题。提出了一种强化移动 Agent 安全保护方法，称为 IEOP 方法。在不可信环境中，使用加密函数方法对敏感移动 Agent 加密，使用改进后的加密提供者协议 IEOP（Improved Encyrpted Offer Protocol）对加密 Agent 和执行结果分别进行封装，源主机对收到的可疑执行结果进行追踪检查，确认有无恶意行为，析出恶意执行主机，保护移动 Agent 的完整性和机密性。

第 5 章，重点研究移动 Agent 系统安全功能评价问题。分析 CC 标准和通用评价方法论 CEM 的使用方法，基于 CC 标准规范移动 Agent 安全功能开发过程，采用 MAS_PP 表达移动 Agent 系统安全需求，采用 MAS_ST 表达移动 Agent 系统安全目标，采用组件技术设计移动 Agent 系统安全功能方案，实施 CC－EAL3 等级的安全保证措施。在此基础上，引入主观逻辑理论，对通用评价方法论 CEM 进行扩展，提出了一种移动 Agent 系统安全功能确信度定量评价方法 CEM_MAS，解决 EALn～EALn＋1 等级之间的量化评价问题。用三个评价示例验证了该方法是合理的与可行的。

第 6 章，在研究分析了拍卖理论及移动 Agent 系统中 CPU 资源分配复杂性的基础上，阐述了移动 Agent 系统中 CPU 资源分配采用单边密封组合拍卖机制的原因、优势及分配过程。

第 7 章，研究单边密封组合拍卖 CPU 资源机制下确定竞胜标的两种 CPU 时间片资源分配算法。这两种算法针对有无具体截止期限要求的两类 Agent 应用而设，具有既能达到主机自身利益最大化的目标，又同时兼顾 Agent 要求的特点。

第 8 章，研究单边密封组合拍卖 CPU 资源机制下，移动 Agent 的投标算法。文中提出了四种投标算法，各有特点，可被不同目标和要求的 Agent 灵活选用。

第 9 章，结论。

1.6　本章小结

本章首先介绍了所选题目的研究背景、研究目的与意义；其次概述了移动 Agent 系统的基本概念、研究与应用现状及存在的问题；最后指出本书所做的主要工作，并给出了本书的框架结构。

2 移动 Agent 系统客观信任对等 管理模型

移动 Agent 系统信任问题既有网络信任问题的一般性又有它自身的特殊性。本书对移动 Agent 系统信任问题的研究，在逻辑上分为客观信任和主观信任两个层次进行。本章研究移动 Agent 系统客观信任管理机制。主要研究内容有：分析现有信任管理模型存在问题，分析 SPKI（Simple Public Key Infrastructure）的使用方法，提出移动 Agent 系统客观信任对等管理模型（OTPMM），解决移动 Agent 与执行主机的身份认证、操作授权和访问控制问题。最后，应用 OTPMM 分析了一典型实例。

2.1 现有信任管理模型分析

早在 1990 年，D. Gambetta 就提出"信任是主体对客体特定行为的主观可能性预期，取决于经验并随着客体行为结果的变化而不断修正"。1996 年，M. Blaze 等人为解决系统网络服务的安全问题首次使用了"信任管理（Trust Management）"的概念，其基本思想是：信任管理是提供一个适合网络应用的、开放的、分布和动态特性的安全决策框架。1999 年，D. Povey 在 M. Blaze 定义的基础上，结合 D. Gambetta 和 A. Abdul-Rahman 等人的研究成果，对信任管理给出了更一般性的概念，他认为"信任管理是信任意向（Trust Intention）的获取、评估和实施"。X. 509 的 2000 年版是这样描述开放网络系统中实体之间的信任关系的："一般说来，如果一个实体假定另一个实体会准确地像它期望的那样表现，那么就说它信任那个实体。"这一关于信任的描述表达了交互实体之间存在一种约定关系以及对遵守该约定关系的一些期望。

从上述关于信任管理的概念看出，判定交互实体信任状态是信任研究要解决的核心问题。目前使用的 X. 509 通过检查实体所持有的证书判定实体信任状态，只有〔信任，不信任〕两种情况。

参照关于信任的研究文献［37－40］，信任具有以下特征：环境相关性，当实体所处的上下文发生变化时，实体之间的信任关系往往发生变化；时间相关性，即实体信任状态是随时间的变化而变化的；不对称性，实体 A 信任 B，但 B 不一定信任 A，二者信任状态是不对称的；可传递性，如果实体 A 直接与实体 B 共享秘密，A 对 B 是直接信任关系，当实体 A 需要通过凭证来判定另一个实体 B 是否可信，A 和 B 之间是间接信任关系，间接信任可以在委托机制下进行传递，即若 A 信任 B，B 信任 C，则 A 信任 C，但在传递过程中随着信任链变长，信任程度是逐渐衰减的。例如，移动 Agent 和它的源主机之间的信任就属于直接信任关系；当一个移动 Agent 漫游到其他主机上时，该移动 Agent 和执行主机之间的信任是间接信任关系。

2.1.1　信任管理模型分类

目前，信任管理模型总体上分为两类。第一类是客观理性模型，使用一种理性的、准确的方式来描述和处理复杂的信任关系，具有客观、静态管理特征。典型代表是 M. Blaze 信任管理模型：采用统一方法描述和解释“安全策略（Security Policy）”、“安全凭证（Security Credential）”，以及“授权关键性安全操作”之间的信任关系（Trust Relationship）。信任管理所要回答的问题是：“安全凭证集 C 是否能够证明请求 r 满足本地安全策略集 P”。第二类是主观经验模型，认为信任是主体对客体特定行为的“主观可能性预期”，这类信任模型认为信任是非理性的，是一种经验的体验，不仅要有具体的内容，还有程度的划分，信任程度随着客体行为的结果变化而不断修正。典型代表是 D. Povey 结合 A. Abdul-Rahman 和 D. Gambetta 等人的观点提出的信任管理模型，主要功能是进行“信任意向（Trust Intention）的获取、评估和实施”，主要涉及两方面的研究内容：一是信任的表述和度量；二是由经验推荐所引起的信任度的推导和综合计算等。其他若干个关于开放网络系统的信任管理模型，虽然它们之间存在一些差异，但大体上还是沿用了上述两类模型思路。基于 PKI 的信任管理模型，属于第一类。在这类系统中，存在少数领袖节点负责整个网络的监督，定期通告违规的节点，领袖节点的合法性通过 CA 颁发的证书加以保证。这类系统是中心依赖的，具有可扩展性，但存在单点失效问题。基于局部推荐的信任管理模型，属于第二类。在这类系统中，节点通过询问有限的其他节点以获取某个节点的可信度，往往采用局部广播手段，获取的节点可信度是局部和片面的。全局信任管理模型，也属于第二类。该类模型通过邻居节点间相互满意度的迭代获取节点全局的可信度，缺点是全局节点不断变化时，无法有效使用。

在 Internet 领域，人们熟悉的网络信任管理模型有 PKI 和 PGP 软件包。欧洲启动的 ICE－TEL 项目结合 PGP 和 PEM（Privacy Enhancement Mail）定义了一种新的信任管理模型，这个项目的开展更进一步推动了网络信任模型的广泛研究。

2.1.2　存在的主要问题和研究热点

两类网络信任管理模型为解决网络实体（服务方和请求方）交互过程中的信任问题提供了思路和框架。但还存在很多不足，主要有：

（1）信任管理模型对安全效果度量绝对化。要么信任，要么不信任。此方法过于刻板，不能很好地适应开放式网络系统中出现的模糊性，包括：多变性、主观性和不确定性。

（2）信任策略验证能力和效率较低。有的在信任策略一致性验证之前需要收集足够的证据资料；信任管理模型不能很好自启动。有的信任策略的制定过于繁复，信任管理模型的使用成本高，效率低，严重阻碍了模型的实际应用。

（3）提供服务的主体仅考虑服务方的信任与安全需求而没有考虑请求方的信任与安全需求。这种模型不适合移动 Agent 系统中为保护移动 Agent 安全对执行主机进行信任判定的需求。

近十年来网络系统中的信任管理问题一直是研究热点。主要研究热点有：

（1）基于声望（Reputation）的信任管理模型。例如，R Guha，Derbas G. 等人提出了含有 5 种参数的一种基于声望的信任管理模型，见文献［51，52］，并且给出了一种"一致信任度量（A Coherent Trust Metric）"算法，这种算法用 5 个参数来量化和比较信任实体的信任程度。基于声望的信任模型又分为集中信任（Central Trust）管理和个性化信任（Personalized Trust）管理。集中信任基于客体的完整行为样本，例如文献［53］提出了一种能够管理客体全部行为的信任模型。个性化信任使用部分行为样本根据一定的算法进行提取，见文献［54，55］。

（2）基于行为的信任管理模型。文献［56，57，58］提出了一种基于行为的信任管理模型，根据用户的历史行为是否可信任来分配资源。

（3）使用模糊集的方法来研究直接信任管理。由于信任在某种程度上的不确定性，使用模糊逻辑对主体特征和行为认知的主观性和不确定性进行处理，根据确定的信任策略进行决策，为判定信任状态提供有效的支持。

（4）信任以及非信任的传播问题。Guba 面向电子商务系统提出了一套完整的信任传播算法，针对个体之间的部分信任表达来预测任意两个对象之间的信任程度。

2.1.3 研究思路

在上述关于信任管理分析研究的基础上，本书对移动 Agent 系统信任问题的研究采用客观理性模型与主观经验模型相结合的方法，在对移动 Agent 系统实体实施客观信任对等管理的基础上进行主观信任动态管理，可避免上述问题。首先基于 SPKI（Simple Public Key Infrastructure）和 RBAC（Role Based Access Control）在移动 Agent 系统中进行客观信任对等管理，对移动 Agent 系统中的实体进行身份认证、操作授权和访问控制。在此基础上，根据移动 Agent 与执行主机交互的历史行为采集基础信任数据，度量交互主机的可信程度，交互主机根据自身信任需求设置信任门限，对移动 Agent 系统中的交互对象实施主观信任动态管理，选择信任机群，孤立恶意主机。

需要说明的是：虽然目前多数网络系统信任与安全解决方案是基于 PKI（Public Key Infrastructure）的，但随着不同信任域间交互进一步发展，PKI 所依赖的全局层次命名方式使操作过程复杂化，信任域之间的互操作中出现的问题日益突出，主要表现在 PKI 不能够实时地适应网络的动态变化，在各个网络实体之间随时随地建立信任，以解决网络实体之间个性化的安全交互问题。PKI 证书尤其不适合移动 Agent 系统，因为移动 Agent 系统中移动 Agent 不能携带过于复杂的证书。SPKI 技术避免了 PKI 一些缺点，简化了 PKI 证书的复杂性，简单易用，更适合用于移动 Agent 系统的信任管理。本章基于 SPKI 技术构建移动 Agent 系统客观信任管理模型，主要研究解决下列三个问题：①建立移动 Agent 系统中各个实体之间的信任关系；②确定主机和移动 Agent 信任证书内容；③判定与控制移动 Agent 系统中实体之间的信任状态。下面先介绍 SPKI 技术的基本概念及使用方法。

2.2　SPKI 使用方法

简单公钥基础设施（Simple Public Key Infrastructure，SPKI）方法由 Carl Ellison 和 Bill Frantz 于 1996 年提出，1999 年 IETF 组织将其标准化，现在使用的 SPKI 标准是一个 SPKI/SDSI 混合版本。SPKI/SDSI 证书格式由 IETF "SPKI 工作组"制定，其文档有四部分组成：第一部分，SPKI 总体要求，RFC2692

给出了工作组开始此项工作过程的基本要求；第二部分，SPKI 理论，RFC2693 给出了与名字或身份（ID）证书（例如 X.509）相反的授权证书理论，指出了 PKI 中 ID 证书理论的缺陷，说明了 SPKI（授权和身份）证书对 ID 证书的修正；第三部分，SPKI 证书格式，给出了 SPKI 证书的详细结构；第四部分，SPKI 实例，给出了证书使用例子，包括怎样使用该证书授权和在交互前进行验证。

2.2.1 信任域与信任锚

信任域被描述为：如果网络中一个群体的所有个体都处于公共策略控制下，遵守同样的规则，则称该群体处在单一信任域中运作。在单一信任域中，这些公共策略和规则被明确声明并加以控制实施，通常情况下，信任域可以按照组织或地理界限来划分。一个组织可能存在多个信任域，其中的信任域会发生重叠。各个信任域可以声明特定的策略和操作程序。不同的信任域之间也可进行互操作，这种情况下，确立一组高级策略和公共操作可以把不同的信任域联合起来，形成一个更大的信任域。

信任锚（Achor）被描述为：任何信任模型中，必须使用某种"信任凭证"或"信物"做基准来决定另外的实体是否可信，这个持有信任凭证的可信实体称为信任锚（Achor）。在 SPKI 信任机制中，信任凭证是"身份证书"。当持有身份证书的实体被验证属实后，则认为该实体是可信的，可以充当信任锚。利用信任锚确定"待识别实体"可信的方法有三种：一是，某实体对"待识别实体"有直接的了解，有足够的信息判定"待识别实体"与它声称的身份相符，在这种情况下直接验证了那个"待识别实体"，没有使用外部信任锚，该实体自己就是信任锚。二是，如果"待识别实体"不能被某实体直接信任，但该实体所信任的群体中有其他实体信任"待识别实体"，那么采用信任传递的形式，该实体可建立起来对"待识别实体"的信任关系。这里的信任锚就是受信任的那个实体，它的作用是证明了"待识别实体"的身份。这种情况下信任锚离"待识别实体"最近，信任路径是比较短的。三是，如果系统中存在一个高度可信的权威实体，即使它与"待识别实体"离得很远也可以当作信任锚，当这个权威实体证明了"待识别实体"的身份或承认了对"待识别实体"的授权，其他实体也可以通过信任锚与"待识别实体"建立信任关系。

2.2.2 信任关系传递

参考文献［47，48］，对实体之间信任关系的建立、表示和传递方法进行描述，具体如下：

1. 信任关系建立

在 SPKI 信任机制中，一个实体拥有一对公私密钥，用来标识身份，实体属性证书中定义了"授权→密钥"的映射，这种映射使拥有密钥的实体得到了相应的权利或资格。在实际应用中，有两种情况需要建立信任关系：一种情况是验证方要验证"实体是谁"，需要验证实体公钥的真实性或身份名称，这种情况下待验证实体向验证方提交的 SPKI 证书是身份或名字证书（SPKI 工作组采用了 SD-DI 名字作为其标准的一部分），在验证实体公钥或其名字的真实性后，建立与该实体信任关系；另一种情况是验证方要验证"实体干什么"，不关心提交证书的实体名称或身份，只关心对该实体的授权，验证是否拥有使用某些资源的权利，如果满足验证方对资源访问控制的要求，则认为实体是可信的，可以建立对实体的信任关系。如果待验证实体提交的不是直接授权的单一证书而是经过反复授权后形成的证书链，此时，可以从证书中的最后一个证书开始反向验证证书链中的每一个证书，直至遇到验证方认为可信的信任锚为止。也可以从证书链上的信任锚开始，依次验证证书链上的每一个证书，直至最后一个证书，然后建立信任关系。

2. 信任关系表示

SPKI 机制的信任关系包含身份认证和访问控制两方面，这里只分析 SPKI 证书用于身份认证时的形式化问题，以下的信任关系特指身份认证的信任关系，而且以公钥的真实性代表实体身份的真实性。

假设 E 为 SPKI 中所有实体的集合，用 $E=\{e_1, e_2, \cdots\}$ 表示所有的实体，S 为 SPKI 中发布证书的实体集合，用 $S=\{s_1, s_2, \cdots\}$ 表示所有发布证书的实体，这些实体集合之间所有可能的信任关系有 4 种，分别为：$E \times E$ 身份验证关系、$E \times S$ 信任建立关系、$S \times E$ 证书签发关系、$S \times S$ 推荐委托关系，用如下四个谓词来描述。

定义 1 若 $\forall e_1, e_2 \in E$，$\forall s_1, s_2 \in S$，用下述谓词表示 SPKI 中的信任关系。

（1）公钥真实验证：$Auth \subseteq E \times E$，$Auth(e_1, e_2)$ 表示实体 e_1 相信实体 e_2 的公钥是真实的，用 $e_1 \to e_2$ 表示。

（2）信任建立：$Trust \subseteq E \times S$，$Trust(e_1, s_1)$ 表示实体 e_1 相信 s_1 能够建立并维护有效的证书，用 $e_1 \to s_1$ 表示。

（3）签发证书：$Cert \subseteq S \times E$，$Cert(s_1, e_1)$ 表示 s_1 验证实体 e_1 的公钥和身

份后，为 e_1 签发了一个证书，用 $s_1 \rightarrow e_1$ 表示。

（4）推荐：$Rec \subseteq S \times S$，Rec（s_1，s_2）表示 s_1 向信任它的实体推荐 s_2，即 s_1 为 s_2 颁布了一个 SPKI 证书，用 $s_1 \rightarrow s_2$ 表示。

验证证书的目的是使实体能够确信对方的公钥是真实的，即 $Auth$（e_1，e_2），其中，e_1、e_2 为任意的实体。对证书接受者公钥信任的前提是对该证书颁发者的信任。所以，应该围绕对发证者的信任和实体公钥的真实性这两个问题建立推理规则。

3. 信任关系传递

公钥真实规则是公钥认证的基础，信任传递规则是在大范围内实施 SPKI 的必要条件。

定义 2　假设 E 为 SPKI 所有实体的集合，S 为 SPKI 所有发布证书的实体集合，定义下述推理规则：

公钥真实规则 R_1：$\forall e_1$，$e_2 \in E$，$s_1 \in S$，有：$Trust$（e_1，s_1），$Cert$（s_1，e_2）$\Rightarrow Auth$（e_1，e_2）

信任传递规则 R_2：$\forall e_1 \in E$，s_1，$s_2 \in S$，有：$Trust$（e_1，s_1），Rec（s_1，s_2）$\Rightarrow Trust$（e_1，s_2）

使用所定义的推理规则可以根据已知条件进行谓词逻辑推导，如果能够得出提交证书实体的公钥是真实的，那么证书的验证方就可以与提交证书的实体建立信任关系。例如：已知 e_1 以 s_1 为信任锚，s_1 为 s_2 发布了身份证书"$s_1 \rightarrow s_2$"，s_2 为 e_2 发布了身份证书"$s_2 \rightarrow e_2$"，形式化已知条件可以得到：$Trust$（e_1，s_1），Rec（s_1，s_2），$Cert$（s_2，e_2），应用推理规则可以导出：$Auth$（e_1，e_2）。

第 1 步：信任传递　$Trust$（e_1，s_1），Rec（s_1，s_2）$\Rightarrow Trust$（e_1，s_2）

第 2 步：公钥真实　$Trust$（e_1，s_2），$Cert$（s_2，e_2）$\Rightarrow Auth$（e_1，e_2）

推导结果出现了 $Auth$（e_1，e_2），因此，实体 e_1 可以相信实体 e_2 的公钥是真实的，确认了 e_2 的身份，从而建立与 e_2 的信任关系。推导过程如图 2-1 所示。

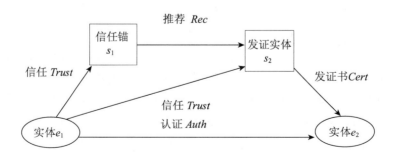

图 2-1　谓词逻辑推导过程

2.2.3 SPKI 证书

使用 SPKI 证书，能为分布式计算环境中的实体提供简单而灵活的命名及授权机制，更方便实施访问控制和分布式信任与安全管理。SPKI 证书与现用的 PKI 中的 X.509 证书相比有以下优点：更好的证书标识，在 X.509 中采用的是全局命名机制，为了保证证书名字的全局唯一性，名字变得很长而不直观，但 SPKI 中使用实体的公钥作为证书标示符，因为公钥密码体系中公钥本身具有唯一性，使命名简单易行；灵活颁发，使用实体的密钥代替 X.509 体制使用的名字，实体根据交互需要颁发给其他实体，不再依赖一个集中的 CA 中心；自由定义与传递权限，授权者能够自由定义权限的内容，更灵活地满足不同的应用系统需求，例如：Alice 给 Bob 签发了一张 SPKI 证书，允许 Bob 把自己获得的权限全部或部分地转授给 Tom，然后让 Bob 控制 Tom 的访问权限；更灵活的名字与公钥对应机制。

参考文献［47，48］，给出 SPKI 证书的描述：SPKI 证书分为授权证书和名字证书，其中授权证书定义访问控制权限，而名字证书将公钥与名字或属性绑定在一起，SPKI 在没有名字证书的情况下仍可正常工作。SPKI 授权证书是一个用某实体私钥签名过的、包含 5 个字段的信息。这 5 个字段分别为：证书颁布者（Issuer）、证书持有者（Subject）、是否传递权限（Delegation）、权限内容（Authorization）以及有效时间段（Validity Dates）。通常被表示为 {I, S, D, A, V}，它的结构及其示例如图 2-2 所示。

1. 授权证书结构字段

（1）颁布者：说明"谁"颁布了这个证书，或是谁对这个证书签名。任何拥有"公私密钥对"的实体都可以颁发证书。颁布者可以是一个（实体的）公钥或公钥的哈希值，该公钥对应的私钥对证书进行签名。由于证书是由密钥直接签发的，故不涉及任何人名和计算机名。图 2-2 示例中，SPKI 证书的颁布者是 Alice 的公钥，证书上的签名用 Alice 的私钥。

（2）持有者：说明"谁"持有这个证书，这个字段可以是一个公钥、一个公钥的哈希值或是一个名字。只有持有者字段中的公钥或名字可以使用该证书。图 2-2 示例中，持有者字段中是 Bob 的公钥，因此 Bob 可以使用这个证书。

（3）权限传递：该字段决定持有者是否可以将它拥有的权限传递给他人，该字段是个布尔变量 True 或 False。图 2-2 示例中设定为 True，Bob 可以把他拥有的全部或部分权限传递给他人，例如传给 Tom。

（4）权限内容：该字段定义了证书持有者拥有什么样的权限、多大范围的权限、进行哪些操作等。颁布者可以自由定义这些信息。该字段的内容完全取决于具体的应用。不同的应用需要不同的控制权限，例如文件服务器定义对某个目录的操作权限、银行定义对某账户的操作权限等。图 2-2 示例中 Alice 允许 Bob 在有效的时间内对目录 user/Alice 下的文件进行读写，并且 Bob 可以传递权限给他人。

颁布者(Issuer)	持有者(Subject)	是否传递权限(Delegation)
具体权限内容（Authorization）		
有效时间段（Validity Dates）		
		Signed by SK$_{Issuer}$

PK$_{Alice}$	PK$_{Bob}$	True
Read and write permissions for files under" user/Alice"		
From 2008/01/01 to 2008/12/31		
		Signed by SK$_{Alice}$

图 2-2　SPKI 证书结构和示例

（5）有效时间：该字段说明了证书在哪个时间段内有效。在图 2-2 示例中有效时间段为：2008/01/01—2008/12/31。

2. 证书的使用过程

首先，验证证书很容易。因为证书是由 Alice 的私钥签名的，所以其他人不能冒充 Alice 去伪造证书，否则用 Alice 的公钥去验证是通不过的；其次，Bob 使用证书很简单。Bob 只需要用他的私钥对他的请求签名，然后将签名后的请求与他的证书一起发送到 Alice 的文件所在服务器即可。该服务器并不知道 Alice 的名字，它仅仅知道公钥 PK$_{Alice}$控制某些目录和文件。当该文件服务器收到 Bob 的请求后，它开始验证 Bob 的请求，决定是否可以被允许。过程如下：

（1）Alice 的文件服务器查看颁布者字段，判断是"谁"颁发该证书。服务器发现是 PK$_{Alice}$。通过查找本地的访问控制列表 ACL，服务器能够知道 PK$_{Alice}$是否可以访问请求中提及的目录和文件。如果正确，服务器用 PK$_{Alice}$（公钥）来判定是否是真的由 PK$_{Alice}$对应的私钥 SK$_{Alice}$签名；若不是，请求被拒绝；若是，进行下一步。

（2）Alice 的文件所在服务器查看持有者字段，判断持有者字段中的公钥 PK$_{Bob}$是否和请求中签名的私钥 SK$_{Bob}$对应。若不对应，请求被拒绝；若对应进行下一步。在这里，服务器甚至不用知道密钥 PK$_{Bob}$属于 Bob。

（3）Alice 的文件所在服务器比较 ACL 中具体权限字段和请求中所涉及的权

限，如果请求的权限越界，则请求被拒绝；若不越界，服务器还要检查有效时间字段，判断证书是否失效。

（4）若一切正确，Alice 的文件服务器可以确信 PK_{Bob} 有资格访问他请求的目录。Bob 就可以进行他的操作了。

由上述 SPKI 证书的使用过程可以看到，公钥是最重要的环节，名字可以不用涉及，这与传统的 PKI 有很大区别，X. 509 是面向名字（Orient-name）的，而 SPKI 是面向公钥（Orient-key）的。

3. 名字证书

名字证书将公钥与名字或属性绑定在一起。名字证书的结构与授权证书类似，但它只有 4 个字段：颁布者（Issuer）、持有者（Subject）、名字（Name）和有效时间（Validity Dates）。它们通常表示为（I，S，N，V）。除了名字字段外，其他字段的具体内容与授权证书中的一样，而名字字段定义被绑定的名字或属性。SPKI 中没有全局名字，所有名字都是局部的，而局部的划分由颁发者的公钥决定。这些公钥拥有自己的名字空间。即不同的颁发者可以使用相同的名字。当授权证书中持有者字段是一个名字时，名字证书就能发挥作用。

如图 2-3 所示，Alice 通过授权证书赋予 "Boy friend's brother" 使用计算机的权力，通过名字证书定义她的男朋友是密钥 PK_{Bob} 的持有者 Bob，同样，Bob 可以定义其弟弟是 Tom。注意：Bob 颁发的这个名字证书与 Alice 是无关的，他可以在持有 Alice 的证书之前颁发，也可以在这之后颁发。而且这个名字证书可以用到其他需要验证的地方，并不限于 Alice 的验证。此外，Bob 的弟弟不必是唯一的，可以是多个。这样，Bob 的弟弟们将获得同样的权限，即 Bob 的弟弟们均可使用 Alice 的计算机。

PK_{Alice}	Boy friend's brother	True
Control and use the computer		
(2008-01-01, 2008-12-31)		
		Signed by SK_{Alice}

PK_{Alice}	PK_{Bob}
Boy friend	
(2008-01-01, 2008-12-31)	
	Signed by SK_{Alice}

PK_{Bob}	PK_{Tom}
Brother	
(2008-01-01, 2008-12-31)	
	Signed by SK_{Bob}

图 2-3　名字证书

4. 证书链中权限归并

如果某个证书持有者可以将证书定义的权限全部或部分地传递给下一个持有者，而下一个持有者再把权限继续下传，依次类推，就会形成一个证书链（Certificate Chain）。这样，证书链中的某个持有者所拥有的权限是由前面的证书链来定义的。证书链中的每一环节都可能限制权限，这样证书链越长，持有者拥有的权限会越少。因此，如何确定证书链的最终权限必须通过约简证书链，归并多级权限来实现。

归并算法：设颁布者 I_1 给持有者 S_1 颁发一个授权证书，其权限为 A_1，有效时间为 V_1，允许 S_1 传递权限，$D_1 = true$，证书为 $C_1 = (I_1, S_1, D_1, A_1, V_1)$。

假设 S_1 将权限 A_2 转授给持有者 S_2，有效时间为 V_2，该证书为 $C_2 = (I_2, S_2, D_2, A_2, V_2)$，这里 $I_2 = S_1$，即第二个证书的颁发者就是第一个证书的持有者。

根据归并算法，这个两级证书链的权限等价于一个虚拟证书：$(I_1, S_2, D_2, Intersection < A_1, A_2 >, Intersection, < v_1, v_2 >)$。相当于颁布者 I_1 直接给 S_2 颁布一个证书，它的内容与上面的虚拟证书一致。

例如：Alice 授予 Bob 权限，而 Bob 将权限转授予 Tom，这样 Tom 的公钥 K_{Tom} 得到两个证书组成的证书链。如图 2-4 所示。

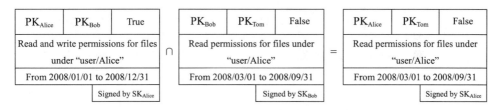

图 2-4 证书化简示例

2.2.4 SPKI 信任管理模型

SPKI 信任管理模型的作用是提供建立信任链、选择信任路径进行认证的基本规则。主要分为以下四种：

1. 严格层次信任模型

"根证书"被任命为所有用户实体的公共信任锚，根证书作为唯一的信任锚是最可信的，它必须发送证书给所有的下层实体，所有的信任路径必须包括根证书。这种模型的好处是：所有证书链都在根证书处终止，因此，到达特定终端实体只有唯一的一条信任路径。如图 2-5（a）所示。这种模型的特点是集中控制力强，适合用于金融、政府强制管理环境中。缺点之一是存在中心依赖、单点失效问题。一旦根证书的私钥泄露，对整个信任模型所管理的信任域实体都将产生灾难性的后果；缺点之二是如果根证书更换密钥，所有下层证书均要更新，且下层证书的密钥必须重新生成。

2. 对等模型

对等模型假设建立信任的两个实体是对等的（Peer to Peer），没有作为信任锚的根证书存在，证书用户通常依赖自己局部的权威证书，并将其作为信任锚。在这种模型中，要建立信任关系的两个实体需要验证互为对方颁发证书的证书，这个过程被称为交叉认证。如图 2-5（b）所示。这种模型的特点是对信任的统一控制功能较弱，实体的主观决策功能较强。

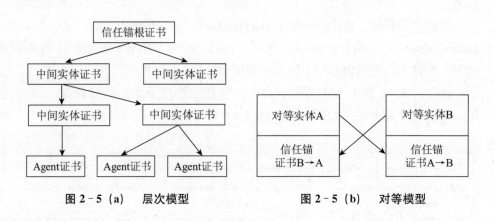

图 2-5（a）　层次模型　　　　图 2-5（b）　对等模型

3. 网状模型

允许多个实体对等交叉认证，其中的每个参与者与其他对等方进行交叉认证的过程中，建立一组信任关系，形成网状模型。如图 2-5（c）所示。在网状模型中，一个实体要确定使用某种信任关系需要对多种"可选信任路由"进行计算。在实际应用中，这种模型的不足是确定信任路径的复杂性随信任关系数目的增长而迅速增加。不能排除信任路径可能出现"环路"，也可能出现中间证书"坏掉"的情况。另外，若发现新形成的信任关系可用，启用新的证书来验证信任链效果与原来相比可能更好，也可能更坏。

4. 可扩展的多级信任模型

是基于层次模型和网状模型的一种混合模型。在同一信任域内采用层次模型，在域间节点采用优化的网状模型。所谓"优化"是指在两个信任域建立信任关系时，不一定直接进行交叉认证，先查找是否已有认证路径存在，若有则采用已存在的；若没有，再构建交叉认证对信任链进行扩展。如图2-5（d）所示。

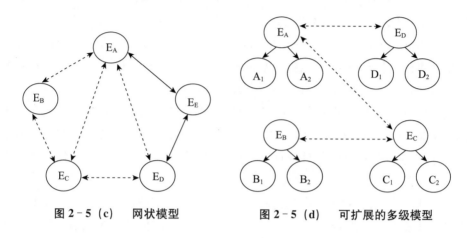

图2-5（c）　网状模型　　　　图2-5（d）　可扩展的多级模型

由上述分析可以看出，没有一种信任管理模型能够统揽解决开放网络系统中的所有信任问题，每种信任模型既有优势也有不足。目前，在网络中使用较多的是集中控制信任模型，即"层次模型"。在大量系统实体按层次模型建立信任关系时，信任链会越来越长，信任传递的复杂性迅速增加，不能很好控制信任传递过程中的衰减。随着开放式、分布式网络系统中实体交互过程中信任判定主观化、个性化需求日益增多，"对等信任管理模型"和"网状信任管理模型"的研究变得越来越重要。

在实际应用中，基于SPKI构建不同领域的分布式网络应用系统中的信任关系时，"中间人越少，信任链越短，验证信任锚的效率越高；信任的局部性越高，信任衰减越少，最终关系中实体的信任水平越高"。因此，在构建移动 Agent 系统信任管理模型时，原则上降低信任验证的复杂度，既要满足信任传递的需求，又要控制信任程度的衰减。

2.3　移动 Agent 系统信任关系分析

本节主要分析移动 Agent 系统中基本信任关系，确定移动 Agent 系统的基本信任需求，构建移动 Agent 系统客观信任管理方案。解决移动 Agent 系统中实体的身份认证、操作授权、访问控制等信任统一管理问题。

2.3.1 移动 Agent 系统信任要素定义

移动 Agent 系统中与信任相关的要素有：系统实体、实体的行为（事件）、实体之间的信任关系、实体之间的消息和信任验证函数。

（1）系统实体：是信任信息的发出者、传送者和接受者。在移动 Agent 系统中，实体可以是移动 Agent、移动 Agent 源主机（用户）、移动 Agent 执行主机（资源提供者），资源本身和移动 Agent 执行的上下文等。

（2）实体的行为：是实体有动作时所发生的事件，这一事件是直接与信任相关的。例如：移动 Agent（实体）访问某一资源（实体）的行为，就是与信任相关的一个事件，资源持有者对该移动 Agent 进行信任审查，如果可信则允许访问；否则拒绝访问。

（3）实体之间的信任关系：是交互实体之间的一个信任连接，这个信任连接关系到实体交互过程能否建立与完成。如果实体之间的信任关系断裂，实体之间的交互则难以完成。

（4）实体之间的消息：是系统实体之间的通信形式，利用消息传递系统实体可以处理与信任相关的事件。消息内容的主要类型有：约定、委托、允许、禁止等。

（5）信托验证函数：是对实体之间客观信任关系的控制函数。如信任证书中身份的真实性、时效性变化等都需要进行验证。

具体描述如下：

在移动 Agent 系统中，主要存在三类交互实体（Entities），分别是：移动 Agents、主机（Hosts）和人（Humans）。可表示为：

$Entities=$ {移动 $agents \cup hosts \cup humans$ }；

移动 Agent 包括：标识（Id）、代码（Code）、状态（States）、路由线路（Itinerary）、日志（Log）、信任策略（Trust Policy），可表示为：

移动 Agent= { id，code，states，itinerary，log，trust policy }；

主机包括：标识（Id）、资源（Resource）、日志（Log）、信任策略（Trust Policy），主机又分为源主机（或分发主机 Dispatching Host，DH）和执行主机（Executing Host，EH），可表示为：

Host= { id，resource，log，trust policy }；

在系统运行过程中，人机交互时有发生，人在其中扮演三种角色分别是代码编写者 CD（Code Developer）、用户 AO（Application Owner）和执行主机管理者 HM（Host Manager）。可表示为：

Human＝｛CD｜AO｜HM｝；

任何一个应用都是由主机、移动 Agent 组成的实体集合的动态交互过程，用户的信任需求是根据具体应用而确定的，只有在足够信任的前提下，主机和移动 Agent 进行协作才能完成用户的任务。因此，应用是信任关系的宿主。移动 Agent 系统中的每一个应用可以表示为：

Application ＝ {host, mobile agent, trust relationship}

其中，信任关系与相关实体的行为紧密关联。例如：移动 Agent 是否安全的前提取决于代码编写者的行为、分发主机的行为和执行主机的行为。在移动 Agent 生命周期的中各个阶段，移动 Agent 与相关实体需要建立信任关系如表 2 - 1 所示。

表 2 - 1 　　　　　　移动 Agent 与系统实体之间的信任关系

移动 Agent 生命周期的各个阶段	有信任关系的实体
创建阶段（Creation）	代码开发者（Developer）
确定归属（Owner）	当前用户（Owner）
分发阶段（Dispatch）	源分发主机（Dispatch Host）
迁移阶段（Migration）	路由中的下一主机（Next Host）
执行阶段（Executing）	所有执行主机（Executing Host）
最终状态（Final States）	所有访问过的主机和网络环境（Host and Context）

2.3.2　移动 Agent 系统信任关系描述

使用传统方法解决移动 Agent 系统安全问题的复杂性在于只面向多种风险和多种攻击进行分析，而没有深入考虑不同风险发生的共同原因往往是某一个信任关系的断裂。本节从信任关系分析移动 Agent 系统安全问题，使用改进的实体关系图（Entity Relation Graph，ERG）对实体间的信任关系进行描述，得到信任需求图（Trust Requirements Graph，TRG），更直观地表达移动 Agent 系统的信任需求状态。TRG 是一个多边形，在图中用顶点（Vertexes）表示实体，用边（Edges）表示实体之间的信任关系，在边上用验证函数表示该信任关系的状态，如图 2 - 6（a）表示。TRG 形式化描述如下：

TRG（E, R），信任需求图；

E= {MAS entities，$(e_1，e_2，\cdots，e_i，\cdots)$}，MAS 中的实体；

R= {Trust relationships $(r_{12}，r_{13}，\cdots，r_{ij}\cdots)$}，实体之间的信任关系；

$r_{ij} = (e_i，e_j)$，$e_i，e_j \in E$，$r_{ij} \in R$，一个信任关系联结一个源实体和一个目标实体；

$F(R，M) = F(C(r_{ij}))$ 信任状态验证函数，这里以 SPKI 证书的形式表示，只有有效、无效两种状态。

$C(r_{ij}) \rightarrow E_{ij}$ {Actions×Attributes，$r_i(a_i，t_i)$}，证书中表达的信任关系与一个实体的行为和行为的某些属性相关联，这些关联通过函数 F 建立。例如：准许、禁止等都是对实体行为的约束，都是实体行为拥有的一些属性值，同一实体在不同的上下文中可以有不同的属性值。

"多实体"之间的信任关系可以分解为若干"两实体$(e_i，e_j)$"之间的信任关系。所以各种类型的信任关系均可以用 TRG 来表示，如图 2 - 6（b）表示。

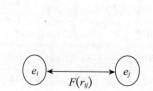

图 2 - 6（a）　两实体信任关系图

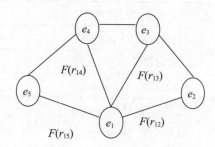

图 2 - 6（b）　多实体信任关系图

2.4　移动 Agent 系统客观信任对等管理模型

假定，在移动 Agent 系统中，代码开发者（Developer）、移动 Agent 拥有者（Owner）、源分发主机（Dispatch Host）具有直接信任绑定关系，即三者之间没有相互的恶意行为，本书一并称为移动 Agent 的源主机（Home Host）。这样假定有利于使客观信任管理的主要目标集中在"源主机"、"移动 Agent"与"执行主机"之间的相互信任验证上面。

2.4.1　客观信任对等管理模型 OTPMM

基于网络对等信任模型，提出移动 Agent 系统客观信任对等管理模型

(Objetive Trust P2P Management Model，OTPMM)，对移动 Agent 和源主机实施信任绑定，对源主机和执行主机进行客观信任对等管理，交叉认证。采用 SP-KI＋RBAC 身份属性证书解决移动 Agent 和执行主机之间的身份认证、操作授权及访问控制问题。

如图 2-7 所示，认证与交互过程如下：①在源主机 H_A 派出移动 Agent 到执行主机〔H_{B1}，H_{B2}，…，H_{Bk}，…〕上执行任务之前，源主机可以请求查看执行主机 H_{Bk} 的证书 C_{Bk} 以审查证书是否合法有效（假定在移动 Agent 系统中有信任评价及预测机制，则要审查 H_{Bk} 的信任状态是否满足需求，下一章要讨论这一问题），以选择"可信"执行主机集合，然后源主机创建移动 Agent 代码数据和状态，以源主机为信任锚给它颁发身份和属性证书，赋予该移动 Agent 身份、角色和权限。②采用强化安全的传输方法，使移动 Agent 安全迁移到下一个执行主机 H_{B1}。③执行主机 H_{B1} 对该移动 Agent 进行基于 SPKI 的身份认证，若认证通过，则给予该移动 Agent 基于 RBAC 的资源分配，并使用监控其执行过程，执行完毕，把结果返回源主机，并把移动 Agent 发送到下一个执行主机，否则向源主机报错。④源主机收到返回的移动 Agent 及其执行结果，可以审查该移动 Agent 的此次交互过程是否安全，对交互结果给出肯定或否定确认。

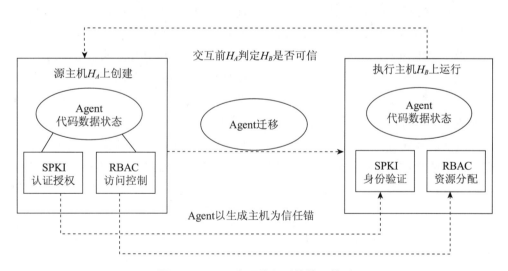

图 2-7 MAS 客观信任对等管理模型

2.4.2 移动 Agent 证书属性设计

本书设计的移动 Agent 系统客观信任管理模型中，主机对移动 Agent 的访问控制采用基于角色的访问控制（RBAC）方法，其核心思想是：授予用户的访问权限通常由用户在一个组织或群体中担当的角色来确定。本书将 SPKI 与 RBAC 结合起来，采用一种自定义属性证书，一方面减少 SPKI/SDSI 证书的冗余性；另一方面降低委托深度、保证权限一致性、简化证书链发现等，同时将解决用户 Agent 的匿名访问问题。

在 RBAC 模型中，包括的基本元素如下：

U——用户：对数据对象进行操作的主体；

R——角色：指一个组织内部的职位，被赋予一定的权限和义务；

$U \times R$：用户和角色之间的二元关系，一个用户可以被赋予多个角色，一个角色也可以被赋给若干个具体用户；

P——权限：角色对数据对象（资源）进行访问、读写的权力；

$P \times R$：权限和角色之间的二元关系，一个角色可以有多项权限，一项权限也可以被赋给多个角色；

S——会话：用户和角色之间的联系机制，通过会话激活角色，从而获得角色所包含的权限；

$S \longrightarrow U$：是一个将会话映射到用户的函数，它在会话生命周期内是常数；

$S \longrightarrow R$：是一个将会话映射到一个角色集合的函数，随时间变化而变化；

C——约束：对用户、角色、权限、会话等元素的值的约束。

参照前述 SPKI/SDSI 证书的格式，为移动 Agent 设计出一种经济的证书格式。如图 2-8 所示：证书的发布者、证书的持有者与有效日期区间与 SPKI 证书格式一样，与 SPKI 证书不同点如下：①SPKI 中的 Delegation（是否允许委托）改为 Anonymity（是否允许匿名访问）。因为移动 Agent 携带的证书不能太复杂，这样改动的好处有两点：一是，不允许用户 Agent 进行权限委托，避免了权限冲突、证书链验证复杂化等问题，方便系统管理，减少不必要的开销；二是，对于一些具有特别应用的系统（如投票系统、图书馆访问系统等）不需要知道具体到某个用户，只需要具有某一级别的角色或权限便可访问，可充分保护个人隐私。当为匿名访问时，则 Anonymity＝true，此时授权信息描述为＜角色，对资源的操作，资源＞；当为非匿名访问时，则 Anonymity＝false，此时授权信息描述为＜用户，角色，对资源的操作，资源＞这样方便审计系统对用户行为的跟踪。②授权信息栏目里，是对资源 ACL 的扩充，根据用户对资源的访问类型（匿名和实名）而有所不同。显然，当用户为匿名访问时，他对资源的操作权限要受很多限制，如不得删除、修改等，具体如何授权与具体的应用有关。

发布者（源主机）	持有者（MA）	是否匿名
授权信息（<用户、角色，对资源的操作，资源>）		
有效日期（not before dd-dd-dd, not after dd-dd-dd）		
		发布者签名

图 2-8　Mobile Agent 证书

2.4.3　信任状态验证

移动 Agent 系统中的实体在交互之前必须进行身份和信任状态验证。执行主机为了自身安全，对到访的移动 Agent 的身份是否可信进行验证，同样为保护移动 Agent 安全，移动 Agent 的源主机在发送移动 Agent 之前对执行主机也要进行信任验证。本书基于 SPKI 信任管理机制和 RBAC 访问控制机制，用 $C(s, r)$ 表示身份授权及角色属性证书，验证信任关系的函数 $F(R, M)$ 表示如下：

$F(R, M) =\text{Verify} \{C(s, r)\} = \{0, 1\}$，1 表示验证通过，信任对方，进行交互；0 表示验证未通过，不信任对方，不交互，或强化安全措施冒险交互。

2.4.4　信任管理组件设计

信任管理组件是能满足或部分满足一种信任需求的解决方法，可以把加密协议、控制函数、SPKI 中的某一组推理机制等开发成信任组件，这些组件被开发使用后存储在信任组件库中，设计人员可以通过查找信任组件库，对其进行调用。对信任组件进行如下定义：

信任组件名称（标识）：Identification。

信任组件实现的操作描述：Description。

信任组件满足的信任关系：Trust Relationship。

信任组件类型：Type1 预防，减少攻击行为发生的可能性；

　　　　　　　　Type2 阻止，保护实体，阻止攻击行为发生；

　　　　　　　　Type3 修正，减少攻击带来的损失和影响。

信任组件所依赖的上下文环境：Dependencies。

当移动 Agent 系统的所有实体身份及其角色属性被定义之后，实体之间的信任关系形成，系统的信任需求被确定，下一步就是选择基本信任组件 M_i，使每一个信任机制必须满足一项或多项安全需求，把一系列的信任组件集成起来，构成移动 Agent 系统信任管理方案。每一个信任组件必须能满足图中的一个或多个信任关系 r_{ij}，如图 2-9 所示。

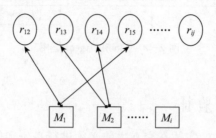

图 2-9   客观信任管理组件

综上，本节提出的移动 Agent 系统客观信任对等管理模型 OTPMM，从设计原则上降低了信任验证的复杂度，与现有的基于 PKI 的信任管理模型相比，基于 SPKI+RBAC 设计信任证书，降低了信任验证的复杂度，既可满足移动 Agent 系统信任传递与验证的需求，又可控制信任链过长导致的信任程度的衰减。

模型主要特点如下：①移动 Agent 与源主机进行信任绑定，以源主机为信任锚。执行主机判定"移动 Agent 信任证书是否能够满足指定的本地信任策略集"，满足则信任，否则不信任，不随交互行为好坏而进行修正。②源主机与执行主机之间建立对等（Peer to Peer）管理，交叉认证关系。③基于 SPKI 和 RBAC 表示身份授权及角色属性证书：$C(s, r)$，验证信任关系的函数：$F(R, M) =$ Verify $\{C(s, r)\} = \{0, 1\}$ 两个状态，1 表示验证通过，信任对方，0 表示验证未通过，不信任对方。

使用 OTPMM 对移动 Agent 系统信任管理方法要点如下：①每个主机都持有一对"公私"密钥对，且能基于 SPKI 验证其真实性；②源主机和执行主机之间以对等管理交叉认证为基础建立信任关系；③移动 Agent 携带基于 SPKI+RBAC 的身份和属性证书为可信凭证；④每个移动 Agent 以源主机为信任锚，信任不需约减，执行主机可快速验证；⑤通过信任证书判定客观信任状态，只有 {信任，不信任} 两个状态。判定信任则允许交互，不信任则拒绝交互。

2.5   实例分析

下面举例说明上述移动 Agent 系统客观信任对等管理模型 OTPMM 在移动 Agent 完成"图像搜索分类"任务过程中的应用。

1. 应用场景描述

假如一个研究者要评估他所设计的图像分类算法在对"心脏图像"进行分类时的效果，为此研究者必须针对分布在各地的多家大型医院图像库中的成千上万的图像运行他的算法。研究者面临的问题是：他用的网络不一定能保持稳定的连接和足够的带宽，海量的图像信息不方便取回来处理等。在技术上使用移动 Agent 系统来解决这一问题是合适的，研究者和医院共同协作通过 Internet 进行连接就有可能完成这项实验。使用移动 Agent 系统，研究者可以把他的算法写成一个或多个移动 Agent，然后把这些移动 Agent 分派到各个医院"图像数据库主机"上去运行，只要医院给移动 Agent 提供正常的执行环境（MAP）使其能正确执行，最后只把分类结果返回研究者即可。参加研究的医院可以使用研究成果，但医院所面临的问题：一是，是否允许"院外人员"访问这些图像数据，因为这方面涉及病人的隐私；二是，担心这些图像数据在使用过程中是否安全，例如被滥用或被感染病毒等。医院对研究者需建立约束机制以保证图像数据的安全性。研究者需要医院提供正确的移动 Agent 执行环境以保证研究结果的真实性和正确性。因此，医院和研究者均需要在移动 Agent 系统中建立相互制约的信任管理机制以保证实验安全性和正确性。

2. 信任需求分析

研究者（e_1）编写具有分类功能的移动 Agent（e_2），在源主机（e_3）上分发，移动 Agent 迁移到某一个医院的执行主机（e_4），移动 Agent 请求访问由患者（e_5）愿意公开提供的图像资源（e_7），该资源被医院的管理者（e_6）监管，移动 Agent 的行为必须符合管理者的要求，以保证患者和管理者的利益。同时，参加研究的医院必须给移动 Agent 提供安全执行环境，以保证实验过程和结果的真实和正确。上述实体之间的信任关系如图 2-10 所示，信任类型、信任需求等如表 2-2 所示。由表可见，实体之间有 10 个信任关系，与信任关系相关的实体行为有：代码执行、安全认证与传输、资源访问控制等。在这个实例中，与信任相关的行为用函数 F 来描述，$F= \{ M_i, r_{ij} \}$。

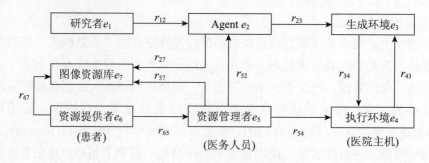

图 2-10　MAS 实体信任关系举例

表 2-2　　　　　　　　　　　　系统实体之间信任关系

系统交互实体	实体之间信任关系	信任类型	实体行为	信任需求
e_1—e_2	r_{12}	直接	代码执行	可信
e_2—e_3	r_{23}	直接	代码执行	可信
e_3—e_4	r_{34}	间接	安全认证与传输	身份、角色属性验证
e_4—e_3	r_{43}	间接	安全认证与传输	身份、角色属性验证
e_5—e_4	r_{54}	间接	代码执行	是否有操作权限
e_6—e_5	r_{65}	间接	资源访问控制	授权或委托
e_6—e_7	r_{67}	直接	访问	可信
e_5—e_2	r_{52}	间接	资源访问控制	授权
e_2—e_7	r_{27}	间接	访问	身份、属性验证
e_5—e_7	r_{57}	直接	访问	可信

在得到信任需求图以后，选择一组信任组件来实现实体之间的信任关系。如果在信任组件库里能找到一些能满足 $\{r_{ij}\}$ 信任关系并遵循相关标准的信任机制组件，可直接调用；对于找不到的组件则进行开发。

3. 客观信任对等管理解决方案

若有下面几种信任管理组件可供选择：如表 2-3 所示，可以看出，信任组件 M_1 和 M_2 即可满足实例中的客观信任需求。信任管理组件 $\{M_1\}$ 能够满足 TRG 中的间接信任关系 $\{r_{65}, r_{52}, r_{27}, r_{57}\}$ 的信任需求，信任管理组件 $\{M_2\}$ 能够满足 TRG 中的间接信任关系 $\{r_{23}, r_{34}, r_{43}\}$ 的信任需求，由此得到客观信任管理解决方案，如图 2-11 所示。

表 2-3　　　　　　　　　　几种可选信任管理组件

组件编号 属性	组件 1 （C_1）	组件 2 （C_2）	组件 3 （C_3）	组件 4 （C_4）
名称/标识	IEOP	SPKI＋RBAC 证书	PKI _ X. 509	STS
机制描述	IEOP 协议封状移动 Agent（见第 4 章）	SPKI ＋ RBAC 身份与角色属性认证，证明身份及对访问资源的授权	PKI _ X. 509，包括证书授权和目录服务	安全传输协议
适应的信任关系	安全传输完整性机密性保护	相关授权和委派加密，数字签名	有 关 身 份，加密，数字签名	相关安全传输
保护类型	预防	预防	预防	预防
使用基础	N/A（SPKI/PKI）	N/A（SPKI 使用）	N/A	N/A

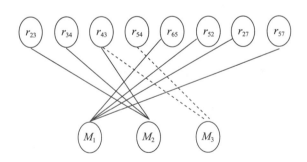

图 2-11　客观信任管理举例

如果能满足一组信任关系的信任管理组件有两个以上，例如图中的 ﹛M_2，M_3﹜，则需要进行优化选择，本例选择 M_2 更为合适。

2.6　本章小结

把移动 Agent 系统中的信任问题划分为客观信任和主观信任两部分来"分而治之"，本章先研究移动 Agent 系统客观信任问题。介绍了信任管理的研究现状及存在的问题。在分析 SPKI 的基本概念和相关证书使用方法的基础上，基于 SPKI 使用信任需求图 TRG 描述移动 Agent 系统实体之间的信任关系，使用信任组件来实现基本信任需求。对源主机和移动 Agent 实施信任绑定，提出移动 Agent 系统客观信任对等管理模型 OTPMM，对源主机和执行主机进行客观信任对等管理，交叉认证。采用 SPKI ＋RBAC 证书解决移动 Agent 和执行主机之间的身份认证、操作授权及访问控制问题。最后分析一典型的移动 Agent 系统应用实例，以验证客观信任对等管理模型的可用性。

3 移动 Agent 系统主观信任动态管理方法

本章的主要研究内容有：在对移动 Agent 系统客观信任对等管理的框架下，探索主观信任的形成、传播、进化规律，提出主观信任动态管理算法 STDMA。使用信任度的概念，对移动 Agent 系统交互行为安全效果进行测量、计算与评价，并对下一次交互的可信程度进行预测。交互主机可以基于自己的信任需求设定信任门限，选择可信机群、孤立恶意主机。

3.1 移动 Agent 系统主观信任特征分析

3.1.1 人类信任机制启示

移动 Agent 系统在具体应用中受到越来越人性化、个性化的挑战，交互双方的信任与安全需求也随之变得多样化，主观化，难以进行完全统一控制。在移动 Agent 系统中建立类似于人类信任机制（Human Trust Mechanism，HTM）的信任管理模型，能更好地管理系统中实体之间的信任形成、信任传播、信任进化、信任关系断裂等事件过程，下面先分析人类信任机制的工作原理，从中得到一些启示。

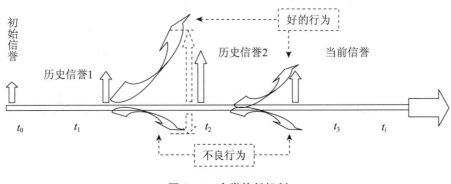

图 3-1 人类信任机制

人类信任机制主要可分为群体信任机制和个体信任机制两个层次，具有时间相关性和环境相关性。群体信任机制表现为"统治性"，对所有个体采取一组公共策略，处于公共约定控制下，遵守同样的规则。对于违规者使用统一的惩戒措施和执行机构进行处理，突出客观的、相对稳定的、公平的特征；个体信任机制，则表现为个体"自治性"表现为主观的、不断变化的、及时自我修正的特征，在各种社会活动中，一个人要为自己的行为负责，好的行为将提升他的信誉（名声），不良行为将降低或败坏他的信誉，无信誉的人将逐渐失去交互伙伴，被孤立甚至被逐出所在的社会群体，这一调节过程如图 3-1 所示。在人类社会中两种信任机制互补并存，本章主要借鉴后者。

主观信任机制的自调节作用基于两类信任信息的获取，一类是个体与他人在不断交互活动中对交互过程及其结果进行好坏评价，这类信息反馈是直接信任经验；另一类是通过询问群体中的第三者获取的间接信任信息。两种信息在实体的信任决策中均起重要作用，一般情况下，随着交互时间增加，交互次数增多，直接信任经验在对实体"可信"或"不可信"的判断中逐渐起主导作用。

3.1.2 主观信任特征分析

在实际应用中，移动 Agent 与执行主机有各自的信任需求，移动 Agent 与执行主机之间的交互过程具有下列主观特征：①移动 Agent 需求个性化：移动 Agent 执行不同的任务，其代码和数据有不同的"敏感性"，其信任需求不同。一个公用信息查询移动 Agent 与执行主机之间不需要建立高度的信任协作机制，就能顺利完成任务。而在电子商务系统中，一个"结算 Agent"在完成任务的过程中，与执行主机之间的交互则需要较强的信任机制做保障。②执行主机的利己性：电子商务系统中，执行主机在为移动 Agent 提供服务的过程中是有利可图的，例如，吸引更多客户（移动 Agent），卖出更多商品等。如果一个执行主机不能从为移动 Agent 提供的服务中获取利益，就会失去建立良好信任关系、提供优质服务的动机，即实体之间建立信任的动机有利己性。③信息采集局部性：在开放的移动 Agent 系统中，一个实体除通过系统建立起来的客观信任机制获取基本信任信息之外，还有二种渠道，一是通过自己与交互方的交互历史来收集对方的信任信息；二是通过询问第三方主机获取关于交互方的信任信息，但最终获取的信任信息不是全部的，而是局部的。④不对称性：实体 A 相信实体 B，反过来实体 B 不一定相信实体 A，即实体 A 对实体 B 的信任程度一般情况下不等于实体 B 对实体 A 的信任程度。⑤时间相关性：系统中每个实体的可信度都是随时间而变化的，信任程度高的实体会因出现恶意行为而降级，信任程度低的实体也有机会因保持良好的行为而升级。⑥环境相关性：主观信任程度受实体交互环境即上下文（Context）的影响，在网络环境变坏或网络中的恶意实体增多时，完成相同的任务，其信任需求程度的门限值会增加。

3.2　移动 Agent 系统主观信任动态管理模型

第2章给出的移动 Agent 系统客观信任对等管理模型 OTPMM 使用 SPKI 证书能够在交互发生前判定对方的信任状态（信任＝1，不信任＝0），提高移动 Agent系统安全交互的可能性。但判定信任本质上只是一种可能性，是一种预测。实体交互前的信任判定是否真正"属实"，取决于交互过程完成后，检查交互实体有无恶意行为来确定。只使用客观信任对等管理模型 OTPMM 不能及时发现交互者的恶意行为，不能及时修正信任状态，也不能及时惩戒违规者。

在 OTPMM 基础上，本节针对移动 Agent 系统主观信任需求研究主观信任动态管理方法。基于交互行为好坏，测量交互主机的信任状态，实现主观信任的形成、传播、进化等动态管理功能。

3.2.1　主观信任动态管理模型

移动 Agent 系统主观信任模型的组成如图 3-2 所示。自下而上：主机处于开放的、动态的网络环境中，执行移动 Agent 的平台（Mobile Agent Platform，MAP）位于主机上，为移动 Agent 提供执行环境（Executing Environment，EE），在一个主机上 MAP 不一定是唯一的，可以有多个。主观信任管理模型位于 MAP 中，由三个信任组件构成：分别是信任形成组件、信任传播组件和信任进化组件，这些管理机制为交互实体提供信任交互上下文，对实体的交互过程和行为进行监控。信任形成组件主要实现信任数据的采集与计算，信任传播组件主要实现信任数据的协议交换，信任进化组件主要实现信任数据的更新。

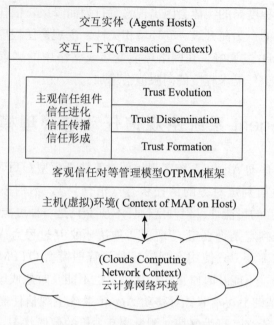

图 3-2　主观信任动态管理模型

3.2.2　模型工作过程

1. 信任数据采集

信任形成组件完成基础信任数据采集功能。主机 H_a 对主机 H_x 的信任数据采集分为两部分内容：一是直接信任信息，来自主机 H_a 和主机 H_x 直接交互的经验；二是推荐信任信息，来自其他主机 H_k（$k=1$，2，…）和主机 H_x 交互得到的直接经验，对主机 H_a 来说是间接经验。二者均来源于"主机对交互方行为结果的判定"。这个组件要解决的问题是：怎样把实体交互行为的好坏转化为实体信任程度的高低？即解决信任的量化表示问题。

2. 信任数据传播

信任传播组件完成主机信任数据之间的交换任务。凡加入移动 Agent 系统的主机，均有权利向系统内其他主机询问欲交互主机 H_x 的信任数据，同时也有义务向询问者提供自己采集到的关于其他主机的信任数据，若没有积累被询问到的主机的相关信任数据，则按指定方式回答。

3. 信任数据进化

信任进化组件完成信任数据的更新，要解决的问题是在系统规定的更新周期内，根据给定的算法对历史信任数据和新采集到的信任数据进行综合权衡与计算，得到主机最新信任状态。

在每一个主机上主观信任管理模型作为一个自约束单元进行信任信息收集、信任信息交换、信任信息更新，支持该主机完成对其他主机的信任状态判定。

3.2.3 信任的量化表示方法

事实上，对网络实体之间的信任关系进行量化表示是一件非常困难的事情。本书基于 Josang 网络信任管理模型中提出的描述和度量网络实体信任关系的基本概念研究移动 Agent 系统中实体之间信任关系的量化表示。Josang 事实空间由一系列实体产生的可观察到的事件组成，实体交互事件被划分为肯定事件 n_1（Positive Event）和否定事件（Negative Event）n_2。Josang 在观念空间中基于 Beta 分布函数描述二项事件（Binary Event）后验概率的思想，构造了一个由观察到的肯定事件数和否定事件数决定的概率确定性密度函数 $pcdf\left(\theta \mid r,s\right)=\dfrac{\Gamma\left(r+s+2\right)}{\Gamma\left(r+1\right)\Gamma\left(s+1\right)}\theta^r\left(1-\theta\right)^s$，$0\leqslant\theta\leqslant1$，$r\geqslant0$，$s\geqslant0$，其中 θ 为概率变量，并以此函数来计算交互实体产生某个事件的概率可信度。本书在移动 Agent 系统中引入事实空间（Evidence Space）和观念空间（Opinion Space）两个基本概念，移动 Agent 系统中的实体是指源主机、移动 Agent 或执行主机。本书把 pcdf 函数置换为高斯分布概率密度函数 GDPF（Gauss Distribution in Probability Function），因为 GDPF 比 pcdf 函数具有更稳定的分布特征。基于 GDPF 函数，把移动 Agent 系统事实空间"实体交互行为结果的好坏"转化成移动 Agent 系统观念空间中"实体可信程度的高低"。

本书用 5 元组 $\left(A,X,T_x,\tau,c\right)$ 量化表示移动 Agent 系统信任程度，被解释为：在 τ 时刻，上下文环境 c 中，实体 A 相信实体 X 能满足信任需求的程度达到 T_x。信任是与环境和时间变化相关的。同时交互双方对对方的信任是不对称的，相同环境下的同一时刻，一般说来 $\left(A,B,T_a,\tau,c\right)\neq\left(B,A,T_b,\tau,c\right)$。信任程度 T_x 是一个函数，本书把它的值域区间规定为 $[0,1]$，其值变化受多个自变量（因素）的影响。"0"表示实体 A 完全不信任 X；"1"表示实体 A 绝对信任实体 X。除了这两种极端情况外，普遍情况的信任程度在 $(0,1)$ 之间，表示实体 A 在一定程度上信任实体 X。在这种量化参照系中，信任程度不再是简单的"信任"与"不信任"两个逻辑值，而是一个连续区间。在交互实体、交互时间、交互环境已知的情况下，焦点集中在判定信任程度是否满足交互双方的信任需求。当 T_b 的值达到实体 A 足够信任实体 B 时，A 相信 B，

A 与 B 进行交互，否则，不与之交互，或强化安全措施付出较高的安全成本进行交互。

3.2.4　基础信任数据采集

1. 推荐信任基础数据采集

如果主机 H_a 对主机 H_x 没有足够的了解，设想主机 H_a 希望与主机 H_x 交互，为了评价 H_x 的可信任程度，主机 H_a 向一组主机 $\{H_1，H_2，\cdots，H_k\}$ 查询关于主机 H_x 的信任信息，这里定义实体之间推荐信息是一组有关交互行为的"基础数据"而不是信任程度的综合计算结果，这样做的目的是为了消除信任程度的综合计算过程中产生的误差累积，以及主机 $\{H_1，H_2，\cdots，H_k\}$ 自己的信任偏好带来的影响。正常情况下，主机 H_a 收到一组基础数据 $\{D_1，D_2，\cdots，D_k\}$，D_i 的含义是：主机 H_i 与实体 H_x 交互次数为 n，成功次数 n_1，失败次数 n_2，$D_{k_i} = n_1/(n_1+n_2)$，$(n=n_1+n_2)$。为了避免得不到应答的异常情况发生，在移动 Agent 系统中作如下规定：

（1）所有系统主机有权利请求和有义务提供推荐信息，做到"有问必答"。

（2）一般情况下，主机 H_a 询问自己比较信任的主机；也可询问陌生主机，如果被询问到的主机 H_i 不了解主机 H_x，则回答 $D_x = 0.5$。

（3）推荐信息在信任评价中占的比重由主机自主选择。

2. 直接信任数据采集

假设主机 H_a 与主机 H_x 已经直接交互 n 次，成功次数 n_1，失败次数 n_2，$(n=n_1+n_2)$，使用 $D_{ax} = n_1/(n_1+n_2)$ 来反映主机 H_a 与主机 H_x 交互行为的好坏，定义 D_i 为直接信任基础数据。

3.3　"公信"主机选择

目前对网络交互实体信任问题的研究中，基于交互实体的交互行为测量其信任程度的量化与计算中，通常使用平均值算法，即对采集到的基础数据求平均值，该算法简便易用，但局限性在于无法限制恶意推荐带来的影响。由于在移动 Agent 系统中，恶意主机对移动 Agent 带来的危害是灾难性的，所用算法有必要重点考虑孤立恶意主机，消除恶意主机的影响。

本书定义：如果主机 H_a 只根据第三方 $\{H_1，H_2，\cdots，H_k\}$ 的推荐数据计算主机 H_x 的可信任程度，选择可信任交互对象，被选出来的主机称为"公信"

主机。"公信"主机选择算法为移动 Agent 系统中的主机，尤其是新加入移动 Agent 系统的主机提供了一种选择可信交互对象的方法。如果主机 H_a 想考查主机 H_x 的可信程度，主机 H_a 则向第三方主机 $\{H_1，H_2，\cdots，H_k\}$ 发出一系列的关于主机 H_x 的查询，在主机 H_a 得到一系列的基础推荐数据之后，依据一定的算法对推荐数据进行分析，计算信任度，比较计算结果，主机 H_a 根据自己的信任门限进行可信主机选择。

3.3.1　推荐信任程度计算方法

本节把持续的系统运行时间划分成相等间隔的考察周期，每一考察周期称为一个"时间帧"，用 τ（$\tau = 1，2，\cdots，n$）表示。在把交互主机的交互行为转化为其信任程度的量化计算中，采用高斯可能性分布理论（Gauss Distrubution in Probability Theory）对平均值算法进行改进，给出一种更优化的算法，步骤如下。

初始化：设主机 H_a 收到的关于主机 H_x 的基础数据为：$\{D_1，D_2，\cdots，D_k\}$，其中：$D_i = n_1 / (n_1 + n_2)$，（$0 \leqslant D \leqslant 1$），$n_1$ 是考察周期内从 M_i 采集到的关于主机 H_x 的肯定性交互结果次数，n_2 是其否定性交互次数。

第 1 步：对关于主机 H_x 的推荐数据求平均值和方差分别计算如下：

$$\overline{D} = \frac{1}{k} \sum_{i=1}^{k} D_i，S^2 = \frac{1}{k} \sum_{i=1}^{k} (D_i - \overline{D})^2 \tag{3-1}$$

第 2 步：令：$\mu = \overline{D}$，$\sigma^2 = S^2$，根据高斯分布理论，以 $K(\mu，\sigma^2)$ 为特征参数，对于一个随机变量 T，得到 T 的概率密度函数 $p(x)$，其中（$\mu，\sigma^2$）分别称为高斯分布的期望和方差。当 $\mu = 0$，$\sigma^2 = 1$ 时，T 的分布为标准正态分布。

$$p(x) = \frac{1}{\sigma \sqrt{2\pi}} e^{-\frac{(x-\mu)^2}{2\sigma^2}} \quad (\sigma > 0)，\quad (-\infty < x < +\infty) \tag{3-2}$$

第 3 步：可求出随机变量 T 在中某一范围内出现的可能性。

$$P(-\infty < v < +\infty) = \int_{-\infty}^{+\infty} \frac{1}{\sigma \sqrt{2\pi}} e^{-\frac{(x-\mu)^2}{2\sigma^2}} \mathrm{d}x = 1$$

指定数 v，可得到随机变量 T 在（$-\infty，v$），（$v，+\infty$）范围内出现的可能性。其中，$P(\leqslant v)$ 表示 T 在小于等于 v 的范围内出现的可能性，$P(> v)$ 表示 T 在大于 v 的范围内出现的可能性。

$$P(\leqslant v) = \frac{1}{\sigma \sqrt{2\pi}} \int_{-\infty}^{\frac{v-\mu}{\sigma}} e^{-\frac{x^2}{2}} \mathrm{d}x，P(> v) = \frac{1}{\sigma \sqrt{2\pi}} \int_{\frac{v-\mu}{\sigma}}^{\infty} e^{-\frac{x^2}{2}} \mathrm{d}x$$

对于给定区间值（$v_1，v_2$），T 在指定区间出现的可能性：

$$P(v_1, v_2) = \frac{1}{\sigma\sqrt{2\pi}} \int_{\frac{v_1-\mu}{\sigma}}^{\frac{v_2-\mu}{\sigma}} e^{-\frac{x^2}{2}} dx, (v_1 < v_2) \tag{3-3}$$

第 4 步：随机变量 T 在指定范围 $(v, 1)$，$[0, 1]$ 中出现的可能性分别为：

$$P(v, 1) = \frac{1}{\sigma\sqrt{2\pi}} \int_{\frac{v-\mu}{\sigma}}^{\frac{1-\mu}{\sigma}} e^{-\frac{x^2}{2}} dx, P(0, 1) = \frac{1}{\sigma\sqrt{2\pi}} \int_{\frac{0-\mu}{\sigma}}^{\frac{1-\mu}{\sigma}} e^{-\frac{x^2}{2}} dx \tag{3-4}$$

第 5 步：求出随机变量 T 在 $(v, 1)$ 范围内与在 $[0, 1]$ 范围内出现可能性的比值：

$$P_{ax}(v) = \frac{P(v, 1)}{P(0, 1)} = \int_{\frac{v-\mu}{\sigma}}^{\frac{1-\mu}{\sigma}} e^{-\frac{x^2}{2}} dx \Big/ \int_{\frac{0-\mu}{\sigma}}^{\frac{1-\mu}{\sigma}} e^{-\frac{x^2}{2}} dx \tag{3-5}$$

第 6 步：把比值 $P_{ax}(v)$（$0<v<1$）定义为主机 H_a 关于主机 H_x 的推荐信任程度。记为 $T_{x-rec}(v)$，$T_{x-rec}(v) = P_{ax}(v)$（$0<v<1$），其中 v 是计算门限值。

设定一个计算门限值 v，对于主机 H_a 有交互意向的待选主机 $\{Hx_1, Hx_2, \cdots, Hx_k, \cdots\}$，依次计算出 $\{T_{x_1}(v), T_{x_2}(v), \cdots, T_{x_k}(v), \cdots\}$。可选择出信任程度较高的主机名单。这些主机是根据推荐数据计算后选择出来的，则有一定的公信程度，称之为"公信主机"。如果主机 H_a 是新加入移动 Agent 系统，用此算法选择交互主机比较合理。如果 H_a 与 H_x 已有直接交互经验，基于直接经验数据，这一算法有待进一步改进。下面将把推荐主机本身的可信程度作为"加权值"予以考虑，给出更为合理的算法。

3.3.2 推荐主机自身信任程度的影响

在上述基于第三方推荐信任数据的计算中，进一步应考虑的是，每个推荐主机自身可信程度的影响。事实上，为评价主机 H_x 的可信程度，主机 H_a 所查询的第三方主机 $\{H_1, H_2, \cdots, H_k\}$ 自身的可信程度也需要评价，它们的信任程度对主机 H_x 推荐信任程度具有不可忽视的影响，尤其要排除恶意主机的推荐数据。下面分两种情况考虑，如果主机 H_a 与所查询的主机 H_i 有交互经验，则把主机 H_a 对 H_i 的直接信任程度作为权值来调整来自 H_i 的推荐数据，如果主机 H_a 与所查询的主机 H_i 没有交互，则 H_a 对 H_i 的直接信任程度取 0.5。

假设 H_a 对第三方 $\{H_1, H_2, \cdots, H_k\}$ 的直接信任程度为 $\{t_1, t_2, \cdots, t_k\}$，对于来自 $\{H_1, H_2, \cdots, H_k\}$ 的推荐数据 $\{D_1, D_2, \cdots, D_k\}$ 进行加权处理，然后再计算对 H_x 的推荐信任程度，加权算法如式（3-6）所示。

$$\overline{D}_t = \sum_k \frac{t_i \times D_i}{\sum_k t_i}, (i = 1, 2, \cdots, k), S_t^2 = \frac{1}{k} \sum_{i=1}^{k} (D_i - \overline{D}_t)^2 \qquad (3-6)$$

令：$\mu = \overline{D}_t$，$\sigma^2 = S_t^2$，有 $K(\mu, \sigma)$，可以看出，直接信任程度越低的推荐主机，其推荐数据所占比例越低。对于信任程度太低的主机（如小于 0.5），不使用它的推荐数据，这样可以进一步孤立有不良推荐行为的主机和恶意推荐主机。

3.3.3 推荐信任度的更新

随着时间的推移（$\tau = 1, 2, \cdots, n$），关于主机 H_x 的推荐信任程度被更新，第 $n+1$ 时间帧的推荐信任程度来自第 n 时间帧的推荐信任程度和第 $n-1$ 时间帧的推荐信任程度。采取继承部分历史信任数据，添加部分当前信任数据的更新策略，用因子 $\beta(\tau)$ 控制和调整更新速度。

$$T_{x-rec}^{n+1} = T_{x-rec}^n + \beta(\tau)(P_{x-rec}^n - T_{x-rec}^n), (0 \leqslant \beta(\tau) \leqslant 1) \qquad (3-7)$$

当 $\beta(\tau) = 1$ 时，全部使用当前信任数据，更新速度最快。

当 $\beta(\tau) = 0$ 时，全部使用历史信任数据，更新速度最慢。

当 $0 < \beta(\tau) < 1$ 时，如 $\beta(\tau) = 0.5$ 时，历史信任数据和当前信任数据各取一半。

$$T_{x-rec}^{n+1} = 0.5 T_{x-rec}^n + 0.5 P_{x-rec}^n, (\beta(\tau) = 0.5)$$

$\beta(\tau)$ 因子的选择对于不同的移动 Agent 系统可以有所不同。更新是一个过程，需要给定合适的更新周期。对于某些实时应用系统，更新速度太慢，数据陈旧，导致信任程度评价结果失去适时性，预测偏差增大；但更新速度太快，将引起系统不稳定或震荡。后面将给出关于 $\beta(\tau)$ 更新速度的一些模拟实验与讨论。

3.4 直接信任度计算

事实上，主机 H_a 对主机 H_x 的信任评价主要受直接交互经验的影响。如果主机 H_a 与主机 H_x 已经有过交互经验，用上一节给出的算法对直接信任基础数据进行计算，主机 H_a 可由直接经验获得对主机 H_x 的信任程度，这里称为直接信任程度，记为 $T_{x-dir}(v)$。

3.4.1 直接信任程度计算方法

把持续的系统运行时间划分成相等的统计周期，每一考察周期称为一个"时间帧"，用 $\tau(\tau = 1, 2, \cdots, k)$ 表示。对每一时间帧 τ 内，假设 H_a 和 H_x 直接

交互 n_1+n_2 次，肯定性事件 n_1 次，否定性事件是 n_2 次。定义直接经验数据 D_{ax} 由公式（5-8）计算。

$$D_{ax} = \begin{cases} \dfrac{n_1}{n_1+n_2} & (n_1+n_2 \neq 0) \\ 0.5 & (n_1+n_2 = 0) \end{cases} \quad (0 \leqslant D_{ax} \leqslant 1), \ (\tau=1, \cdots, n) \quad (3-8)$$

在 k 个连续时间帧内，对

$$\overline{D}_{ax} = \frac{1}{k}\sum_{i=1}^{k}D_i, S_{ax}^2 = \frac{1}{k}\sum_{i=1}^{k}(D_i - \overline{D}_{ax})^2 \quad (3-9)$$

令：$\mu=\overline{D}_{ax}$，$\sigma^2=S_{ax}^2$，有 $K(\mu, \sigma)$，根据上述高斯可能性分布理论，可得到主机 H_a 对 H_x 的直接信任程度 $T_{x-dir}^{\tau}=P_x^{\tau}(v)$。下面讨论随着时间的推移直接信任程度的更新。

3.4.2　直接信任程度的更新

随着时间的推移（$\tau=1, 2, \cdots, n$），直接信任程度被更新，第 $n+1$ 时间帧的直接信任程度来自第 n 时间帧的直接信任程度和第 $n-1$ 时间帧的直接信任程度。采取继承部分历史信任数据，添加部分当前信任数据的更新策略，用因子 $\lambda(\tau)$ 控制和调整更新速度。

$$T_{x-dir}^{n+1}=T_{x-dir}^{n}+\lambda(\tau)(P_{x-dir}^{n}-T_{x-dir}^{n}), \quad (0 \leqslant \lambda(\tau) \leqslant 1) \quad (3-10)$$

当 $\lambda(\tau)=1$ 时，全部使用当前信任数据，更新速度最快。

当 $\lambda(\tau)=0$ 时，全部使用历史信任数据，更新速度最慢。

当 $0 < \lambda(\tau) < 1$ 时，如 $\lambda(\tau)=0.5$ 时，历史信任数据和当前信任数据各取一半。

$$T_{x-dir}^{n+1}=0.5T_{x-dir}^{n}+0.5P_{x-dir}^{n}, \quad (\lambda(\tau)=0.5)$$

同样，$\lambda(\tau)$ 因子的选择对于不同的移动 Agent 系统可以有所不同。需要给定适当的更新周期 τ。如果更新速度太慢，数据陈旧，导致信任程度评价结果失去适时性，预测偏差增大；如果更新速度太快，将引起系统不稳定或震荡。后面将给出关于 $\lambda(\tau)$ 更新速度的一些模拟实验与讨论。

3.4.3　主观信任机群形成

基于主观信任模型的工作机制，并依据上述主机直接信任度量方法，主机 H_a 可根据自己的直接交互经验评价主机 H_x 的信任程度 T_{x-dir}，自主决定信任门限值 T_o，若 $T_x > T_o$，则主机 H_a 与主机 H_x 交互；否则，不与之交互，或强化安全措施后才进行交互。当一个主机加入移动 Agent 系统后，随着时间的推移，这个主机上逐渐形成一个信任机群列表，这个信任机群的规模或大或小，是动态变化的，不断会有新成员加入，也会有旧成员因某种原因退出。影响信任机群形成的重要因素有两个：一是信任数据更新的时间周期；二是主机规定的信任门限。下面讨论这两个参数的影响。

1. 时间帧确定

本书把移动 Agent 系统信任数据更新的时间周期定义为时间帧（用 τ 来表示），它是一个移动 Agent 系统全局变量。在一个时间帧内，信任机群中的主机数目和信任数据是相对不变的。时间帧 τ 长度的选取针对移动 Agent 系统的具体应用，通过实验调试而定。既要避免系统信任数据陈旧，预测不确定性增加，又要避免太短引起系统震荡，不能形成周期内的稳定状态。移动 Agent 系统中，时间帧 τ 的值是相对稳定的。

2. 信任门限选择

本书定义主机（H_a，H_x）能发生交互的最低信任需求值称之为信任门限值，用 T_0 表示。门限值 T_0 是一个信任机群参数或称为主机上的局部变量。主机根据自己要执行的任务性质选择足够信任门限值。当 $T_x > T_0$ 时，H_a 认为 H_x 可信，可以与之交互；当 $T_x < T_0$ 时，H_a 认为 H_x 不可信，不与之交互。移动 Agent 系统中，每个主机的选定的信任门限值是可以不同的。

3. 信任机群的变化

本书信任机群的形成不是按组织或地域静态划分的，而是由主机的主观信任需求形成的。信任机群处在动态变化之中，当系统时间帧和已知主机的信任门限值确定后，影响信任机群变化的原因如下：①有些主机，由于长期处在离线状态或在线休眠状态，长时间不与其他成员交互而导致数据陈旧，其信任程度要下降，可能被信任机群边缘化。②有的主机交互次数很多，如果可信任程度不高，也将被主机 H_a 的信任机群边缘化。尤其少数恶意主机实施恶意行为，可信程度快速下降，将被孤立出来，最后被信任机群淘汰。恶意主机实施恶意行为越多越频繁，则它被孤立出来的速度越快。③满足信任条件的新的信任伙伴会不断加入。

3.4.4 基于直接信任程度孤立恶意主机

根据上述讨论可知，在每个考察周期内，可以采集到主机 H_a 对主机 H_x 的直接经验数据 D_{ax}，同时还可以通过查询第三方 $\{H_1, H_2, \cdots, H_k\}$ 得到对 H_x 的推荐数据 $\{D_1, D_2, \cdots, D_k\}$，比较直接经验数据 D_a 和推荐数据 $\{D_1$,

D_2，…，D_k} 的差异，对推荐者 {H_1，H_2，…，H_k} 的直接信任程度 {T_1，T_2，…，T_k} 作出调整，调整方法是：若（D_a，D_k）有良好的一致性，则上调 M_k 的直接信任程度；否则，下调 M_k 的直接信任程度，这一调节对故意提供高推荐、低推荐值的恶意推荐主机均有孤立作用。具体算法如下：

$$T_k = \begin{cases} T_k + \dfrac{(1-T_k)}{2} \left(\dfrac{\delta D_{ka}}{\delta D k_a}\right), & (\delta D_{ka} \leqslant \delta \overline{D}_{ka}) \\[4mm] T_k - \dfrac{T_k}{2} \left(\dfrac{\delta \overline{D}_{ka}}{\delta D_{ka}}\right), & (\delta D_{ka} > \delta \overline{D}_{ka}) \end{cases}, \quad (k=1,2,\cdots) \quad (3-11)$$

$$D_{ka} = |D_k - D_a|, \quad \overline{D}_{ka} = \frac{1}{k}\sum_k |D_k - D_a|, \quad (k=1,2,\cdots) \quad (3-12)$$

在通过直接信任门限值（$T_{x\_dir} > T_o$）和推荐信任门限值（$T_{x\_rec} > T_o$）选择可信主机列表的基础上，利用上述算法可以进一步析出有不良推荐行为的主机。

3.5　信任度综合计算

对移动 Agent 系统中交互主机信任程度测量、评价及预测的准确性是优化信任管理的基础。更一般的情况是，同时考虑直接信任数据和推荐信任数据，更为合理的算法是将与已获得的主机 H_x 的直接信任程度和推荐信任程度进行综合运算，最后可得出主机 H_a 对主机 H_x 信任程度的综合评价结果。3.3 节和 3.4 节分别讨论了推荐信任程度和直接信任程度的计算与更新。在此基础上，本节研究信任程度综合计算方法以及信任进化速度的控制问题。

3.5.1　信任度综合算法

把 H_a 对 H_x 的直接信任程度 T_{x_dir} 和 H_a 采集得到的关于 H_x 的推荐信任程度 T_{x_rec} 综合在一起考虑，定义一个综合度量信任的变量，称为"信任度（Trust Degree）"，用来定量表示移动 Agent 系统中交互主机的可信任程度，它的含义是在给定的环境中主机 H_a 与另一主机 H_x 进行交互，获得肯定结果（信任度：$T_x=1$）的可能性，T_x 是一个综合度量信任的概念，用来定量评价移动 Agent 系统中某实体当前可信任程度，以及预测下一次与该实体交互的可信程度。下面是"信任度"综合计算过程。

在同一考察周期内，对直接信任程度 T_{x_dir} 和推荐信任程度 T_{x_rec} 进行加权求和，其中 ρ 是自信系数。

$$T_x = \rho T_{x\_dir} + (1-\rho) \, T_{x\_rec} \quad (0 < \rho \leqslant 1) \quad (3-13)$$

自信系数 ρ 的选择有主机 H_a 自主决定。一般情况是：当主机 H_a 是一个新成员，还没有采集足够的自信数据，自信系数权重小一些，随着交互事件增加，自信系数逐渐增大。对主机 H_x 的信任度计算与主机 H_x 在不同环境中（或称为上下文 Context）的行为密切相关。信任度 T_x 是随时间帧变化的，使用当前时间帧内最新信任数据计算出的信任度对下一时间帧内交互结果进行信任预测，表达一种可能性，而不是一种必然结果。

信任度根据公式（3-14）给出的算法进行更新。该算法实现两个功能：第一，如果实体 H_a 在与实体 H_x 多次交互中，发现 H_x 持续保持好的行为（肯定事件），H_x 的信任度 T_x 将保持持续增长，趋向最大值 1，如果实体 H_x 有恶意行为，它的信任度将迅速下降；第二，在时间帧 $n-1$ 和 n 之间如果信任度有一个变化大的变化量，这个大的变化量将对 T_x^n 产生一个大的影响，反之也成立。$\sigma(\tau)$ 称为更新系数，控制信任度的更新速度。

$$T_x^{n+1} = T_x^{n-1} + \sigma(\tau)(T_x^n - T_x^{n-1}) \qquad (3-14)$$

上述公式（3-1）～公式（3-14）给出了一种主观信任度量方法。其中一系列的参数需要慎重选择，下面讨论几个重要参数选择情况。

3.5.2　重要参数选择

公式（3-13）中，关于 ρ 讨论如下：

情况 1：如果 H_a 是一个非常自信的主机，它可以只根据它的直接经验数据进行信任评价和预测，即 $T_x = T_{x\_dir}$，$\rho = 1$。

情况 2：相反，如果 H_a 是一个非常不自信的主机，它可以只使用推荐数据进行信任评价和预测，$T_x = T_{x\_rec}$，$\rho = 0$。如果 H_a 是一个系统新成员，它不得不使用 $T_x = T_{x\_rec}$，$\rho = 0$ 对交互主机进行信任预测，这时定义新主机对推荐主机的初始直接信任程度 $t_{k0} = 0.5$（$k=1, 2, \cdots$），初始自信系数 $\rho = 0$，ρ 和 t_{k0} 随着交互次数的增加而被更新。

情况 3：一般情况，H_a 将合理地使用 T_{x_dir} 和 T_{x_rec}，即使用公式（3-13）预测实体 H_x 的信任程度。现定义自信因子 ρ 依据公式（3-15）进行计算，这里 I_τ 是交互次数，(a, b) 是指定的常量，根据信任需求来选择。随着交互次数的增长，ρ 趋向 a，(a, b) 控制了 ρ 的最大值和增长速度。

$$\rho(\tau) = \frac{a \times I_\tau}{b + I_\tau}, \ \rho \in [0, a], \ (0 \leqslant a \leqslant 1) \qquad (3-15)$$

情况 4：公式（3-14）中权重 σ 的选择要考虑的一个重要因素是 T_x 的变化趋势应具有缓慢上升，快速下降的特征。这个特征与人类社会信任关系特征极其相似，缓慢上升是鼓励主机通过长时间的、持续的良好交互行为以获取高的信任度，快速下降则有利于惩戒一些潜在的恶意实体，例如，某些实体在若干连续的时间帧内保持一个好的信任记录，然后突然实施恶意行为，获取某些利益，给交互方带来致命损失。参数 σ 的选择依照公式（3-16）进行。

$$\sigma(\tau) = \frac{e^{w|T_x - T_x^{n-1}|} - 1}{e + 1}, \quad (\tau = 1, 2, \cdots, n) \tag{3-16}$$

参数 w 控制更新速度。在两个相邻时间帧内，信任度的增量 ΔT_x 影响下一个时间帧的信任度的计算。下一节通过实验检查 $\sigma(\tau)$ 的变化趋势。

3.6 模拟实验结果分析

本节通过一系列的模拟实验对上述主观信任度量与评价方法中所给出的一系列算法式（3-1）～式（3-16）的关键性质和参数选择进行检验。

3.6.1 模拟实验结果

公式（3-1）算法被实验一检验，结果如图 3-3 所示。以主机 H_a 考察与 H_x 多次交互为例来说明：主机 H_x 的良好交互行为越多，转化成基础信任数据 D_{ax} 的值越高。如果 H_x 一直保持良好行为，当交互时间到 $\tau = 50$ 帧时，D_{ax} 的值几乎等于 1；相反，主机 H_x 的不良交互行为越多，转化成基础信任数据 D_{ax} 的值越低，如果持续不良行为，当交互时间到 $\tau = 50$ 帧时，D_{ax} 的值几乎等于 0。若主机的 H_x 交互行为表现良莠参半，D_{ax} 的值在 0.5 上下波动。所以，公式（3-1）中 D_{ax} 能够正确反映 H_a 在与主机 H_x 一系列的交互过程中 H_x 所表现行为的好坏程度，当 H_a 不了解 H_x 时，H_a 认为 $D_{ax} = 0.5$。

公式 3-5 算法被模拟实验二检验，其结果如图 3-4 所示。设信任需求门限值为 T_o，令 $v = T_o$，可以看到在计算基值 v 取不同数值时，主机 H_x 的直接（或推荐）信任度 T_x 的变化情况（取决于所采集的数据是直接还是推荐信任数据）。可以看出 T_o 值越高，对满足 $T_x > T_o$ 的主机的期望值要求也越高，满足条件的主机数越少。例如，当计算基值 $v = $ 信任门限 $T_o = 0.8$ 时，由图 3-4 可以看出只有主机交互行为的数学期望值 $\mu > 0.6$ 的待选主机才能列入可信交互对象。

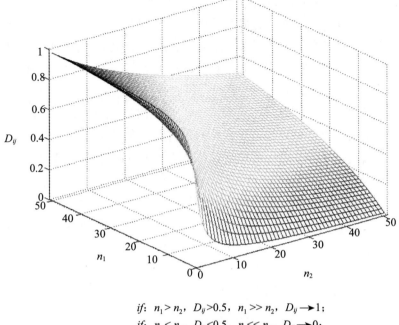

$$if: \ n_1 > n_2, \ D_{ij} > 0.5, \ n_1 \gg n_2, \ D_{ij} \rightarrow 1;$$
$$if: \ n_1 < n_2, \ D_{ij} < 0.5, \ n_1 \ll n_2, \ D_{ij} \rightarrow 0;$$
$$if: \ n_1 = n_2, \ D_{ij} = 0.5$$

图 3‑3   验证 D_{ij} （n_1，n_2），（$\tau = 1$，2，…，50）

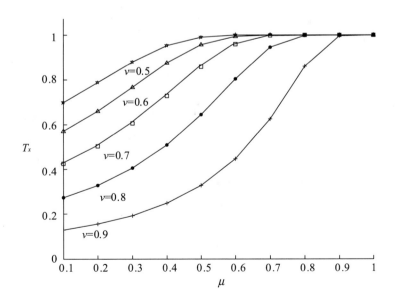

图 3‑4   不同 v 值时 H_x 信任程度与其行为的数学期望之间的关系

公式（3-15）算法被模拟实验三检验，其结果如图 3-5 所示。这里主要考虑如果主机 H_a 是一个新成员的情况下，它想与 H_x 交互，由于没有直接经验数据，自信系数的初始值为 0，不得不先从第三方实体处采集信任信息。随着交互经历增多，直接信任数据增多，自信系数逐渐增大。(a, b) 是一对常量，a 是最大自信系数，b 的作用是根据不同情况，控制自信系数的增长速度。实验结果表明：在 (a, b) 取不同数值时，当 H_a 与 H_x 交互次数逐渐增加时，自信系数 ρ 逐渐地平滑地增大，自信系数趋近于各自的最大值。在实验中共选择了三组数据进行对比，当时间帧 $\tau = 40$ 时，自信系数几乎达到了各自的最大值。

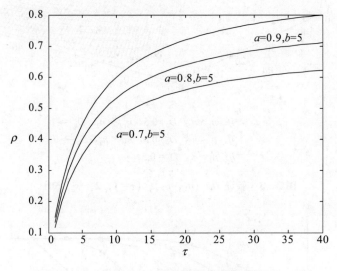

图 3-5 $\rho(\tau)$ 的变化趋势

公式（3-16）算法被实验四检验，其结果如图 3-6 所示。T_{ax} 在两个时间帧之间的变化量 $0 < \Delta T_{ax} < 1$，参数 w 控制 T_{ax} 进化速度。实验结果显示：当系数 $w = 1$ 时，$\sigma(\tau)_{min} = 0$，进化速度最慢，$\sigma(\tau)_{max} = 0.46$ 进化速度最快，这时 ΔT_{ij} 在下一个时间帧中对 T_{ax} 值的最大影响量是 0.46。从图 3-6 中可以看出，当参数选 $w = 2$ 时，信任度 T_{ax} 将得到更快的进化速度，但这时算法的稳定区域 ΔT_{max} 在 0.77 左右，当选择 $w = 1.5$，ΔT_{max} 在 1 左右。若与 $w = 2$ 时作为对比，T_{ax} 具有较慢的进化速度；若与 $w = 1$ 时作对比，T_{ax} 具有较快的进化速度。

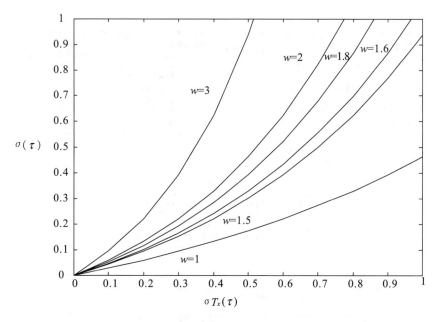

图 3-6　$\sigma(\tau)$ 在不同 w 时的变化趋势

　　根据信任度综合算法（3-14）得到的实验结果如图 3-7 所示。可以看出算法具有缓慢上升快速下降特征。如果主机 H_x 在多个时间帧内持续保持良好的交互行为，则主机 H_x 能够逐渐获得高的信任度，如果在获得高信任度后，H_x 突然在交互中实施恶意行为来获取非法利益，它的信任度将迅速下降，被 H_a 识破，通过信任传播，从而被信任机群孤立出来。如果 H_x 要恢复自己曾有的较高信任度，它需要做出长时间的努力，持续保持良好的交互行为，才能恢复自己的"信任度"，信任度综合计算算法的这一主要特征对主机的恶意行为产生有效的遏制作用。

　　公式（3-11）、（3-12）给出了主机 H_a 基于对主机 H_x 的直接经验数据，对有不良或恶意推荐行为的主机 M_k（$k=1$，2，…）进行孤立的算法。用图 3-8、图 3-9 和图 3-10 对模拟实验结果说明如下：由图 3-8 可以看出推荐者 M_3 对主机 H_x 的推荐数据与主机 H_a 对 H_x 的直接经验数据一致性最好，而推荐者 M_1 和 M_2 的推荐数据与 H_a 的直接经验数据一致性较差，分别远高于和远低于 H_a 的直接经验数据。依据所用算法，H_a 可以得出结论：M_3 更可信，而 M_1 和 M_2 可能有恶意推荐嫌疑。

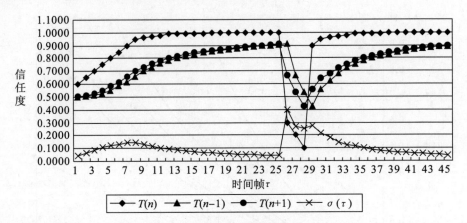

图 3-7　信任度变化趋势（$w=1.5$）

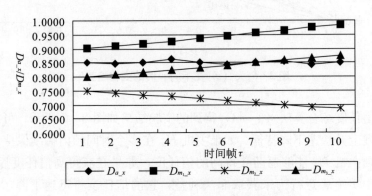

图 3-8　直接经验数据与推荐数据的比较

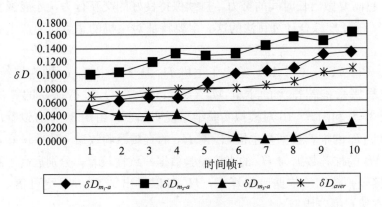

图 3-9　直接经验数据与推荐数据的差异

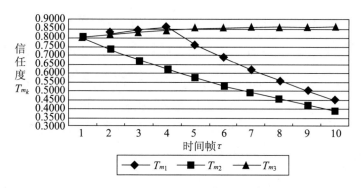

图 3-10　推荐数据与直接经验数据的差异对 T_{m_k} 的影响

以 H_a 的直接推荐数据为参考基准，进一步考察 M_1、M_2 和 M_3 所推荐数据的偏离程度，结果如图 3-9 所示。由图 3-9 可以看出在连续多个考察周期内，$|\delta Dm_2-a|>\delta\overline{D}aver$，$|\delta Dm_3-a|<\delta\overline{D}aver$，而在前几个周期内 $|\delta Dm_1-a|<\delta\overline{D}aver$，在后几个周期内 $|\delta Dm_1-a|>\delta\overline{D}aver$，其中，$\delta\overline{D}aver$ 是均差。根据所使用的算法，H_a 对推荐主机 M_3 的信任度将有所提升，而对 M_1 和 M_2 的信任度将有所下降。

由图 3-10 可以看出，根据公式（3-11）、（3-12），在考察过程中，由于推荐者 M_3 对主机 H_x 的推荐数据与主机 H_a 对 H_x 的直接经验数据一致性最好，主机 H_a 对它的直接信任程度逐渐提高，提高幅度取决于一致性程度，一致性程度越高提高越快；而推荐者 M_1 和 M_2 的推荐数据与 H_a 的直接经验数据一致性较差，无论远高于或远低于 H_a 的直接经验数据，主机 H_a 对它们的直接信任程度均逐渐降低，降低幅度取决于偏差程度，偏差程度越大，降低越快。因此公式（3-11）、（3-12）算法的功能能有效孤立恶意推荐主机。

可以得出如下结论：

模拟实验结果验证了本章给出的"公信主机选择算法"、"孤立恶意推荐者算法"以及"信任度综合计算算法"的正确性。可以用来评价移动 Agent 系统中待交互主机的主观信任状态，并预测待交互主机在下一个时间帧的可信程度。所给出的一系列算法能够激励可信主机，孤立恶意主机，具有"惩恶扬善"的作用。能够有效地对移动 Agent 系统进行主观信任动态管理。

3.6.2　与 Josang 算法比较

Josang 在对网络信任的研究文献［80，81，82］中构造了一个由观察到的肯定事件数 r 和否定事件数 s 确定的概率确定性密度函数 $pcdf（r，s）$，以此函数来计算网络实体产生肯定和否定事件的概率（$pcdf$（$\theta \mid r$，s）$=$ $\frac{\Gamma（r+s+2）}{\Gamma（r+1）\Gamma（s+1）} \theta^r（1-\theta）^s$，$0 \leqslant \theta \leqslant 1$，$r \geqslant 0$，$s \geqslant 0$；其中 θ 为概率变量）。本书在移动 Agent 系统中对移动 Agent 和源主机进行信任绑定，把 $pcdf$（r，s）置换为 Gauss 分布概率密度函数，根据此函数把移动 Agent 和执行主机的交互行为结果转化为其信任程度。与 Josang 构造的 $pcdf$ 算法相比，本章给出的移动 Agent 系统信任管理系列算法具有下列优点：

1. 灵活性强

本书基于 Gauss 可能性分布理论给出的算法 P（v，μ，σ）在把执行主机和移动 Agent 交互行为量化为其信任度的计算中，可以选择计算门限值 v，算法 P（v，μ，σ）中的特征参数（μ，σ）分别是数学期望和方差，不仅能度量主机信任程度高低，而且能表示主机信任度的稳定性，根据算法 P（v，μ，σ）使用推荐信任数据和直接数据可分别计算出推荐信任度、直接信任度，在此基础上进行综合信任度的计算，具有更强的灵活性和表达力。

2. 针对性强

本章基于直接信任度给出孤立恶意（交互或推荐）主机算法，更突出移动 Agent 系统主观信任判定需求。表现为以下两点：①主机 H_x 对主机 H_a 无恶意行为并不能代表对主机 H_b 无恶意行为，反之也一样，主机 H_a 有理由认为对 H_x 的直接信任度比推荐信任度更可信；②主机 H_a 根据推荐信任度与直接信任度的一致性好坏来判定是不是恶意推荐者，与直接信任度值相比过高的推荐者和过低的推荐者都有恶意推荐嫌疑，主机更信任与自己直接信任度具有较好一致性的推荐者。本章给出的孤立恶意主机算法充分体现了以主机 H_a 直接交互经验为参照值，针对 H_a 孤立恶意主机的效果较好。

3. 自启动性

对于刚刚加入移动 Agent 系统的新主机 H_a，虽然没有直接经验数据，但能够立即获取 H_x 的推荐信任数据，使用"公信主机选择算法"选择可信任交互对象，具有较好的自启动性。

4. 主观自主性

当主机 H_a 在移动 Agent 系统中积累足够的直接信任数据后，可根据自己的信任需求偏好，设置信任门限值，选择可信任交互对象集合（包括公信主机、自信任主机和综合信任主机），有较好的自主性。

5. 动态适应性较好

每个交互主机在判定是否信任其他主机（或该主机的移动 Agent）的同时，

也能够判断自己是否被其他主机信任（把自己看成 H_x 即可），由此可进行自我调整，赢得更多的交互者，更好地适应生存环境。

　　本章系列算法的不足之处是，主机对信任门限值的选择基于主机自身的信任需求与偏好，本书没有进一步考虑这种偏好对该主机周围形成动态信任机群稳定性的影响。

3.7　本章小结

　　本章通过分析人类信任机制 HTM，得到一些启示，在上一章基于 SPKI 的移动 Agent 系统客观信任对等管理框架下，研究解决移动 Agent 系统中的主观信任动态管理方法问题。第一，分析了移动 Agent 系统中的实体（主机或移动 Agent）信任需求，给出了主要由三个信任组件组成的主观信任动态管理模型。其中，信任形成组件，完成信任数据的采集；信任传播组件，完成信任的传播和信任数据的交换；信任进化组件，完成信任数据的更新。第二，给出了移动 Agent 系统中信任的量化表示方法。基于 Josang 网络信任管理模型中提出的描述和度量信任的基本思想，在移动 Agent 系统中引入事实空间（Evidence Space）和观念空间（Opinion Space）两个基本概念。把移动 Agent 系统事实空间中"实体交互行为结果的好坏"转化成观念空间中"实体可信程度的高低"。采用高斯可能性分布理论，给出了移动 Agent 系统中主机信任程度的量化表示方法，用"信任度"来表示移动 Agent 系统中在指定时间帧内，主机 H_a 认为主机 H_x 的可信任程度，用来评价和预测下一次能与主机 H_x 安全交互的可能性。第三，给出了一系列主观信任动态管理算法：①事实空间交互行为向观念空间信任程度的映射算法，在事实空间中规定的时间帧内，统计实体交互次数中发生的肯定事件数和否定事件数，根据 Gauss 可能性分布理论映射为观念空间的实体的信任程度；②"公信主机"选择算法，在移动 Agent 系统中主机 H_a 从第三方 M_i 采集关于 H_x 的推荐信任数据，计算 H_x 推荐信任程度，并使用信任门限为相对基准，选择"公信主机"列表；③根据直接信任度孤立恶意推荐主机算法；④"信任度"综合计算方法，在完成对主机 H_x 直接信任数据和推荐信任数据采集的基础上，实现了信任度的综合计算，度量移动 Agent 系统中主机"综合信任程度"。最后，给出一组模拟实验，验证了使用这些算法度量移动 Agent 系统中主机信任程度是可行的，对形成信任机群，孤立恶意主机，提高移动 Agent 系统中交互的安全程度是有效的。

4 移动 Agent 安全保护方法

在云计算环境下移动 Agent 跨信任域移动时，在不同的信任域中，当移动 Agent 代表的利益与执行主机的利益不一致时，可能诱发移动 Agent 与执行主机之间的相互攻击，而保护合法移动 Agent 免受恶意主机攻击问题目前尚未有效解决。本章在分析移动 Agent 系统安全问题和现有安全技术基础上，提出一种增强移动 Agent 安全保护方法（简称 IEOP 方法），遏制或阻断恶意主机攻击行为，使移动 Agent 获取足够安全效果。

4.1 移动 Agent 系统安全问题与安全需求分析

由于移动 Agent 系统的开放性和动态性，致使其安全问题的内涵异常丰富。从广义上将其安全问题划分为四类：①主机安全问题，指恶意移动 Agent 对主机的攻击（Malicious Agent-to-Host）；②移动 Agent 安全问题，指恶意主机对移动 Agent 的攻击（Malicious Host-to-Agent）；③移动 Agent 之间的安全问题（Agent-to-Agent）；④主机相对其他实体的安全（Other-to-Host）。后两者的问题也可以合并到前两者中解决。因此，移动 Agent 系统的安全问题可以简化描述为：保护主机安全和保护移动 Agent 安全。引发移动 Agent 系统安全问题的原因很多，下面分析主要因素。

4.1.1 网络环境脆弱性

计算机单机系统和单机互联形成的开放网络系统均存在脆弱性，这种脆弱性是系统固有的属性，不可能完全消除，因此，网络的安全性是不可完全判定的。恶意主体（攻击者或攻击程序）可利用脆弱性获得对系统资源的非授权访问或故意对系统造成损害。脆弱点的宿主可以是软件、硬件、协议和标准等，其形成原因是多方面的。因为在网络中网络协议存在缺陷，软件实现存在缺陷，操作系统存在缺陷，用户使用也存在缺陷。但其中大多数来自于系统安全应用模型的缺陷和程序设计的错误，这是因为目前软件理论和技术无法保证在软件设计和实现过程中不带来漏洞。主要部分归纳如下：①验证错误。输入验证错误，系统没有对用户提供的输入数据进行严格的合法检查；访问验证错误，系统的访问验证部分不足以正确确定用户身份或存在某些可能被利用的逻辑错误。②溢出错误。边界溢出错误，系统运行时发生数据超出其类型或数组的边界而导致的地址空间溢出错误；缓冲区溢出错误，即系统运行时向一个有限空间缓冲区拷贝了过长的字符串造成地址空间溢出错误。③意外情况处理错误。系统在实现逻辑中缺乏对意外情况的考虑，例如，没有检查文件的存在就读取文件的内容而引起的错误。④环境错误。由于外部的环境变量错误或被恶意设置而造成的系统运行不正常，或执行攻击代码等。⑤竞争条件错误。系统操作时存在时序和同步方面的错误。⑥系统配置错误、系统逻辑设计错误等。

网络系统中的脆弱性被利用后严重危害系统数据的完整性和机密性，破坏系统的可用性和可控制性，降低系统对实体行为的抗抵赖性。其造成的后果主要有：①非法获取访问权限或提升访问权限；②引发本地拒绝服务或远程拒绝服务使服务中断；③非授权读取文件或收集某些内部信息；④对目标实施欺骗；⑤口令盗取等。由于网络环境本身不是安全的，那么建立在网络上的移动 Agent 系统也将面临着各种威胁，网络环境的脆弱性是移动 Agent 系统安全问题存在的主要根源之一。

4.1.2 移动 Agent 系统存在脆弱性

在移动 Agent 和执行主机的正常交互过程中，主机平台控制移动 Agent 的执行过程，为移动 Agent 提供资源和各种服务，包括资源请求服务、管理服务、安全服务、消息服务、传输服务等。当移动 Agent 跨域移动，和所访问的主机平台之间利益不一致时，互相攻击的可能性增加。

1. 合法的主机平台受到恶意移动 Agent 的攻击

（1）拒绝服务，恶意移动 Agent 全部占用平台提供的服务能力，使得平台无法对其他合法移动 Agent 提供有效服务；

（2）非授权访问，恶意移动 Agent 非法窃取平台上的敏感资料，非法修改、删除这些资料；

（3）控制主机平台，恶意移动 Agent 全部或部分控制主机平台，使平台安全防卫措施失效，在平台拥有者没有察觉情况下，具有很大的危险性和破坏性，容易造成无法挽回的损失。

2. 合法的移动 Agent 受到恶意主机的威胁

（1）拒绝服务，在这种状态下，移动 Agent 不能使用主机资源，不能享受平台提供的服务，无法完成任务；

（2）信息泄露，在移动 Agent 传输和等待过程中，恶意主机平台可能查看移动 Agent 代码和敏感信息；

（3）修改或删除代码，在移动 Agent 执行过程中，恶意平台可以分析移动 Agent 的功能，了解移动 Agent 的任务，修改或删除移动 Agent 代码，甚至模拟移动 Agent 发出恶意行为。

3. 需要说明的是

移动 Agent 和执行主机二者的地位是不对等的，移动 Agent 在生命周期内表现为三个状态：传输状态、等待状态和执行状态均处于被主机平台控制的地位，因此合法移动 Agent 相对于执行主机处于弱势一方，移动 Agent 的安全程度依赖执行主机服务行为的好坏。移动 Agent 和主机相比更易受到攻击。

4.1.3 恶意攻击行为

产生移动 Agent 系统安全问题的另一个根源是攻击者的恶意攻击行为。任何系统安全问题本质上都存在"防护"与"攻击"这一对矛盾，移动 Agent 系统也不例外。在研究移动 Agent 系统安全策略、安全措施与安全技术的同时，必须深入研究攻击者的攻击行为。安全技术的使用针对攻击行为，两者是"相互对抗"、"此消彼长"的关系。

攻击者实施攻击有一个过程。一般情况下的攻击步骤是：①产生攻击动机，选择攻击目标；②收集目标信息，寻找目标系统漏洞（脆弱点及宿主）；③对目标实施攻击；④继续收集信息，实施攻击升级……如图 4-1 所示。

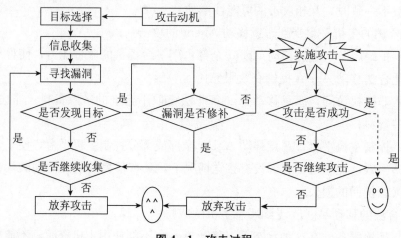

图 4-1　攻击过程

对移动 Agent 系统产生的威胁有：来自通信线路的威胁、来自移动 Agent 的威胁与来自移动 Agent 平台的威胁。从不同的角度可以对攻击进行分类，本书从请求服务与提供服务的角度，把攻击类型分为恶意主机问题和恶意移动 Agent 问题两类，前者指恶意主机对到达执行主机的移动 Agent 的攻击；后者指恶意移动 Agent 对提供服务的执行主机的攻击。无论是对执行主机的保护还是对移动 Agent的保护，都要充分考虑攻击路径才能达到阻断攻击的目的。表 4-1 列出恶意移动 Agent 对执行主机常见攻击；表 4-2 列出恶意主机对移动 Agent 常见攻击。可以看出，阻断恶意主机对移动 Agent 的攻击与阻断恶意移动 Agent 对主机的攻击相比难度更大。

表 4-1 恶意移动 Agent 对主机的主要攻击方式及产生后果

攻击类型 （Attack Types）	主要攻击方式及后果
伪装 （Masquerading）	①冒用授权移动 Agent 身份从主机上获取无资格使用的资源和服务； ② 冒用某未授权移动 Agent 实施不良行为，嫁祸于该移动 Agent； ③冒用可信任移动 Agent 实施不良行为，败坏可信任移动 Agent 的信誉和名声
拒绝服务 （Denial of Service）	①恶意移动 Agent 大量复制并执行耗尽主机资源； ② 恶意移动 Agent 抽取主机授权信息，控制主机； ③恶意移动 Agent 干扰主机服务，使主机性能降级； ④恶意移动 Agent 关闭或结束主机服务平台
非授权访问 （Unauthorized Access）	① 违反主机安全策略，获取优先权限； ② 越权访问资源，损害主机利益； ③ 越权访问资源，损害其他移动 Agent 利益

对表 4-2 中所列出的恶意主机对移动 Agent 的攻击说明如下：执行主机上的服务平台（MAP）在执行移动 Agent 时，需要阅读它的代码和数据，恶意主机有可能非法窥视移动 Agent 携带的部分隐私或机密，导致攻击 1、2、3 的产生；恶意主机还有进一步机会非法修改移动 Agent 的代码和数据，这就是攻击 4、5、6 的产生原因；有些恶意的主机拒绝执行移动 Agent，或执行完移动Agent后故意返回一个错值，还有的恶意主机伪装自己是移动 Agent 要访问的目的主机平台，拦截移动 Agent，然后实施攻击，这三种情况相应产生攻击 7、8、9；一些恶意主机专门窃听移动 Agent 之间的通信，甚至修改通信内容，形成攻击 10、11；恶意程度较高的是

攻击 12、13，这种攻击删除或重复执行移动 Agent，在商业交易中危害极大；有些恶意主机修改移动 Agent 路由，即攻击 14，会出现"南辕北辙"的执行路线，对执行任务的移动 Agent 来说也将是灭顶之灾。

表 4-2　　　　　　　恶意主机对移动 Agent 的攻击类型

序号	攻击类型（Attack Types）		序号	攻击类型（Attack Types）	
1	代码窥视	Code Spying	8	系统返回错值	False System Calls Return Value
2	数据窥视	Data Spying	9	平台伪装	Agency Impersonation
3	执行流程窥视	Flow Control Spying	10	通信窃听	Communication Eavesdropping
4	代码修改	Code Manipulation	11	通信修改	Communication Manipulation
5	数据修改	Data Manipulation	12	删除代理	Kill an 移动 Agent
6	执行流程修改	Flow Control Manipulation	13	重复执行代理	Re-execution of 移动 Agents
7	拒绝执行	Denial of Exection	14	路由修改	Itinerary Manipulation

综上分析可见，要阻断移动 Agent 和执行主机之间的相互攻击，必须实施移动 Agent 和执行主机的双向保护，但同时对二者实施保护有时会产生"冲突"。从使用传统的安全技术保护移动 Agent 的结果来看，执行主机的保护效果好于保护移动 Agent，保护移动 Agent 与保护主机比较更具复杂性，有效保护移动 Agent 有待研究新的方法。

4.1.4　移动 Agent 系统安全需求分析

实际应用中移动 Agent 系统的安全需求是多层次的或者说是多级别的，某种实际应用常常突出某项安全需求。例如，在一个基于移动 Agent 的公用"医疗保健"信息查询系统中，对执行结果不需要机密性和完整性保护；而在一个商用移动 Agent 系统中，对询价移动 Agent 需实施完整性保护，付费移动 Agent 则需要更加严格的完整性和机密性安全保护。移动 Agent 和执行主机两者之间的通信也有安全需求。全面的移动 Agent 系统安全需求就是要保证"主机、移动 Agent 及两者之间通信"的保密性、完整性、可审核性、可使用性等，对于移动 Agent 来说，通常还有匿名性需求。下面加以分析。

4 移动 Agent 安全保护方法

1. 保密性（Confidentiality）

保密性是指移动 Agent 携带的隐私信息或主机平台的隐私信息不被非法泄露。移动 Agent 的隐私信息主要包括移动 Agent 本身的代码、状态、数据，以及移动 Agent 的通信消息。主机平台的隐私信息包括移动 Agent 平台的各种非公开的数据和通信消息。安全移动 Agent 系统，一方面能保证移动 Agent 以及移动 Agent 平台在通信中不被人窃取到通信内容，例如窃听者通过破译移动 Agent 通信语言（ACL）的签名来监听移动 Agent 通信的会话内容；另一方面能保证移动 Agent 信息和主机平台信息避免遭受未授权的访问。保密性保护是针对"窃听和未授权访问"等攻击行为的，常用方法是使用各种加密技术。

2. 完整性（Integrity）

完整性是指移动 Agent 和主机平台以及二者之间的通信不被未授权的实体修改。移动 Agent 的代码、状态、数据的完整性很容易被恶意主机平台修改或破坏，因为这些内容完全受主机平台控制。主机平台的完整性也是需要保护的，主要通过系统访问控制阻止未授权用户或恶意移动 Agent 对平台的访问。完整性保护是针对"未授权访问并实施篡改行为"的预防措施，常用方法是对交互双方的身份进行验证（Verifiability）。

3. 可审核性（Accountability）

可审核性用来控制"抵赖和伪装行为"，是保障移动 Agent 和主机平台的行为不可抵赖的安全机制。系统给每个移动 Agent 及主机平台都有唯一的标识，可以对移动 Agent 和主机平台的各种行为进行认证和审计。通过维护一个安全日志，把系统与安全有关的各种操作都记录下来。如果移动 Agent 或者主机平台对其行为想抵赖，那么就可以通过安全日志进行仲裁。这样有利于建立移动 Agent 系统中的信任机制，移动 Agent 和主机平台必须约束自己的各种行为才能建立并维持自己的可信任程度。

4. 可使用性（Availability）

可使用性主要是指移动 Agent 平台是可用的。要使移动 Agent 能够正常运行，移动 Agent 平台必须提供给移动 Agent 相应的资源和服务。一系列的安全机制必须保证主机平台提供本地资源管理、并发的访问控制、公平的资源分配等，目的是使所有的移动 Agent 都能得到相应的服务。安全机制必须能够检测和恢复主机服务失效的情况，以提供可用的移动 Agent 运行环境。同时，通信网络的可用性也必须保证，因为恶意移动 Agent 对通信网络的攻击会造成通信网络负载加重，正常移动 Agent 的通信会延迟或丢失。可用性主要是针对"拒绝服务行为以及对通信信道的攻击行为"而提出的要求。

5. 匿名性（Anonymity）

匿名性是一种移动 Agent 保护隐私的需求。移动 Agent 平台需要平衡"保护到访的移动 Agent 的隐私"与"控制记录该移动 Agent 的行为进行审计"的程度。有些必须进行严格审计的应用场合，保护隐私只能弱化，反之亦然。例如：在电子商务交易过程中，商品和服务的购买者往往愿意通过匿名来保护自己的隐私，但信用机构在不能验证用户的信用历史和信用程度的情况下，将不能扩展对匿名用户的信用。

在特殊应用领域中，移动 Agent 数据、主机平台数据和计算过程的敏感性会导致受攻击的可能性增大，安全强度要求增加。因此，系统脆弱性的危险程度，攻击者的攻击强度都与移动 Agent 应用系统的性质密切相关，因此面向具体应用的移动 Agent 系统，其安全需求强度根据不同的具体任务而变化。

4.2 典型移动 Agent 系统安全技术分析

本章对移动 Agent 系统安全问题的研究建立在三点基本假设基础上：

（1）移动 Agent 信任产生自己的主机平台，称之为源主机；

（2）对判定可信（Trusted）的执行主机认为是足够安全的；

（3）在"不可信"执行主机上，可使用加密技术（DES 或 RSA）等方法来增强安全保障。

目前已经存在的移动 Agent 系统，其安全机制大多依赖操作系统的安全机制，基于 Java 的移动 Agent 平台，则依赖 Java 的安全机制，移动 Agent 系统自身的安全机制还没有完善地建立起来。目前主要使用各种密码技术、身份验证技术、访问控制技术、审计和签名技术等为移动 Agent 系统提供安全保障。表 4 - 3 是典型的移动 Agent 系统安全机制比较。

表 4 - 3　　　　　　　　典型的移动 Agent 系统安全机制比较

系统名称 System	验证方式 Authentication	访问控制 Access Control	传输一致性保护 Transmission Integrity	存储保护 Storage Protection	数字签名代码 Digitally Signed
Aglets	对称加密算法 完成域验证	按信任与不信 任分配权限	无	无	无

续　表

系统名称 System	验证方式 Authentication	访问控制 Access Control	传输一致性保护 Transmission Integrity	存储保护 Storage Protection	数字签名代码 Digitally Signed
TACOMA	依赖 OS	依赖 OS	无	无	无
D'Agent	用户签名	基于用户的 ACL	无	用户限制；基于市场控制	无
Concordia	对称算法加密用户和组标识	配置文件存储权限控制列表	SSL 协议	对称加密算法	无
Odyssey	加密证书	基于移动 Agent 配置	无	无	无
Voyager	无	安全管理器类继承	无	无	无
Grasshopper	使用 X.509 证书	GUI 设置，安全管理器类继承	SSL 协议	无	有
Mogent	X.509 证书	GUI 配置	类 SSL 协议	无	有

说明如下：

（1）在 Aglets 系统中，提供了基于服务代理和资源代理的认证和访问控制机制。使用对称加密算法检查移动 Agent 在传输过程中是否被篡改，并对移动 Agent 完成域验证，根据信任与不信任分配权限。

（2）TACOMA 没有实现完整的安全机制，由后台守护跟踪移动 Agent 并为其建立状态映像，状态映像可用于恢复移动 Agent，具备简单的容错功能。

（3）D'Agent 是由 Agent TCL 发展而来，实现了部分安全机制，根据移动 Agent 拥有者的身份确定资源管理策略，采用数字货币的机制保护主机（移动 Agent 使用数字货币购买主机的资源与服务），基于用户身份的静态访问控制列表保护系统资源，移动 Agent 在传输过程中，其状态通过加密协议进行持久性存储。

（4）Concordia 中，移动 Agent 传输使用 SSL 协议进行加密和认证，能够保证移动 Agent 的可靠传输。资源管理方面，安全管理器基于授权用户的身份，使用静态配置的 ACL（Access Control List）在屏幕上显示访问状态。

（5）Odyssey 在安全机制方面，通过加密证书的方式由移动 Agent 服务器来认证移动 Agent 授权者的身份，同时根据移动 Agent 本身的配置信息限制其对主机资源的使用。

（6）Voyager 支持通过安全套接层协议 SSL（Secure Socket Layer）适配器的网络通信以及使用 SOCKS 和 HTTP（Hypertext Transfer Protocol）协议的防火墙管道通信，程序员必须扩展安全管理器，只有内部和外部两个安全分类。

（7）Grasshopper 在安全机制方面，采用了基于规则的访问控制策略，基于用户身份验证的资源访问机制，通过 Agent 通信语言 ACL（Agent Communication Language）实现实体之间的交互，通过 SSL 加密和认证。

（8）Mogent 是国内研究开发的移动 Agent 系统，其安全设施和其他基于 Java 的移动 Agent 系统大体相当，但在电子货币使用、基于旅行历史记录的授权模型等方面有一些特点。

可见，保护主机问题解决得相对较好一些，但还有一些难题有待解决，如：DOS 攻击防范等。保护移动 Agent 问题尚未解决，如移动条件下的数字签名，代码和数据的保密性和完整性保护等有待进一步研究。

4.2.1 主机安全保护技术分析

保护主机的技术是传统网络安全技术的扩展，文献［93，94］做了小结，主要有：

沙箱技术（Sand-boxing），其工作原理是基于软件的错误隔离方法，把不可信的 MA 代码隔离在单独的虚拟地址空间里运行，限制 MA 对本地资源的访问权限，以达到保护主机的目的；其局限性是无法进行内存、CPU 和网络资源直接管理。

安全代码解释（Safe Code Interpretation），移动 Agent 系统通常是用解释语言开发的，如 Java、Safe Tcl 等，系统安全策略通过解释器实现，违反安全策略的恶意代码将无法通过解释器的解释而被拒绝执行；其优势是构造多个基于安全策略的解释器可灵活地使用计算资源。

代码标识（Signed Code），用数字签名对代码进行标识是保护主机的一种基本技术，用来验证代码或对象来源的真实性和完整性；该方法依赖公开密钥基础设施。

状态评价（State Appraisal），平台 MAP 使用状态评价函数来确认进入平台的 MA 的状态是否正确（是否被修改过），并由此决定赋予 MA 多大的权限；此方法的局限性是，评价函数对典型攻击容易模拟识别，而对精巧攻击难以识别。

历史路径记录（Path History），该方法的核心思想是保留 MA 所访问过的平台的可鉴别记录，要访问的新平台根据该记录决定应给 MA 怎样的资源限制；其局限性是，随着路径记录的增加，路径校验的代价将变得很高。

携带验证代码（Proof Carrying Code），该技术使主机操作系统内核能够验证到达的 MA 是否符合一套安全规则，若符合，则分配给资源，允许执行；未解决的难点是安全策略的形式化和验证的自动化问题。

授权和属性证书（Authorization and Attribute Certificates），属性证书中含有权利及其委派方针，应用难点是还未解决怎样表达权利和委派方针，使得证书简单易用。

携带模式代码（Model-Carry Code），该方法是通过引入程序模式来弥补低层次的字节码和高层次的安全策略之间的距离，通过检查模式的正确性和模式是否遵守安全策略来保护运行主机，它有良好的扩展性，但还不能完全解决安全策略的重置问题。在上述保护主机的安全技术中，大部分还没有实际应用实例。

在运行移动 Agent 的主机上，必须实现移动 Agent 资源请求与服务器资源提供的关联过程。主要有三种保护模式可以实现关联过程：

安全管理器（Security Manager）：监控其所有的资源访问过程，根据资源请求为移动 Agent 分配相应的资源引用，以保护系统级资源。

资源监控器（Gatekeeper）：资源监控器对象作为访问中介，实现对资源的可控制访问。当移动 Agent 发出资源请求时，服务器参考本地安全策略，构造一个资源监控器对象，该对象与资源具有安全访问接口。

访问控制列表 ACL（Access Control List）：将每一种资源封装到一个独立的包装对象中，移动 Agent 只能拥有包装对象的引用，不允许其绕过包装对象而直接访问资源。

本书选择资源监控器来实现"到访移动 Agent 资源请求"与"主机服务器资源提供"的交互过程。这里基于新的公钥基础设施 SPKI 和基于角色的访问控制 RBAC 方法（见 2. 移动 Agent 系统客观信任对等管理模型），无论到访的移动 Agent 怎样分布，而移动 Agent 扮演的角色种类是有限的，监控器只需要为每一种角色建立一种监控器对象，以减少内存消耗，从而提高移动 Agent 对主机资源的访问效率和执行主机对移动 Agent 的安全控制效率。图 4 - 2 给出了移动Agent 和主机交互期间，保护主机资源的实施过程。

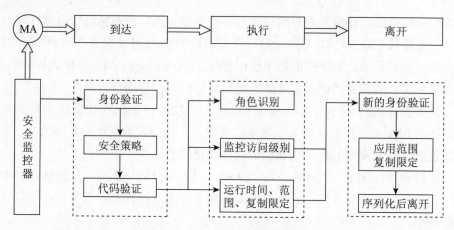

图 4-2　主机资源保护过程

4.2.2　移动 Agent 安全保护技术分析

保护移动 Agent 技术在很大程度上有悖于传统的保护机制，因为 MA 的代码、数据和执行状态暴露在它所停靠主机上的运行平台（MAP）上，对其进行保护而免遭执行环境的攻击则对设计极具挑战性。但在已开发的移动 Agent 系统中，保护移动 Agent 的技术与措施几乎没有实施。目前保护移动 Agent 安全技术是一个研究热点，新技术不断出现，但已出现的技术离实际应用还有距离。

保护 MA 的主要技术有：

执行追踪（Execution Tracing），这一技术能够探测主机平台对移动 Agent 实施的任何恶意行为，即对移动 Agent 代码、数据和执行流程所作的修改。该技术基于对移动 Agent 在生命周期内在各个主机平台执行踪迹进行加密，然后由移动 Agent 源主机检查该移动 Agent 的执行历史，看是否被修改过。

代理协作（Co-Operating Agents），这一技术是把一个移动 Agent 执行的关键任务分配给两个移动 Agent 协作执行，二者以秘密方式共享数据和交换信息，以减少共享数据被偷窃的可能性。

环境密钥生成（Environmental Key Generation），移动 Agent 在预定义环境为真时，生成密钥对代码密文解密，使得恶意主机无法直接读取代码来了解移动 Agent 的行为。

加密函数计算（Computing With Encrypted Functions），这种技术对移动Agent 从算法上保护，如果 MA 想计算 $f(x)$，只让主机计算加密函数 $E(f(x))$，然后

MA 执行结果再被还原为 $f(x)$，主机无法知道移动 Agent 的功能。

置乱代码（Obfuscated Code），在把移动 Agent 发送到执行主机之前，移动 Agent 编程人员使用这一技术把移动 Agent 的代码置乱，但不改变代码的功能，使执行主机不能够分析出移动 Agent 的功能。已有几种代码转换方式。

移动黑箱（Mobile Black-Box），该类方法把 MA 设计成只有输入输出的黑盒子，其代码和数据不可读取，使恶意主机无法实施对计算过程的窜改，后来发展为限时黑盒，对移动 Agent 在足够长的时间内进行安全保护。

部分结果密封（Partial Result Encapsulation），基于 RSA 加密方法，采用滑行加密技术（Sliding Encryption）可实现小尺寸明文加密生成小尺寸密文，可用来保护数据的完整性和机密性。向前完整性（Forward Integrity），确保将来访问的主机不能修改已访问的主机的执行结果。加强向前完整性（Strong Forward Integrity），强调已被访问过的主机访问过后也不能修改自己的结果。

防篡改硬件（Tamper-proof Hardware），依赖硬件构成防窜改环境，移动 Agent 可以存储和运行在被隔离、被保护的环境中，基本可杜绝各种软件攻击。

嵌套式执行环境（Nested Environments），移动 Agent 自己提供运行环境而不直接在主机上运行，由三部分组成：移动 Agent 本身、移动 Agent 载体和移动 Agent 解释器。

探测体（Detection Object），它是随机代码段，嵌入移动 Agent 中，探测移动 Agent 是否被修改，用来保护数据的完整性。

复制和表决（Replication and Voting）同一移动 Agent 被复制分发到多个主机上，执行完毕通过表决确定最终结果，用来保护计算完整性。

探测篡改（Tamper Detection），使用基于密码的完整性证明或完整性线索确保计算是按照移动 Agent 的代码进行的。表 4 - 4 对上述部分移动 Agent 安全技术进行比较。

表 4-4 保护 MA 安全技术比较

安全技术分类		安全技术名称	保护作用	优势或不足	易用性
事后检测	执行追踪（部分结果密封）	Partial Result Authentication Code	验证数据机密性和完整性	只有原始节点	较强
				可实现验证	
		Sliding Encryption		不节约时间	
	探测体	Detection Object	数据完整性	随机代码设计难度大	一般
	复制和表决	Mutual Itinerary	容错性和计算完整性	资源消耗大	一般
	探测篡改	Execution Tracing	计算完整性	历史记录量大	一般
		Holographic Proof		转换计算量大	较弱
		Protective Assertions		动态保护 MA	较弱
事后预防	黑盒子	Blackbox Security	计算完整性和私有性	无法确保黑盒属性	较弱
		Time Limited Blackbox Security		只适用短期隐藏信息	一般
	加密函数计算	Computing with Encrypted Functions	数据完整性计算完整性	函数转换算法难度较大	较弱
	环境密钥生成	Environmental Key Generation	保护计算私有性	有弱点 受环境限制	较弱
	嵌套式执行环境	Nested Environments	保护计算私有性	通用性好 代价高	较强
	防篡改硬件	Tamper-proof Hardware	数据和计算的完整性、私有性	主机中要添加硬件 代价高	较强

4.3 一种增强移动 Agent 安全保护方法

本节提出一种增强移动 Agent 安全保护方法，简称 IEOP 方法。实现思路是：

（1）使用事前预防技术"加密功能函数"保护移动 Agent 的机密性；

（2）对 Vigna 提出的多跳 Agent 协议 EOP 进行改进与扩展形成 IEOP 协议，用于封装加密移动 Agent，传输到下一个执行主机并向该执行主机提供移动 Agent 源主机（信任锚）的身份和提供者的身份，消除执行主机对加密移动

Agent 的怀疑，保护移动 Agent 的完整性；

（3）用 IEOP 封装移动 Agent 执行踪迹和执行结果发送回到源主机，对可疑结果使用"执行追踪"技术进行检查，析出恶意主机。

4.3.1 执行追踪技术

执行追踪方法（Execution Tracing）属于事后检测，源主机能够探测出任何执行主机对移动 Agent 实施的恶意行为。这项技术基于检测移动 Agent 在主机上"执行踪迹"来实现。"执行踪迹"即移动 Agent 生命周期内在一系列执行主机上运行的"安全日志"。源主机通过检测移动 Agent 在每个主机平台与安全有关的执行历史，能够发现实施恶意行为的主机。记录安全日志信息分为两种形式：一种是来自外部执行环境的信息，加上执行主机平台的数字签名，称之为"黑色陈述（Black Statements）"；另一种形式表现为移动 Agent 内部变量值的变化历史，加上执行主机平台的数字签名，称之为"白色陈述（White Statements）"。执行追踪方法"原始版本"的缺点是对所有执行主机的"执行踪迹"进行检测，信息量太大，源主机检测负担重，效率低。本书在使用此方法时，对此做以下改进：

移动 Agent 系统对每个主机实施信任管理，把执行主机分成两组：可信主机与不可信主机；

对可信执行主机，源主机只检测"执行踪迹"中的"黑色陈述"部分。对不可信执行主机需提交"黑白"两种陈述供源主机进行检测。选择"执行踪迹"包含的信息项目如表 4-5 所示。

表 4-5 执行踪迹所包含的信息项目

消息标识 （The ID of the Message）	执行主机身份 （The ID of the Running Host）	时间戳 （Time Stamp）	执行踪迹 （Running Trace）	可信主机标识 （The Host Flag）
Message1	108.12.68.26	2007/8/11 pm18：11：18	black statements	T：trusted
Message2	.131.22.17.66	2007/8/11 pm18：21：28	black statements white statements	F：intrusted

当移动 Agent 完成任务回到源主机后，源主机首先确认移动 Agent 执行结果是否正确；若不正确，则检测不可信主机的"执行踪迹"，鉴定可疑执行主机的

恶意行为，若未查到，则检测可信主机的"执行踪迹"。这样可以降低源主机的检测负担，提高效率。

4.3.2 加密函数技术

用无交互加密函数计算方法保护移动 Agent 属于事前预防，移动 Agent 的代码和数据不以明文的形式出现在执行主机平台上，保护了移动 Agent 的秘密性。使恶意主机平台对移动 Agent 攻击的危险性由"内部"（如修改代码、数据攻击）退到"外部"（如拒绝服务攻击），降低移动 Agent 的危险程度。下面说明无交互加密函数计算方法的含义及使用方法。

假如主机 H_A 希望使用主机 H_B 上的数据 x 计算一个有理函数 f 的值，但 H_A 不希望 H_B 知道 f 的内容，避免 H_B 修改 f。H_A 可以采取以下措施，随机选择一个"可逆"变换函数 s 对 f 进行变换，得到 $g=sf$，然后将 g 写成代码发送给 H_B；H_B 对代码 g 输入数据 x 计算出 $g(x)$，然后把计算结果发回 H_A；H_A 收到后对 $g(x)$ 进行逆运算：可以得到：$s^{-1}g(x)=s^{-1}sf(x)=f(x)$。从上述过程可以看到：$H_B$ 为 H_A 计算了 $f(x)$，但 H_B 不知道算法 f 的内容，而 H_A 也不知道数据 x 的内容，在计算过程中 H_A 和 H_B 之间没有交互。

加密、解密过程的本质实际上是信息或运算表达形式的变换和逆变换。上述方法过程可以演变成一个程序加解密过程，令 $p(f)$ 代表程序的具体代码，把程序 f 变换为加密程序 $E(f)$ 的过程如下：

（1）主机 H_A 加密 f，形成 $E(f)$；

（2）主机 H_A 构造代码 $P(E(f))$；

（3）主机 H_A 向主机 B 发送 $P(E(f))$；

（4）主机 H_B 提供数据 x，计算 $P(E(f))(x)$；

（5）主机 H_B 将 $P(E(f))(x)$ 计算结果发送给主机 H_A；

（6）主机 H_A 解密 $P(E(f))(x)$，得到计算结果 $f(x)$。

用 E 表示加密运算，D 表示解密运算，下面说明怎样选择 $E(f)$ 中的 E。

若可以找到一系列的有理函数对 (s_i, f_i)，$(i=1, 2, \cdots, n)$，均使 $g=s_i$ (operate) f_i 成立，其中只有一对 (s_i, f_i) 是被使用的"真解"，可以利用这对"真解" $E(f)=s_i$ (operate) $f_i=g$ 实现对程序的加密；其逆过程表示为，用 $D(g)=s_i^{-1}$ (operate)$^{-1}g=f$ 对程序解密。由于 $E(f)$ 的结果应是一个可分解为多对不同解的函数，这种方法的安全性取决于分解 $E(f)$ 的难度。怎样找到这样的有理函数对？

Feigenbaum 和 Merritt 首先提出：是否存在一个加密程序 E，使得由 $E(x)$ 和 $E(y)$ 很容易求出 $E(x+y)$ 和 $E(xy)$？问题答案是：如果 R、S 均为环，则 $E(R\rightarrow S)$ 可以满足这个要求，这种加密方法称为同态加密算法。

（1）已知 $E(x)$ 和 $E(y)$ 求出 $E(x+y)$ 而不会泄露 x，y 的算法称为加法同态算法，这里记为 $plus$；即 $plus(E(x),E(y))=E(x+y)$。

（2）已知 $E(x)$ 和 $E(y)$ 求出 $E(xy)$ 而不会泄露 x，y 的算法称为乘法同态算法，这里记为 mul；$mul(E(x),E(y))=E(xy)$。

（3）已知 $E(x)$ 和 y 求出 $E(xy)$ 的算法称为混合乘法同态算法，这里记为 $mix-mul$。

（4）既满足加法同态又满足乘法同态的算法称为代数同态算法。

下面根据上述同态加密算法将一个程序（移动 Agent）映射为另一个程序（加密移动 Agent）：设 E 是一个代数同态加密算法（变换），$f(x)=\sum a_{i1},\cdots in x^{i1},\cdots,x^{in}$ 是一个多项式（代码记为 P，数据记为 x）下面算法 I 的功能是主机 H_B 完成计算任务的同时能保障数据 x 的安全，算法 II 的功能是在算法 I 的基础上，主机 H_B 完成计算任务的同时能保障 f 的安全。

算法 I　实现对移动 Agent 数据的保护

（1）主机 H_A 对数据 x，计算出 $E(x)$。

（2）主机 H_A 将程序 P，算法 $plus$ 和 mul，加密数据 $E(x)$ 发送给主机 H_B。

（3）H_B 需要执行代码 P，实现 $P(E(x))$，P 满足以下要求：

① f 中的每个系数 a_{i1}，$\cdots$，in 需要替换为 $E(a_{i1},\cdots,in)$；

② f 中的每个乘法运算需要替换为算法调用 mul；

③ f 中的每个加法运算需要替换为算法 $plus$ 调用；

④ 利用代码 P 主机 H_B 计算出 $P(E(x))$。

（4）主机 H_B 将 $P(E(x))$ 发回给 H_A。

（5）由于 $P(E(x))=E(P(x))$，主机 H_A 通过计算 $E^{-1}P(E(x))$ 得到 $f(x)$。

上述过程中，H_B 只知道 $E(x)$ 的内容，不知道数据 x 的内容，完成了对数据的保护。

算法 II　实现对移动 Agent 代码的保护

在算法 I 的基础上，令 $E(R\rightarrow R)$ 为兼有加法同态和混合乘法同态的加密函数，主机 H_A 只需要把算法 $plus$ 和 $mixed-mul$，加密程序 $E(f)$ 发送给主

机 H_B，可使主机 H_B 完成计算并保证 f 的安全。令 $f(x) = \sum a_{i1} x^{i1}$，…，$a_{in} x^{in}$ 是一个多项式：

（1）主机 H_A 自己写出代码 P 以实现程序 $E(f)$，并满足下列要求：

①f 中的每个系数 a_{i1}，…，in 需要替换为 $E(a_{i1}$，…，$in)$；

②f 中基于输入数据 x_1，…，x_s 进行的每一项都存储在列表 L 中，并且 $L = [\cdots, X^{i1}, \cdots, X^{is}, \cdots]$；

③通过在列表 L 以及系数 $E(a_{i1}$，…，$a_{is})$ 上调用 $mixed-mul$ 算法，可以得到列表 M，并且 $M = [\cdots (E(a_{i1}, \cdots, is) X^{i1}, \cdots, X^{is}) \cdots]$；

④将 M 中的每一项用 $plus$ 算法累加起来，即得到 $E(f)$。

（2）H_A 将程序 P 即 $E(f)$ 的代码发给 H_B。

（3）主机 H_B 输入它的数据 x_1，…，x_s，并执行程序 P，得到 $P(x_1$，…，$x_s)$。

（4）主机 H_B 将执行结果 $P(x_1$，…，$x_s) = E(f(x))$ 发回给 H_A。

（5）主机 H_A 对此结果进行解密，即通过计算 $E^{-1} E(f(x))$ 得到 $f(x)$。

在这种情况下，H_A 使用算法 $plus$ 和 $mixed-mul$ 完成了对 f 的保护。研究证明这一方法对多项式和有理函数是完全可行的。

上述方法保护移动 Agent 机密性，实现了执行主机对到访的移动 Agent 代码和数据"一无所知"状态，但这样可能导致执行主机怀疑该移动 Agent 而拒绝执行它，使用下面的 EOP 协议有助于解决这一问题，使接收并执行移动 Agent 的主机平台能够验证该移动 Agent 源主机的身份和移动 Agent 提供者的身份，消除执行主机的怀疑。

4.3.3 加密提供者协议 EOP

EOP（Encapsulated Offer Protocol）协议，也叫"加密提供者"协议，是 Vigna 提出的多跳移动 Agent 路由协议，用于传送移动 Agent。

1. EOP 信息形式

$P_i \rightarrow P_{i+1}$：$\{P_i$；P_0；$KP_{i+1}(C, S, (O_0, \cdots, O_i))$；$KS_i(P_{i+1}, t_i)$；$KS_0(H(C, S), I)\}$

其中，P_i 是信息提供者，P_{i+1} 是信息接受者，P_0 是移动 Agent 信息产生者，KP_i 和 KS_i 分别是主机 P_i 的公钥和私钥，KP_{i+1} 是下一个接受者的公钥，KS_0 是源主机的私钥，C、S 分别代表移动 Agent 的代码和状态（含数据）；$H(C, S)$ 代表取哈希值。

从发送者到接收者的 EOP 信息包括 5 个部分组成。移动 Agent 产生者身份 P_0；移动 Agent 提供者身份 P_i；用接受者公钥加密的移动 Agent 代码、状态和 EO（Encapsulated Offer）序列；由提供者签名的接收者身份和时间戳；由产生者签名的移动 Agent 代码和状态的哈希值及会话标识符 I。

2. EOP 协议起到的作用

（1）可以防止未授权的第三者执行移动 Agent。KP_{i+1}（C，S，（O_0，…，O_i））这部分信息只能由接受移动 Agent 的主机平台用 KS_{i+1} 来解密，因而只能由接受移动 Agent 的主机平台使用移动 Agent 代码和状态。

（2）可以防止移动 Agent 提供者抵赖。用 EO（Encapsulated Offer）序列（O_0，…，O_i）记录移动 Agent 提供（发送）者身份，因为提供者须用私钥为自己的身份信息签名，能防止移动 Agent 提供者抵赖。EO 序列（O_0，…，O_i），是指移动 Agent 提供者也是已执行者的身份序列，其中，$O_0 = KS_0$（O_0，H（r_0，P_1）），O_0 是一个空的初始化提供者，表示 P_0 是移动 Agent 的产生者，r_0 是移动 Agent 产生者选择的一个秘密的随机数，P_1 是移动 Agent 的第一个执行者；$O_i = KS_i$（O_i，H（O_{i-1}，P_{i+1}）），O_i 是当前执行者身份，H（O_{i-1}，P_{i+1}）是上一个提供者和下一个接受者的哈希值。

（3）接受者可以验证移动 Agent 的完整性和时效性。KS_i（P_{i+1}，t_i）是由发送者 P_i 签名发送给下一个接收者 P_{i+1} 的带时间戳 t_i 的信息项，它表示该移动 Agent 发出的时间，接收者 P_{i+1} 可以验证这个信息是不是发给自己的，是不是在有效时间内。KS_0（H（C，S），I）是由移动 Agent 产生者签名的信息项，H（C，S）是对移动 Agent 代码和状态取哈希值，接受者用来验证移动 Agent 的完整性；I 是唯一性的会话标识符，是用来连接相同会话的信息。

3. EOP 协议在保护移动 Agent 及其执行结果方面存在不足

（1）不能保护移动 Agent 代码的机密性，不能预防执行主机对移动 Agent 代码的攻击，因为接受者 P_{i+1} 得到的是移动 Agent 的明文（C，S）。

（2）不能保护 EO 序列的完整性。因为接受者 P_{i+1} 可以看见前面执行者的 EO 序列（O_0，…，O_i），不能避免后继执行者对前驱执行者 EO 序列（O_0，…，O_i）的修改攻击。

（3）EOP 没有提供对前驱者执行结果的保护。当相邻执行主机之间有竞争时，对携带执行结果到下一站的移动 Agent，前驱执行者的执行结果也可能受到后继执行者的恶意攻击。

4.3.4　使用 IEOP 保护移动 Agent

本书对 EOP 协议格式及使用方法做以下三点改进，称之为 IEOP（Improved EOP）协议：第一点是对 EOP 协议格式进行改进；第二点是用 IEOP 封装"加密移动 Agent"，发送到下一个执行主机；第三点用 IEOP 把移动 Agent 在当前执行主机上 P_i 的执行踪迹 $Trace(i)$ 和执行结果 $Result(i)$ 发回移动 Agent 源主机以备审查。

1. 对 EO 序列使用移动 Agent 源主机的公钥 KP_0 加密

使得后续执行者不能对前驱执行者（也是 C、S 提供者）的 EO 序列进行攻击，例如，置换或删除 EO 中的某一项。这一点对执行移动 Agent 的主机平台之间有竞争时尤其重要。改进后的 EO 序列格式如下：

$$O_0 = KP_0 \left[KS_0 \left(O_0 \right), H \left(r_0 \right) \right]$$

$$\cdots, \cdots$$

$$O_i = KP_0 \left[KS_i \left(O_i \right), H \left(O_{i-1} \right) \right]$$

$$O_{i+1} = KP_0 \left[KS_{i+1} \left(O_{i+1} \right), H \left(O_i \right) \right]$$

在 IEOP 协议的 EO 序列中，移动 Agent 在当前执行主机上执行完毕后，执行主机把自己身份标识 O_i 用私钥签名 $KS_i \left(O_i \right)$，作为新增信息追加到 EO 序列上一个提供者 P_{i-1} 提供的 EO 序列中去，然后提供给下一个执行主机 P_{i+1}。因为每个执行主机收到的 IEOP 中的信息项看起来是相同的，所以下一个执行主机 P_{i+1} 只知道是谁将移动 Agent 发送给自己的，不知道自己是第几个收到并执行该移动 Agent 的主机，也不能看见以前执行者的 EO 序列的具体内容，只有移动 Agent 源主机能够看到所有 EO 序列内容。这样预防了在执行主机之间有竞争时，后继执行主机对前驱执行主机 EO 序列的攻击。

2. 用 IEOP 封装加密移动 Agent

对于敏感移动 Agent 使用加密函数进行加密是一种较好的保护方式，但这样对于执行它的主机又会产生新的威胁：因为移动 Agent 不把明文交给执行主机，执行主机很可能不愿意执行该移动 Agent。如果先使用加密函数对移动 Agent 加密，可保护移动 Agent 敏感信息不泄露给执行主机；然后使用 IEOP 协议传输给执行主机，执行主机又能验证该移动 Agent 的源主机身份、移动 Agent 提供主机身份、移动 Agent 的完整性、移动 Agent 的时效性等，则可以消除执行主机的怀疑。

把两方面结合起来，需要做的工作是用加密移动 Agent 置换原 EOP 协议中移动 Agent 的明文代码即可。置换后的 IEOP 信息形式如下：

源主机发出的、第一个执行主机 P_1 接收到的 IEOP 格式信息：

$P_0 \rightarrow P_1$：$\{P_1; P_0; KP_1 (E (f_0), S, KP_0 (O_0)); KS_0 (P_1, t_0);$
$KS_0 (H (E (f_0), S), I)\}$

执行主机 P_{i-1} 发出的、当前执行主机 P_i 接收到的 IEOP 格式信息：

$P_{i-1} \rightarrow P_i$：$\{P_{i-1}; P_0; KP_i (E (f_{i-1}), S, KP_0 (O_{i-1})); KS_{i-1} (P_i,$
$t_{i-1}); KS_0 (H (E (f_0), S), I)\}$

执行主机 P_i 发出的、下一个执行主机 P_{i+1} 接收到的 IEOP 格式信息：

$P_i \rightarrow P_{i+1}$：$\{P_i; P_0; KP_{i+1} (E (f_i), S, KP_0 (O_i)); KS_i (P_{i+1}, t_i);$
$KS_0 (H (E (f_0), S), I)\}$

执行步骤如下：

（1）主机 P_0 对移动 Agent 初始化

主机 P_0 产生移动 Agent 代码 C 和状态 S，生成加密函数 g^0，并用它对代码加密得 $f_0 = g^0 C$；主机 P_0 创建可执行 f_0 的程序 $E (f_0)$；对 $E (f_0)$ 进行封装，生成 IEOP 信息。

（2）在主机 P_i 上运行

主机 P_i 接收到 IEOP 信息后，用 P_{i-1} 和 P_0 的公钥 KP_{i-1} 和 KP_0 分别对 IEOP 中的第四项、第五项进行验证。如果通过，则使用自己的私钥对 IEOP 的第三项进行解密，然后执行 $P (f_{i-1})$，执行完毕后，把结果返回源主机，再把移动 Agent 封装成 IEOP 格式，发送给主机 P_{i+1}。反之，则丢弃该信息，并向移动 Agent 的产生主机报错。

（3）移动 Agent 返回主机 P_0

假设最后一个主机是 P_n，主机 P_0 接收到最后的信息后，用 P_n 的公钥和自己的公钥分别对 $KS_n (P_{n+1}, t_n)$ 和 $KS_0 (H (E (f_0), S), I)$ 进行验证，这里 $KS_n (P_{n+1}, t_n) = KS_n (P_0, t_n)$。如果验证通过，则使用自己的私钥对 $KP_{n+1} (E (f_n), S, KP_0 (O_n))$ 解密，得到 $E (f_n)$，S 和 $KP_0 (O_n)$，然后对 EO 序列进行验证和比较 S 是否为结束状态，如果是，则得到移动代理 $E (f_n)$ 的执行结果 $R (n)$。反之，则进一步审查出恶意主机。

3. 用 IEOP 封装移动 Agent 执行踪迹和执行结果

再把移动 Agent 在当前主机 P_i 上的执行踪迹 $Trace (i)$ 和执行结果 $Result (i)$，用 IEOP 协议进行封装，发回移动 Agent 源主机，以备审计。

P_i 到 P_0 的 IEOP 信息内容如下：

$P_i \rightarrow P_0$：$\{P_i; P_0; KP_0 (C, S, T_i, R_i); KS_i (P_i, t_i); KS_0 (H (C, S), I)\}$

其中，$(T_i, R_i) = KP_0 (KS_i (o_i, Trace (i), Result (i)))$；$o_i = (IP_i)$。

$$\begin{bmatrix} O_0, O_1, \cdots, O_i, \cdots, O_n \\ T_0, T_1, \cdots, T_i, \cdots, T_n \\ R_0, R_1, \cdots, R_i, \cdots, R_n \end{bmatrix} \quad \begin{array}{l} O_i \cdots Offer \quad \text{表示执行主机} \\ T_i \cdots Trace \quad \text{表示执行踪迹} \\ R_i \cdots Result \quad \text{表示执行结果} \end{array}$$

用 IEOP 信息格式把当前主机的执行踪迹与执行结果发回移动 Agent 源主机，既避免了前进中的移动 Agent 携带大量的执行踪迹，又能够使源主机及时对移动 Agent 执行追踪，并对执行结果是否正确进行验证。最后，移动 Agent 源主机得到三个对应序列：执行主机序列 O_i，执行踪迹序列 T_i，执行结果序列 R_i。对于可疑结果可则进一步审查出恶意主机。

4.4　IEOP 协议安全性分析

本节对上述移动 Agent 保护方案进行安全性分析。分析的前提是假设该方案所用的加密函数、公钥加密算法、数字签名算法、哈希算法、随机数生成算法和各个主体的私钥是安全的。利用 IEOP 协议保护移动 Agent 能够防范如下攻击：

1. 机密性破解攻击

假如攻击者得到一段移动 Agent 密文，通过密码分析想把这段密文还原成明文几乎是不可能的。因为这段密文有内外两重防护。外层防护是在 IEOP 中，使用 KP_{i+1} 对加密的移动 Agent 代码、状态和提供者 EO 序列进行了加密；内层防护是在移动前使用加密函数对移动 Agent 敏感信息进行加密，只有移动 Agent 的产生者才有解密密钥。在有限时间内，攻击者要想破解两层防护几乎是不可能的。

2. 机密性明文—密文攻击

如果攻击者得到了一段"明文—密文对"，想由此先推导出源主机和某个执行主机在 IEOP 中使用的私钥是极其困难的，其难度由各个执行主机使用的 RSA 算法强度决定。若再想计算出源主机加密移动 Agent 敏感信息使用的加密函数，更是难上加难，增加的难度取决于加密函数的保护强度。

3. 完整性攻击（Integrity Attack）

攻击者若对移动 Agent 代码进行完整性攻击（修改或删除），立即就会被接受者和源主机发现，因为采取了接受者公钥加密来保护移动 Agent 完整性 KP_{i+1} $(E (f_i), S, KP_0 (O_i))$。当接受者校验出提供者提供的移动 Agent 代码与源

主机签名的 KS_0（H（E（f_0），S），I）移动 Agent 代码不一致时，立即给源主机报错。攻击者想进行完整性攻击而不被验证出来几乎是不可能的。

4. 重放攻击（Replay Attack）

在 IEOP 信息项中采用了一个时间戳 t_i 来校验信息的时效性，同时用唯一的会话标识符 I 来表示移动 Agent 一次巡回中在各个执行主机上的会话的一致性，防止重放攻击。

5. 接受者对提供者 EO 序列的攻击

当移动 Agent 执行主机之间有竞争时，诱发相互攻击。改进后的 IEOP 既能防止后续执行者对前驱执行者 EO 序列进行攻击，因为后续执行者不能看见前驱执行者 EO 序列。

6. 接受者对提供者执行结果的攻击

因为前驱执行者执行结果不被携带到后续执行者的平台上，接受者无法对提供者执行结果进行攻击。

7. 其他隐蔽性攻击

使用 IEOP 封装执行结果和执行踪迹信息，使源主机对于不可信但不得不与之交互的主机可进行全程执行跟踪，记录与安全相关的事件，能够检查出执行主机对移动 Agent 敏感信息非典型的攻击，使用这种方法可以有效地析出较为隐蔽的恶意主机，结合第 2 部分和第 3 部分提出的信任机制，能够较为彻底地使各种恶意主机被孤立（Isolating）出来。

4.5 IEOP 对移动 Agent 巡回时间的影响

全面对移动 Agent 巡回时间进行分析是一项非常困难的工作，因为影响因素很多而且是随时间动态变化的。主要有：实施的安全管理措施，网络带宽，移动 Agent 的到达率（负载），执行主机上下文环境与移动 Agent 的大小等。表 4-6 给出了几个主要因素对移动 Agent 巡回时间的影响。在移动 Agent 所访问的主机平台及网络环境不变的情况下，增加安全措施，会延长移动 Agent 的巡回时间。对移动 Agent 巡回时间增量的比较可以看出使用不同安全技术带来的影响。下面只分析使用 IEOP 保护移动 Agent 对移动 Agent 自身巡回时间产生的影响。先把移动 Agent 的执行过程进行分类，然后具体分析移动 Agent 巡回时间的产生过程并给出一种估算方法。对于每种执行过程，通过实验测量得到移动 Agent 巡回时间，通过实验数据的对比得出时间增量。

表 4 - 6　　　　　　　　影响移动 Agent 巡回时间的主要因素

影响因素	变化情况	巡回时间
安全管理措施	加强	增加
网络带宽	增加	减少
移动 Agent 的到达率（负载）	增加	增加
移动 Agent 代码行	增多	增加
移动 Agent 数据量	增大	增加
移动 Agent 执行状态	增多	增加

4.5.1　移动 Agent 巡回过程分类

以基于 Java 的移动 Agent 系统为例，把移动 Agent 巡回过程划分为以下步骤：

（1）在源主机上创建移动 Agent；

（2）序列化移动 Agent；

（3）移动 Agent 迁移到执行主机；

（4）在执行主机上，反序列化移动 Agent；

（5）执行移动 Agent 代码；

（6）执行完毕后再序列化移动 Agent；

（7）移动 Agent 迁移到下一个执行主机（或返回源主机）；

（8）反序列化移动 Agent，得到执行结果。

移动 Agent 的迁移和执行过程可概括为三类模型：模型Ⅰ、模型Ⅱ和模型Ⅲ。

模型Ⅰ：已知目的地，单跳（Single Skip）迁移执行过程，如图 4 - 3 所示。

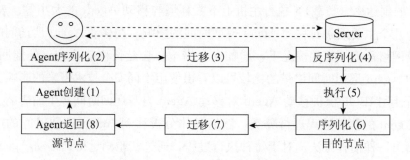

图 4 - 3　迁移模型Ⅰ及其执行过程

模型Ⅱ：目的地未知，多跳（Multi Skips）迁移执行过程，如图 4 - 4 所示。

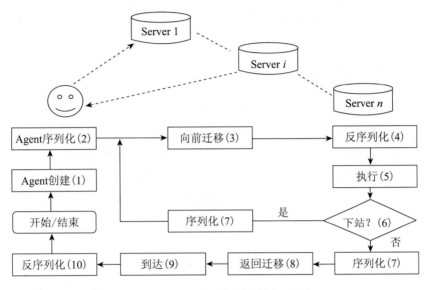

图 4 - 4　迁移模型Ⅱ及其执行过程

模型Ⅲ：目的地已知，多移动 Agent 在同一目的地协同执行过程，如图 4 - 5、图 4 - 6 所示。

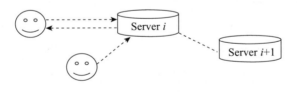

图 4 - 5　迁移模型Ⅲ

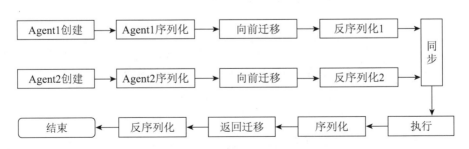

图 4 - 6　迁移模型Ⅲ执行过程

在相同的执行环境下，三种不同类型的迁移过程具有不同的巡回时间。由上面分析可以看出，相比模型Ⅰ，模型Ⅱ中 Agnet 访问了多个执行主机服务器，使用的巡回时间增加，而模型Ⅲ中移动 Agent 增加了同步（Synchronization）时间。

4.5.2 移动 Agent 巡回时间估算

根据文献［124］，移动 Agent 迁移和执行过程中每步的时间花费可以用合适的概率分布函数来估算。如创建（捕获）时间，序列化和反序列化时间，迁移时间等，如表 4-7 所示。每种分布函数中的特征参数受多种因素影响，只能基于移动 Agent 具体运行环境中的实验测量得到。根据表中的分布函数，可以估算出移动 Agent 完成一个巡回过程所花费的最少时间。文献［124］实验结果得出，巡回时间的主要部分是由 Agent 迁移产生的。

表 4-7　　　　　　　　　执行过程与三种分布函数

过程（Process）	概率分布函数
（移动 Agent Arrival）到达	（Poisson Distribution）泊松分布
（移动 Agent Creation）创建	（Normal Distribution）正态分布
（移动 Agent Serialization）序列化	（Normal Distribution）正态分布
（移动 Agent Migration over LAN）在局域网中迁移	（Normal Distribution）正态分布
（移动 Agent Migration over Internet）在因特网中迁移	（Weibull Distribution）韦伯分布
（Excution）执行	（Normal Distribution）正态分布
（移动 Agent Deserialization）反序列化	（Normal Distribution）正态分布

下面给出在三类迁移执行过程中巡回时间 T_{round} 的估算方法。

模型Ⅰ：已知目的地主机，移动 Agent 单跳到执行主机，在返回源主机。

$$T_{round}^{(1)} = T_{create} + 2 \times T_{serialize} + 2 \times T_{migration} + 2 \times T_{deserialize} + T_{execution} + T_{IEOP} \quad (4-1)$$

模型Ⅱ：与类型Ⅰ的区别是时间花费在对多个服务器的搜索上。

$$T_{round}^{(2)} = T_{create} + (n+1) \times T_{serialize} + (n+1) \times T_{migration} + (n+1) \times T_{deserialize} + n T_{execution} + T_{IEOP}$$

$$= T_{round}^{(1)} + (n-1)(T_{serialize} + T_{migration} + T_{deserialize} + T_{execution}) + T_{IEOP}$$

$$(4-2)$$

模型Ⅲ：与类型Ⅰ的区别是多了同步时间，到达的移动 Agent 需要等待其他移动 Agent 与之同步。

$$T_{round}^{(3)} = T_{create} + 2 \times T_{serialize} + 2 \times T_{migration} + 2 \times T_{deserialize} + T_{execution} + T_{IEOP}$$
$$= T_{round}^{(1)} + T_{synchronize} + T_{IEOP} \tag{4-3}$$

4.5.3　使用 IEOP 对移动 Agent 巡回时间的影响

IEOP 是基于公开密钥加密技术 RSA、报文摘要技术 MD5、事后检测技术"执行追踪"和事先预防技术"加密函数"相结合进行改进形成的。这几种技术都会增加移动 Agent 代码在主机平台上的执行时间，表现为巡回时间增量。以第一类迁移执行过程为例，初步分析使用 IEOP 方法增强移动 Agent 安全，对移动 Agent 自身巡回时间产生的时间增量。巡回路径为：$P_0 \rightarrow P_1 \rightarrow P_0$。其产生过程如图 4-7 所示。

$P_0 \rightarrow P_1$：$\{P_0;\ P_1;\ KP_1\ (E\ (f_0),\ S,\ KP_0\ (O_0));\ KS_0\ (P_1,\ t_0);$
$KS_0\ (H\ (E\ (f_0),\ S),\ I)\}$

$P_1 \rightarrow P_0$：$\{P_1;\ P_0;\ KP_0\ (E\ (f_0),\ S,\ Trace\ (1),\ Result\ (1)),\ KP_0$
$(O_1));\ KS_1\ (P_0,\ t_1);\ KS_0\ (H\ (E\ (f_0),\ S),\ I)\}$ 取"加密函数"运算与逆运算对巡回路径中产生的时间增量的平均值，考虑到 RAS 签名与验证对巡回路径中产生的时间增量的差异：

（1）源主机使用加密函数对移动 Agent 加解密各 1 次，产生的时间增量：$2 \times \delta T_{E(f)}$；

（2）发送主机使用 RAS 私钥签名 2 次、使用 RAS 公钥加密 2 次，接受主机将产生等量的逆操作，即公钥验证 2 次，私钥解密 2 次，产生时间增量合计：$2 \times 4\ (\delta T_{KS} + \delta T_{KP})$；

（3）两次使用 Harsh 算法进行报文摘要产生的时间增量：$2 \times \delta T_{Harsh}$。

单跳巡回过程中，使用 IEOP 保护移动 Agent 安全所产生的主要时间增量：

$$\delta T = 2 \times \delta T_{E(f)} + 2 \times 4\ (\delta T_{ARS\_KS} + \delta T_{ARS\_KP}) + 2 \times \delta T_{Harsh} \tag{4-4}$$

其中第一项时间增量"$2 \times \delta T_{E(f)}$"在源主机上产生，第二、三项时间增量在移动 Agent 所访问过的主机上产生。

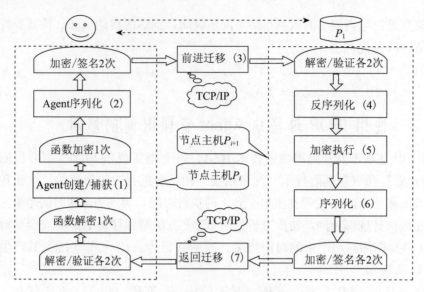

图 4-7 模型 I 巡回时间增量

4.6 IEOP 实现及其时间性能测试

HBAgent 是一个基于组件的移动 Agent 系统，其基本结构和特点见附录。在 HBAgent 中初步实现了 IEOP 协议。

4.6.1 实验环境与实验内容

1. 实验环境

主机：Intel Pentium4c 3.00GHz；操作系统：Windows2003；Java 语言版本 netBeans IDE 5.0；网络带宽：100MB。加密算法库 Crypix[122]：cryptix-jce-20050328-snap；DES 密钥长度 128；RSA 密钥长度 512B。

2. 实验内容

（1）实验 4-1：移动 Agent 到执行主机指定目录下查询 TXT 文件，把查询结果返回源主机。假定执行主机不可信，用 IEOP 对移动 Agent 进行增强安全保护，可以验证对移动 Agent 完整性的保护。实验 4-1 分两部分完成：实验 4-1-1，使用不同大小的移动 Agent 访问同一个执行主机（单跳），取回查询的信息并记录每一步的执行时间，测量其巡回时间。实验 4-1-2，一个移动 Agent（大小不变）访问多个执行主机（多跳），查询需要的信息，并记录每一步的执行时间，测量其巡回时间。

测量方法：在实验中，使用 Java 的 Runtime 类来执行某一程序，首先通过调用静态方法 Runtime. getRuntime () 来获取 Runtime 对象的引用，通过调用exec ()方法执行该程序，然后再使用 Java 语言的 System. currentTimeMillis () 获得当前系统时间的毫秒数，记录该程序的运行时间。

（2）实验 4－2：测量 IEOP 协议中使用一次 RSA 加密算法所用时间，包括所使用的 IEOP_RSA 密钥对生成算法、签名算法、验证算法，见附录。主程序如下。

```
Class execMethodIEOP _ RSA _ Time {
    Public static void main (String args []) {
    Runtime rt＝Runtime. getRuntime ();
        Process proc＝null
        Long start，stop，Interval；
        Try {
        Start＝System. currentTimeMillis ();    //程序运行前获得当前系
统时间
        For（int i＝0；i＜1000；i＋＋）
        Proc＝rt. exe（"IEOP _ RSA"）;
        proc. waitFor ();
        Stop＝System. currentTimeMillis ();//程序运行完毕获得当前系统
时间
        Interval＝（stop－start）/1000
        } Catch（Exception e）{
        System. out. println（"Error executing IEOP _ RSA"）;
        }
        System. out. println（"IEOP _ RSA _ Time"＋（Interval））;获得
程序运行时间
    }
}
```

4.6.2 实验结果分析与结论

下面是实验 4－1－1 的部分实验结果，如图 4－8 所示，分为两部分显示，表格中内容是搜索到并取回的信息，对移动 Agent 和取回的信息进行完整性检查，验证了使用 IEOP 对移动 Agent 及其执行结果的完整性保护。

History Log 内容是移动 Agent 执行过程中每一步的时间记录。实验中，使移动 Agent（取回的数据）逐渐增大，分别测量其在可信条件下的巡回时间和在不可信条件下使用 IEOP 的巡回时间。

Result for: *Search *.txt File Tester*

Agent Id: *757cc419af3d02ff7a3fb17550ab5a7e*

Agent: Search *.txt File Tester

uri://jsj-2003laz./Server-server

Common

HBagent 版本	0.7-2
内存总量:	1984K
内存空闲:	1190K
搜索到文件夹c:/windows的文本文件列表	setuplog.txt;UPGRADE.TXT;OEWABLog.txt;
搜索到文件夹c:/windows的非文本文件列表	setup.exe;UPGRADE.exe;system32;system;repair;inf;Help;Fonts;Config;msagent;Cursors;Media;java;Web;addins;Connection
操作系统	Windows 2003
用户名	Administrator

History Log

Wed May 28 16:22:38:012 CST 2008 Agent migrating to: Common ### (RMIAgentCommunicator=rmi://jsj-2003wsz.:9520/Server-server/RMIAgentCommunicator)
Wed May 28 16:22:38:532 CST 2008 arrived at server#place: uri://jsj-2003wsz./Server-server#at.ac.tuwien.infosys.gypsy.agents.places.CommonPlace
Wed May 28 16:22:38:667 CST 2008 leaving place: at.ac.tuwien.infosys.gypsy.agents.places.CommonPlace
Wed May 28 16:22:47:005 CST 2008 Agent migrating to: Return ### (RMIAgentCommunicator=rmi://jsj-2003laz.:9550/user/RMIAgentCommunicator)
Wed May 28 16:22:47:566 CST 2008 arrived at server#place: uri://jsj-2003laz./user#at.ac.tuwien.infosys.gypsy.agents.places.ReturnPlace
Wed May 28 16:22:47:785 CST 2008 running ResultWriter

图 4 - 8　不同大小的移动 Agent 单跳巡回时间

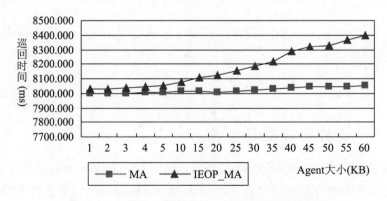

图 4 - 9　不同大小的移动 Agent 单跳巡回时间比较

图 4-9 是不同大小的移动 Agent 单跳巡回过程中使用与不使用 IEOP 的巡回时间比较。可以看出，在同样的实验环境中，随着移动 Agent 数据的增加，移动 Agent 携带数据尺寸越大，加解密花费的时间越长。由 4.5.3 对移动 Agent 巡回时间分析知道，产生的时间增量主要原因是实现 IEOP 的过程中多次使用 RSA 加密算法进行加密与解密、签名与认证。可以看出，使用 IEOP 产生的时间增量远小于移动 Agent 迁移花费的时间。

实验 4-1-2 的部分结果如图 4-10 所示。因实验中移动 Agent 的大小不变，图中没有显示移动 Agent 在多个执行主机上搜索到的信息列表，只显示出移动 Agent 在每个执行主机上执行过程的时间记录，图中只列出了两个执行主机上的 History Log。

Result for: *SysInfoCollector Tester*

Agent Id: *0db97ee4d58d1c80a1aac272c75c7409*

Agent: SysInfoCollector Tester

uri://acer-ucfc2i21q0./Server-server

    Common

uri://jsj-2003laz./Server-server

    Common

History Log

Thu May 29 08:20:49:018 CST 2008 Agent migrating to: Common ### (RMIAgentCommunicator=rmi://jsj-2003wsz.:9520/Server-
server/RMIAgentCommunicator)
Thu May 29 08:20:49:341 CST 2008 arrived at server#place: uri://jsj-2003wsz./Server-
server#at.ac.tuwien.infosys.gypsy.agents.places.CommonPlace
Thu May 29 08:20:49:672 CST 2008 leaving place: at.ac.tuwien.infosys.gypsy.agents.places.CommonPlace
Thu May 29 08:21:00:054 CST 2008 Agent migrating to: Common ### (RMIAgentCommunicator=rmi://acer-ucfc2i21q0.:9520/Server-
server/RMIAgentCommunicator)
Thu May 29 08:21:00:225 CST 2008 arrived at server#place: uri://acer-ucfc2i21q0./Server-
server#at.ac.tuwien.infosys.gypsy.agents.places.CommonPlace
Thu May 29 08:21:00:625 CST 2008 leaving place: at.ac.tuwien.infosys.gypsy.agents.places.CommonPlace
Thu May 29 08:22:19:007 CST 2008 Agent migrating to: Return ### (RMIAgentCommunicator=rmi://jsj-
2003laz.:9550/user/RMIAgentCommunicator)
Thu May 29 08:22:19:590 CST 2008 arrived at server#place: uri://jsj-
2003laz./user#at.ac.tuwien.infosys.gypsy.agents.places.ReturnPlace
Thu May 29 08:22:19:778 CST 2008 running ResultWriter

Date: Thu May 29 08:22:20 CST 2008

图 4-10　移动 Agent 多跳巡回时间

实验中，移动 Agent 大小＝5KB，重复进行实验 4-1-2，得到一组实验结果。图 4-11 是对移动 Agent 多跳巡回过程中使用与不使用 IEOP 的巡回时间比较。由实验结果看出，移动 Agent 每 5 次迁移过程中，使用 IEOP 比不使用巡回时间更长一些，产生一个时间增量，随着跳数增多，使用 IEOP 产生的时间增量也在增加，但 IEOP 产生的时间增量的累加远小于每一次迁移带来的时间增量的累加。

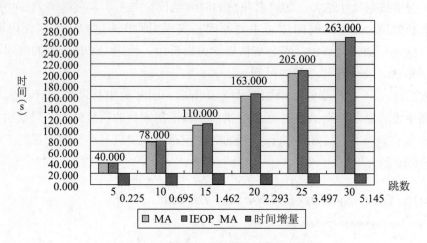

图 4-11　移动 Agent 多跳巡回时间比较

综合实验 4-1 的实验结果可以看出，在本书所选择的实验环境下，移动 Agent 从一个执行主机迁移到下一个执行主机一般需要几秒至几十秒，而在执行主机上的执行时间相对较短，一般在毫秒级。实验结果显示移动 Agent 的巡回时间的主要部分是迁移时间，这一结果与文献［124］给出的实验结果相一致。

在本书所选择的实验环境下，执行一次 IEOP 协议花费的时间在毫秒级。下面是实验 4-2 的实验结果，用于进一步验证这一结论。在本书给定的实验环境下，对不同大小的移动 Agent 代码使用一次 RSA 加密算法所用时间情况如表 4-8 和图 4-12 所示。

表 4-8　　　　　　　RSA 加密时间测量（密钥长度＝512）

Agent（KB）	签名时间（ms）	验证时间（ms）	总的时间增量（ms）
1	2.625	0.859	3.484
2	2.675	1.109	3.784
3	3.203	1.406	4.609
4	3.469	1.734	5.203
5	3.422	2.203	5.625
10	4.844	3.844	8.688

续　表

Agent（KB）	签名时间（ms）	验证时间（ms）	总的时间增量（ms）
15	6.781	5.406	12.187
20	7.547	6.782	14.329
25	9.000	8.485	17.485
30	11.188	10.25	21.438
35	12.890	11.985	24.875
40	15.828	14.594	30.422
45	18.422	15.125	33.547
50	17.531	16.859	34.390
55	19.281	18.783	38.064
60	20.968	20.499	41.467

可以看出，随着移动 Agent 大小的增大，加密时间逐渐增加。例如，当 Agent＝5KB 时，加密时间＝5.625 毫秒，将其代入式（4-4），并考虑在本实验中对移动 Agent 使用加密函数运算较简单，在源主机上，此项运算与逆运算主要时间花费 $\delta T_{E(f)} \approx 0$，并且与 RSA 加密加密时间相比 $\delta T_{Harsh} \approx 0$，得 $\delta T = 2 \times 4 (\delta T_{ARS\_KS} + \delta T_{ARS\_KP}) = 8 \times 5.625 = 45ms$，与实验 4-1 中移动 Agent 大小＝5KB 的迁移一次时间约 8 秒相比，占 5.625‰。

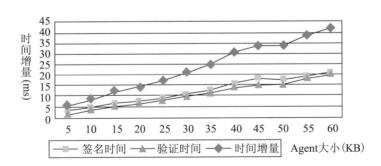

图 4-12　对不同大小移动 Agent RSA 加密所用的时间

实验结论：在不可信环境中，在移动 Agent 系统中使用 IEOP 方法能够保护移动 Agent 的完整性和机密性，使用这种方法对移动 Agent 巡回时间产生的增量并不大，在相同环境下与移动 Agent 的迁移时间相比可以忽略不计。

4.7　本章小结

本章分析了移动 Agent 系统安全问题形成的原因，从阻断攻击的角度出发对现有的移动 Agent 系统安全机制和安全技术进行分析与比较。在此基础上，选择主机保护移动 Agent 保护技术，提出一种增强移动 Agent 安全保护的方法（简称 IEOP 方法）。该方法首先使用加密函数对移动 Agent 代码进行加密，然后使用改进的 EOP 协议 IOEP 对加密后的移动 Agent 进行封装，再对可疑执行结果进行追踪。实验证明，使用该方法能够阻断绝大多数对移动 Agent 的恶意攻击，能保护移动 Agent 的完整性和机密性，而对移动 Agent 巡回时间产生的增量并不大。

5 移动 Agent 系统安全评价方法

本章主要研究内容：分析 CC 标准与通用评估方法 CEM 的使用方法；基于 CC 标准，规范移动 Agent 系统安全功能开发过程，用 CC_PP（Protection Profile）表达移动 Agent 系统的安全需求，用 CC_ST（Security Target）表达移动 Agent 系统安全目标，采用组件形式给出移动 Agent 系统安全解决方案，并实施 CC_EAL3（Evaluation Assurance Level 3）等级安全保证措施，提高移动 Agent 系统安全功能强度。在此基础上，引入主观逻辑理论，对通用评价方法 CEM 进行扩展，重点提出一种移动 Agent 系统安全功能定量评价方法 CEM_MAS。解决移动 Agent 系统安全功能评价过程中 EALn～EALn＋1 两等级之间的安全程度量化评价问题。

5.1 CC 标准使用方法分析

CC 标准是由美、英、法等国家联合推出的"信息技术安全评价共同标准"（Common Criteria for Informaton Technology Security Evaluation），于 1999 年通过国际标准化组织 ISO 认可，确立为 IT 产品或系统安全评价的国际标准，记为 ISO/IEC15408（1999）。我国也等同采用了 CC 标准，记为：GB/T18336（2001）。CC 标准的形成过程如图 5－1 所示。

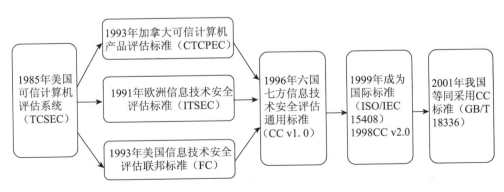

图 5－1　CC 标准的形成过程

信息系统安全性高低，涉及两个关键方面，其一是系统提供哪些安全功能，其二是这些安全功能的"确信度"（安全功能满足安全需求的程度）有多高。同样的安全功能，可以有不同的安全确信度。CC 标准推行系统的"安全功能集"与"安全保证措施集"相对独立的观念，提倡安全过程，通过信息安全系统开发、评价、使用全过程各个环节的综合考虑来确保系统安全功能的有效性，CC 标准的内容充分体现了这些思想。CC 标准内容上分为三个部分：第一部分是标准的概述和有关基本概念；第二部分对一系列公认的安全功能加以定义；第三部分对取得安全确信度应采用的一系列保证措施加以定义，并给出通用评估原则与方法 CEM（Common Evaluation Methodology）。

5.1.1　CC 标准的目标和作用

　　CC 标准的目标和作用如下：

　　（1）定义了评估信息技术产品或系统安全性所需要的基础准则，是度量信息技术安全性的基准；

　　（2）针对安全评估过程中信息技术产品和系统的安全功能及相应的保证措施提出一组通用要求，使各种相对独立的评估结果具有可比性；

　　（3）有助于信息技术产品和系统的开发者或用户确定产品或系统对其应用而言是否足够安全，以及在使用中存在的安全风险是否可以容忍；

　　（4）主要保护的是信息的 CIA（保密、完整、可用）三大特性，其次也考虑了可控性、可追溯性等；

　　（5）适用于对信息技术产品或系统的安全性进行评估，不论其实现方式是硬件、固件还是软件，用于指导产品或系统的开发过程。CC 标准的主要使用者是开发者、用户和评估者。CC 使用方式如表 5 - 1 所示：

表 5 - 1　　　　　　　　　　　　　　CC 使用方法

使用者	用　途	使用方法说明
用户	定义安全需求	用 CC 的结构和语言来定义安全需求，为用户提供一个独立与实现的保护轮廓（PP），供用户提出对产品或系统的特殊安全要求；用评估结果决定产品或系统是否满足用户的安全需求；用评估结果比较不同的产品或系统；为系统的使用、运行提供支持

续　表

使用者	用　途	使用方法说明
开发者	描述和表达产品或系统提供的安全能力	为开发者在确定其产品或系统所要满足的安全需求方面提供支持；为开发者对自己的产品或系统的评估提供支持；通过评估证实产品或系统的安全功能，保证满足特定的安全需求；标准中提出的安全功能可被开发者在产品或系统中实现，促进其技术进步；标准中的保证要求可帮助开发者规范其开发过程
评估者	度量产品或系统安全功能的可信程度	遵照标准，依据通用评估方法（CEM）对产品或系统的安全性进行评估，以判断产品或系统在安全性方面与标准要求的一致性、实现正确性和有效性，使评估结果具有可重复性和客观性

5.1.2　CC 关键概念及其关系

参照文献[127－133，138] 对 CC 关键概念及其关系描述如下：

1. 基本概念

CC 定义了 7 个关键概念用来描述评估过程，采用"类 _ 子类 . 组件号"的表达方式来实现。

（1）评估对象 TOE（Target of Evaluation）：用于安全评估的信息技术产品、系统或子系统（如防火墙、计算机网络系统、密码模块等），包括相关的管理员指南、用户指南、设计方案等文档。

（2）保护轮廓 PP（Protection Profile）：为既定的一系列安全对象提出安全功能需求和安全保证需求的完备集合，是一份安全需求说明书，它的格式与内容有明确的要求与规定。PP 与某个具体的 TOE 无关，定义的是用户对一类 TOE 的安全需求。

（3）安全目标 ST（Security Target）：针对具体的 TOE 而言，包括该 TOE 的安全需求和用于满足安全需求的特定安全功能和保证措施，可以直接引用所属的产品或系统的 PP。ST 是用户、开发者、评估者在 TOE 安全性和评估范围之间达成一致的基础。

（4）组件（Component）：描述了一组特定的安全需求，是可供 PP、ST、Package 选取的最小安全需求集合，以"类 _ 子类 . 组件号"的方式来标识组件。CC 中有"安全功能组件"和"安全保证组件"两类。

（5）包（Package）：若干组件依据某个特定关系的组合构成包。构建包的目的是定义某些公认有用的、对满足某个特定安全目的有效的安全需求，包可以用来构造更大的包、PP 和 ST，包可以重用。CC 中有"安全功能包"和"安全保证包"两种。

（6）TOE 安全策略 TSP（TOE Security Policy）：控制 TOE 中资源管理、保护和分配的规则。

（7）TOE 安全功能 TSF（TOE Security Function）：依赖 TSP 正确执行的所有部件。

2. 相互关系

上述基本概念的关系如图 5-2 所示：其中 PP 是用户想要的安全内容；而 ST 是开发者能提供的安全内容；TOE 是为了使 ST 满足 PP 而进行开发所形成的结果，由评估者对 TOE 进行评估以确定其确信度和有效性。安全需求定义中的类和子类反映的是分类方法，具体的安全需求由组件体现。用户选择一个需求组件等同于选择一项安全需求。一个安全产品或系统总是融多项安全需求于一身，需要用多个安全组件以一定的组织方式组合起来进行表示。CC 分别定义了 PP、ST 和包三种类型的组织结构：

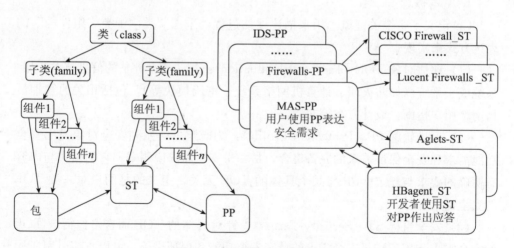

图 5-2　关键概念之间的关系

（1）安全需求说明书即保护轮廓（PP）：PP 的结构由以下几个部分组成：PP 简述、产品或系统说明、安全环境、安全目标、安全需求、PP 应用注释和理论根据等。目前国内外已经对下列系统开发了相应的 PP：操作系统（Operating System）、数据库系统（Database System）、应用级防火墙、包过滤防火墙

(Firewalls)、智能卡 IC（Smart Cards）、入侵检测系统（IDS）、虚拟专用网（VPNs）、公钥基础设施（PKI）等，其他网络应用信息系统的 PP 有待开发，例如移动 Agent 系统，这正是本书要做的工作之一。

（2）安全目标定义书（ST）：是一份具体安全需求与概要设计说明书，它的格式和内容有明确的要求与规定。ST 的安全需求定义与 PP 相似，不同的是 ST 的安全需求是为某一特定的安全产品或系统而定义的。ST 的安全需求可以继承某个（或多个）PP 的定义，也可采用与定义 PP 相同的方法从头定义。ST 除包含 PP 所具有的内容外，还包含产品或系统的概要说明。ST 的结构由以下几个部分组成：ST 简述、产品或系统说明、安全环境、安全目标、安全需求、产品概要说明、PP 引用声明和理论依据等。ST 可以看成或相当于产品或系统的具体安全实现方案，如 ST for IDS。

（3）组件包（Package）：把多个安全功能组件组合在一起所得到的结果就叫做一个安全组件包，把多个安全保证组件组合在一起所得到的结果就叫做一个安全保证组件包。组件包可以表示一组安全功能需求或安全保证需求，这些需求可以满足 ST 或 PP 中预定的安全目标中的某个子目标的需要。

5.1.3　CC 安全功能类集分析

参照国家标准 GB/T18336 和参考文献[125，128，133]，对 CC 安全功能类集进行分析：

CC 标准给出了对安全需求进行分组归类的方法。安全需求由类构成，类由子类构成，子类由组件构成。组件是 CC 标准最小的可选安全需求集，是安全需求的具体表现形式。关于信息系统安全功能需求，CC 中定义了 11 个类，66 个子类，135 个组件，用“类 _ 子类 . 组件号”的格式来描述，表 5-2 只列出安全功能类和子类的功能和使用说明。

表 5-2　　　　　　　　　　　　CC 安全功能类分析

类名（Class name）	子类名（Class family）	使用说明
安全审计类：Class FAU（Security Audit）	安全审计自动应答（FAU _ ARP）；安全审计数据产生（FAU _ GEN）；安全审计分析（FAU _ SAA）；安全审计查阅（FAU _ SAR）；安全审计事件选择（FAU _ SEL）；安全审计事件存储（FAU _ STG）	安全审计包括识别、记录、存储和分析那些与安全行为有关的信息。审计记录的检查结果用来判断发生了哪些安全行为，以及哪个用户要对这些行为负责

续 表

类名（Class name）	子类名（Class family）	使用说明
安全通信类： Class FCO （Security Communication）	原发抗抵赖（FCO＿NRO）； 接收抗抵赖（FCO＿NRR）	用于确保在数据交换中参与方的身份，确保发送者、接收者均不能否认
加密支持类： Class FCS （Cryptographic Support）	密码管理（FCS＿CKM）； 密码运算（FCS＿COP）	系统含有密码功能时，使用密码支持类
用户数据保护类： Class FDP （User Data Protection）	访问控制策略（FDP＿ACC）；访问控制功能（FDP＿ACF）；数据鉴别（FDP＿DAU）；输出到 TSF 控制之外（FDP＿ETC）；信息流控制策略（FDP＿IFC）；信息流控制功能（FDP＿IFF）；从 TSF 控制之外输入（FDP＿ITC）；TOE 内部传送（FDP＿ITT）；残余信息保护（FDP＿RIP）；反转（FDP＿RCL）；存储数据的完整性（FDP＿SDI）；TSF 间用户数据传送的秘密性保护（FDP＿UCT）；TSF 间用户数据传送的完整性保护（FDP＿UIT）	规定了保护用户数据相关的所有安全功能要求和策略，涉及用户输入、输出和存储
身份识别与验证类： Class FIA （Identification and Authentication）	FIA＿AFL, Tuthentication failures, 认证失败处理； FIA＿ATD, User attribute definition, 用户属性定义； FIA＿SOS, Specification of secrets 加密证书； FIA＿UNU, User authentication 用户授权； FIA＿UID, User indentification 用户认证； FIA＿USB, User－subject binding 用户主题绑定	证实用户身份和确立安全属性等方面的需求

类名（Class name）	子类名（Class family）	使用说明
安全管理类： Class FMT （Security Management）	TSF 功能管理（FMT _ MOF）； TSF 数据管理（FMT _ MTD）； 撤销（FMT _ REV）； 安全属性管理（FMT _ MSA）； 安全属性到期（FMT _ SAE）； 安全管理角色（FMT _ SMR）	提出了用户身份确定和验证、与 TOE 交互的授权，以及每个授权用户安全属性的正确关联等三方面的安全要求
隐私类： Class FPR （Privacy）	匿名（FPR _ ANO）；假名（FPR _ PSE）； 不可关联性（FPR _ UNL）； 不可观察性（FPR _ UNO）	为用户提供其身份不被其他用户发现或滥用的保护
TOE 安全功能保护类： Class FPT （Protection of TSF）	抽象机制测试（FPT _ AMT）；失败保护（FPT _ FLS）；输出 TSF 数据可用性（FPT _ ITA）；输出 TSF 数据保密性（FPT _ ITC）；输出 TSF 数据的完整性（FPT _ ITI）；TOE 内 TSF 数据的传送（FPT _ ITT）；TSF 的物理保护（FPT _ PHT）；可信恢复（FPT _ RCV）；重放检测（FPT _ RPL）；参照仲裁（FPT _ RVM）；域分离（FPT _ SEP）；状态同步协议（FPT _ SSP）；时间戳（FPT _ STM）；TSF 间 TSF 数据的一致性（FPT _ TDC）；TOE 内 TSF 数据复制的一致性（FPT _ TRC）；TSF 自检（FPT _ TST）	TSF 指的是 TOE 安全功能，TSF 侧重与保护 TOE 安全功能数据，而非用户数据
资源利用类： Class FRU （Resource Utilisation）	容错（FRU _ FLT）；服务优先级（FRU _ PRS）；资源分配（FRU _ RSA）	支持所需资源的可用性
TOE 访问类： Class FTA TOE Access	可选属性范围限定（FTA _ LSA）；多重并发会话限定（FTA _ MCS）；会话限定（FTA _ SSL）；TOE 访问标志（FTA _ TAB）；TOE 访问历史（FTA _ TAH）；TOE 会话建立（FTA _ TSE）	规定了用以控制建立用户会话的一些功能要求，是对标识和鉴别安全的进一步补充

类名（Class name）	子类名（Class family）	使用说明
可信路径/通道类：Class FTP（Tursted Path/Chnnels)	TSF 间可信信道（FTP_ITC）； 可信路径（FTP_TRP）	关于用户和 TSF 之间可信通信路径，及 TSF 和其他可信 IT 产品之间可信通信信道的要求

说明：对 11 个安全功能类及其子类的具体需求点的解释详见 CC15408 附录 B。

5.1.4　CC 安全保证类集分析

参照国家标准 GB/T18336 和参考文献[125，129，133]对 CC 安全保证类集进行分析：

CC 定义了 7 个安全保证类，通过实施安全保证增强安全功能可信度，保证类包含的内容有：开发者的行为、产生的证据和评估者的行为。表 5-3 中所列的 7 个保证类能够确保安全功能在 TOE 的整个生命周期中正确有效地实现，这些保证类是定义评估保证等级的基础，是 TOE 评估的依据和准则。

表 5-3　　　　　　　　　CC 安全保证类分析

类名（Class name）	子类名（Class family）	使用说明
配置管理类：Class ACM（Configuration Management)	配置管理自动化（ACM_AUT）； 配置管理能力（ACM_CAP）； 配置管理范围（ACM_SCP）	通过跟踪 TOE 的任何变化，确保所有的修改都已授权，以保证 TOE 的完整性。特别是，通过配置管理确保用于评估的 TOE 和相关文档正确性
交付和运行类：Class ADO（Delivery and Openration)	交付（ADO_DEL）； 安装、生成和启动（ADO_IGS）	该类规定了 TOE 交付、安装、生成和启动方面的措施、程序和标准，以确保 TOE 所提供的安全保护在这些关键过程中不被疏漏

续 表

类名（Class name）	子类名（Class family）	使用说明
开发类：Class ADV （Development）	功能规范（ADV_FSP）； 高层设计（ADV_HLD）； 实现表示（ADV_IMP）； TSF 内部（ADV_INT）； 低层设计（ADV_LLD）； 表示对应性（ADV_RCR）； 安全策略模型（ADV_SPM）	该类涉及：一是将 ST 中定义的 TOE 概要规范细化为具体的 TOE 安全功能（TSF）实现；二是给出安全需求到最低级别表示之间的映射
指南文档类：Class AGD （Guidance Document）	管理员指南（AGD_DAM）； 用户指南（AGD_USR）	规定了用户指南和管理员编写方面的要求
生命周期支持类： Class ALC （Life Cycle Support）	开发安全（ALC_DVS）； 缺陷纠正（ALC_FLR）； 生命周期定义（ALC_LCD）； 工具和技术（ALC_TAT）	在 TOE 开发和维护阶段，对相关过程进一步细化并建立相应的控制规则，确保 TOE 与其安全要求之间相符合
测试类 Class ATE： （Tests）	覆盖范围（ATE_COV）； 深度（ATE_DPT）； 功能测试（ATE_FUN）； 独立性测试（ATE_IND）	测试 TOE 是否满足其功能要求
脆弱性评估类 Class AVA： （Vulnerability Assessment）	隐蔽信道分析（AVA_CCA）； 调用（AVA_MSU）； TOE 安全功能强度（AVA_SOF）	定义了识别可利用的脆弱性安全要求，这些脆弱性可能在开发、集成、运行、使用和配置时进入 TOE

CC 还通过类 AMA（Maintenance of Assurance）（保证维护计划 AMA_AMP、TOE 组件分类报告 AMA_CAT、保证维护证据 AMA_EVD、安全影响分析 AMA_SIA）定义了一套保证维护范例（Assurance Maintenance Paradigm），确保 TOE 或其环境发生变化时还能得到维护，继续满足安全目标，而不需要重复评估。

5.1.5 CC 安全保证等级 EAL 分析

CC 采用对系统安全功能实施一系列安全保证的思想,对系统安全功能可信程度的衡量与对系统"实施的安全保证"相关联,而与"系统的安全功能"相对独立,CC 定义了一套评价保证等级 EALs (Evaluation Assurance Levels),用来刻画系统安全功能的确信度,按安全保证强度由低到高排列成 EAL1、EAL2、EAL3、EAL4、EAL5、EAL6 和 EAL7 共 7 个安全保证等级。每个等级包含一系列的安全保证组件,是由 CC 中定义的安全保证组件构成的一个特定组件包。EAL1~EAL7 在系统安全功能确信度与获取相应确信度的可行性及所需付出的代价之间给出了不同等级的权衡。对 EAL 各个等级的解释如表 5 - 4 所示。

表 5 - 4 　　　　　　　　　　CC 安全保证等级分析

等级名称	适用环境	使用说明
EAL1:功能测试 (Functionally Tested)	适用于对正确运行需要一定信任的场合,对该场合的安全威胁视为并不严重	依据一个规范的独立性测试和对所提供的指导性文档的检查来为用户评估 TOE,通过评估确信 TOE 的功能与其文档在形式上是一致的,针对已标示的威胁提供了有效的保护
EAL2:结构测试 (Structurally Tested)	在缺乏现成可用的完整的开发记录时,开发者或用户需要一种低中级别的独立保证的安全性	需要开发人员的配合。要求开发者递交设计信息和测试结果,但不需要开发者增加过多费用或时间投入
EAL3:系统测试和检查 (Methodically Tested and Checked)	开发者或用户需要一种中等级别的独立保证的安全性	要求开发阶段实施积极的安全思想,提供中级的独立安全保障。(在不产生大量重建费用的情况下)对 TOE 及其开发过程进行基于方法学的测试与审查

续　表

等级名称	适用环境	使用说明
EAL4：系统设计、测试和复查（Methodically Designed, Tested，and Reviewed）	开发者或用户按照商业化开发惯例对 TOE 需要一种中高级别的独立保证的安全性	（准备负担额外的安全专用工程费用情况下）需要分析 TOE 模块的低层设计和实现的子集
EAL5：半形式化设计和测试（Semiformally Designed and Tested）	开发者和使用者按照严格的商业化开发惯例，采用严格的手段，获得一个高级别的独立保证的安全性	需要分析所有的实现，还需要额外分析功能规范和高层设计的形式化模型和半形式化表示和论证。不会因采取专业性安全工程技术而增加一些不合理的开销
EAL6：半形式化验证的设计和测试（Semiformally Verified Designand Tested）	适用于在高风险环境下的特定安全产品或系统的开发，使产品能在高度危险的环境中使用	要保护的资源值得花费一些额外的人力、物力和财力。需进行半形式化验证的设计和测试。它通过在严格的开发环境中应用安全工程技术来获取高的安全保证
EAL7：形式化验证的设计和测试（Formally Verified Design and Tested）	适用于一些安全要求很高的 TOE 开发，这些 TOE 应用在风险很高的场合，或资源价值很高的地方	该级别的 TOE 较少，原因是对安全功能全面的形式化分析与验证难以实现，目前该级别的实际应用只限于其安全功能可以进行广泛的形式化分析的产品

　　7 个 EAL 等级是递增的关系，这种"递增"靠替换成同一保证子类中的一个更高级别的保证组件（如增加严格性、范围和深度），和添加另外一个保证子类的保证组件（如添加新的要求）来实现。高于 EALn 级，但低于 EALn＋1 级的称为 EALn 强化级，表示为 EALn＋。每个评价保证等级所包含的保证组件如表 5-5 所示。

表 5 - 5　　　各评估保证等级 EAL 所包含的安全保证组件（以组件标号表示）

保证类 (Assurance Class)	保证子类 (Assuranc Family)	EAL 包含的保证组件（Assurance Components in EAL）						
		EAL1	EAL2	EAL3	EAL4	EAL5	EAL6	EAL7
配置管理类 (Class ACM)	配置管理自动化 （ACM _ AUT）				1	1	2	2
	配置管理能力 （ACM _ CAP）	1	2	3	4	4	5	5
	配置管理范围 （ACM _ SCP）			1	2	3	3	3
交付和运行类 (Class ADO)	交付 （ADO _ DEL）		1	1	2	2	2	3
	安装、生成和启动 （ADO _ IGS）	1	1	1	1	1	1	1
开发类 (Class ADV)	功能规范 （ADV _ FSP）	1	1	1	2	3	3	4
	高层设计 （ADV _ HLD）		1	2	2	3	4	5
	实现表示 （ADV _ IMP）				1	2	3	3
	TSF 内部 （ADV _ INT）					1	2	3
	低层设计 （ADV _ LLD）				1	1	2	2
	表示对应性 （ADV _ RCR）	1	1	1	1	2	2	3
	安全策略模型 （ADV _ SPM）				1	3	3	3
指南文档类 (Class AGD)	管理员指南 （AGD _ DAM）	1	1	1	1	1	1	1
	用户指南 （AGD _ USR）	1	1	1	1	1	1	1

续 表

保证类 （Assurance Class）	保证子类 （Assuranc Family）	EAL 包含的保证组件（Assurance Components in EAL）						
		EAL1	EAL2	EAL3	EAL4	EAL5	EAL6	EAL7
生命周期支持类 （Class ALC）	开发安全 （ALC_DVS）			1	1	1	2	2
	缺陷纠正 （ALC_FLR）							
	生命周期定义 （ALC_LCD）				1	2	2	3
	工具和技术 （ALC_TAT）				1	2	3	3
测试类 （Class ATE）	覆盖范围 （ATE_COV）		1	2	2	2	3	3
	深度 （ATE_DPT）			1	1	2	2	3
	功能测试 （ATE_FUN）		1	1	1	1	2	3
	独立性测试 （ATE_IND）	1	2	2	2	2	2	3
脆弱性评估类 （Class AVA）	隐蔽信道分析 （AVA_CCA）					1	2	2
	调用 （AVA_MSU）			1	2	2	3	3
	TOE 安全功能强度 （AVA_SOF）		1	1	1	1	1	1
	脆弱程度 （AVA_VLA）		1	1	2	3	4	5

5.1.6 实例说明

目前，我国已开发并实施的基于 CC 标准的部分计算机网络安全系统的保护轮廓 PP 保证等级如表 5-6 所示，其他信息系统的保护轮廓 PP 有待研究开发并实施。由表 5 - 6 可以看出，这些信息系统的保护轮廓 PP 等级大多数处在 EAL2～EAL4 之间，这一结果是由实际应用中的安全需求、实现的可行性以及要付出的代价共同决定的。本章将基于 CC ＿ EAL3 安全等级研究移动 Agent 系统 MAS ＿ PP 的设计与开发。

表 5 - 6　　　　　　　　部分计算机网络安全系统的 PP 保证级别

系统名称	应用环境	保证级别
应用级防火墙	低风险环境	EAL2
	中风险环境	EAL3＋
	高风险环境	EAL4
包过滤防火墙	低风险环境	EAL2
	中风险环境	EAL3＋
	高风险环境	EAL4
入侵检测系统	低风险环境	EAL2
	中、高风险环境	EAL4

5.2　通用评价方法论（CEM）

通用评估方法论 CEM（Common Evaluation Methodology）是为实施 CC 评估而开发的一种国际公认方法论，遵循 CEM 进行信息系统安全评估的结果能够实现国际互认。

5.2.1　CEM 评估原则

（1）适当性原则：为达到一个预定的保证级别所采取的评估活动是适当的；

（2）公正性原则：所有的评估应没有偏见；

（3）客观性原则：应当在最小主观判断或主张情形下，得到评估结果；

（4）可重复性和可再现性原则：依照同样的要求，使用同样的评估证据，对同一 TOE、ST 或 PP 的重复评估应该得到同样（等级）的结果；

（5）结果的完善性原则：评估结果是完备的，并且采取恰当的评估技术。

5.2.2 CEM 评估过程

参加评估的主体有发起者（例如，用户）、开发者、评估者和监督者，评估过程所经历的三个阶段是：准备阶段、实施阶段和结束阶段，他们在各个阶段的职责和相互联系如图 5-3 所示，图中的标号代表评估主体之间交换的文档。

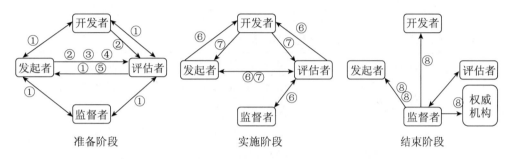

图 5-3 CEM 评估过程

在评估各个阶段所产生及交换的文档有：

（1）可行性分析输出协定；

（2）评估交付资源子集，包含 TOE；

（3）PP 或 ST 文档；

（4）可行性研究信息；

（5）PP 或 ST 修改建议；

（6）观察报告；

（7）评估和测评所需资源；

（8）评估总结报告。

基于 CC 的 CEM 面向所有的信息安全产品与系统，提供安全性评价的基本尺度、指导思想和基本方法。它不限制于哪类产品或系统提供哪些安全功能，也不限制哪些安全功能应该具有哪个级别的安全确信度，所有这些由产品或系统的用户、开发人员和第三方（如评估机构）和监督者在实际应用中根据实际需要来确定。下面基于 CC 和 CEM 进行设计、开发、评价 MAS 安全子系统。

5.3 移动 Agent 系统安全保证等级选择

在确定移动 Agent 安全子系统 MASss（Mobile Agent System Security Subsystem）提供哪些安全功能的同时，还要选择合适的安全保证等级 EALn，使这些安全功能有效与可信，为系统应用提供足够安全保障。目前，国内外基于 CC 标准评价过的计算机安全产品或系统的确信度大部分在 EAL3 级或 EAL4 级，有的介于 EAL3 和 EAL4 之间，部分实例如表 5 - 6 所示。本节对 MASss 的开发过程定位在"安全保证等级 EAL3"上进行设计与实现，下面列出该等级包含的所有安全保证组件（加 * 者是增强组件），如表 5 - 7 所示。

表 5 - 7   MAS _ EAL3 安全保证组件

EAL3 等级 包含的 类 _ 组件	(1) 开发类	ADV _ FSP. 1 组件：非形式化的功能描述
		ADV _ HLD. 2 组件：安全性实施的高级设计
		ADV _ RCR. 1 组件：非形式化的一致性证明
		* ADV _ SPM. 1 组件：非形式化的安全政策模型
	(2) 生命周期支持类	ALC _ DVS. 1 组件：开发环境安全措施的描述
	(3) 配置管理类	ACM _ SCP. 1 组件：配置管理的覆盖范围
		ACM _ CAP. 3 组件：配置管理的授权控制
	(4) 测试类	ATE _ COV. 2 组件：测试的覆盖范围分析
		ATE _ DPT. 1 组件：高级设计的测试
		ATE _ FUN. 1 组件：功能性测试
		ATE _ ND. 2 组件：独立抽样测试
	(5) 脆弱性评估类	AVA _ MSU. 1 组件：指南审查
		AVA _ SOF. 1 组件：安全强度评价
		AVA _ VLA. 1 组件：开发人员对脆弱性的分析
	(6) 指南文档类	AGD _ ADM. 1 组件：管理员指南
		AGD _ USR. 1 组件：用户指南
	(7) 交付运行类	ADO _ DEL. 1 组件：交货程序
		ADO _ IGS. 1 组件：安装、生成和启动程序

本节把基于 CC 的移动 Agent 安全子系统 MASss 的开发过程划分为 6 个步骤实现，其中①～⑥组安全保证组件在 MASss 开发过程中第 5 步实施，而第⑦组是在最后一步交付给用户运行过程中实施，在运行过程中主要是观察运行情况，采集安全评价的各种基础数据。

5.4 基于 CC 的 MAS 安全子系统开发过程

本节依据 CC 标准和软件生存期的瀑布模型对移动 Agent 系统安全子系统（MASss）进行设计与开发，以提高其安全功能确信度。在开发过程中，基于移动 Agent 系统的实际应用环境，从需求分析到系统实现分阶段逐步演进。把安全开发过程划分为以下 6 个步骤：

步骤 1：分析 MAS 实际应用环境所存在的脆弱性，标识出 MAS 安全问题，确定要解决问题的范围和本质，确定需要建立的安全环境；

步骤 2：根据要建立的安全环境，给出求解安全问题的策略，确立要达到的安全目标；

步骤 3：根据要达到的安全目标定义安全需求，使用 MAS_PP 格式来描述和表达；

步骤 4：根据已确定的安全需求定义一系列安全功能，基于组件技术设计安全目标的实现方案，使用 MAS_ST 格式描述和表达；

步骤 5：实施安全开发过程，根据安全功能选择一系列安全保证组件，确立要达到的安全保证等级 MAS_EALn，实现移动 Agent 系统安全子系统 MASss；

步骤 6：交付使用，安全子系统 MASss 作为待评估对象 TOE，测评是否能按照预期的安全方式和效果进行工作，如图 5-4 所示。各个阶段按顺序依次进行，前一个阶段的工作结果是后一个阶段的工作基础。必要时根据后一阶段的反馈，进一步优化前一阶段的工作。

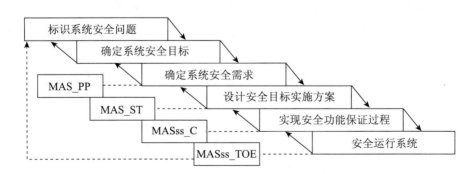

图 5-4 MASss 开发过程

5.4.1　标识移动 Agent 系统安全问题

对移动 Agent 系统安全问题的分析详细见第 4 部分表 4 - 1 和表 4 - 2。问题分类如下：

（1）主机安全问题，指恶意移动 Agent 对执行主机的攻击（移动 Agent-to-Host）；

（2）移动 Agent 安全问题，指恶意主机对移动 Agent 的攻击（Host-to-移动 Agent）；

（3）移动 Agent 之间的安全问题（移动 Agent-to-移动 Agent）；

（4）主机之间的安全问题（Host-to-Host）。

把其中后两类的问题合并到前两类中解决，因此 MAS 的安全问题可以简化地描述为：执行主机安全和移动 Agent 安全两类问题。本章要解决的 MAS 主要安全问题是执行主机和到访的移动 Agent 之间的互相威胁。

解决 MAS 安全问题包括两方面：一方面需要考虑对执行主机的资源进行保护，阻断恶意移动 Agent 对主机的各种攻击；另一方面又要考虑保证合法移动 Agent 能够通过可控制的方式获得所需要的主机资源，尤其是要防止恶意主机对合法移动 Agent 的攻击。因此，安全环境的设计目标是能够实现对执行主机和移动 Agent 的双向安全保护。

5.4.2　确定移动 Agent 系统安全需求和安全目标

1. 移动 Agent 安全目标

（1）机密性（Confidentiality）是指移动 Agent 携带的隐私信息不被非法泄露。移动 Agent 的隐私信息主要包括移动 Agent 本身的代码、状态、数据，以及移动 Agent 的通信消息。

（2）完整性（Integrity）是指移动 Agent 以及它和主机之间的通信不被未授权的实体修改。因为移动 Agent 的代码、状态、数据完全受主机控制，需要保护移动 Agent 代码、数据和状态的完整性不被恶意主机修改或破坏。

（3）可审计性（Accountability）是保障移动 Agent 平台的行为不可抵赖的安全机制。系统给每个移动 Agent 平台都有唯一的标识，可以对移动 Agent 平台的各种行为进行认证和审计。

（4）匿名性（Anonymity）是一种保护移动 Agent 隐私的需求。移动 Agent 系统需要平衡"保护到访的移动 Agent 的隐私"与"控制记录该移动 Agent 的行为进行审计"的程度，因为二者具有向背性，有些必须进行严格审计的应用场合，保护隐私只能弱化，反之亦然。

2. 执行主机安全目标

（1）保护主机上敏感资源和数据的机密性，即主机上的保密资源和数据不被泄密。

（2）保护主机资源和数据的完整性，即主机上的资源和数据不被非法修改或删除。

（3）保护主机资源和数据的可用性，即能被合法的资源请求者正常使用。一系列的安全机制保证移动 Agent 平台提供合理的本地资源管理、并发的访问控制、公平的资源分配等，目的是使所有的移动 Agent 都能得到相应的服务。安全机制能够检测和恢复主机服务失效的情况，以提供可用的移动 Agent 运行环境。

（4）可审计性，是保证到访的移动 Agent 行为不可抵赖，借以保护主机的安全。

5.4.3 MAS_PP 设计

基于 CC 标准，用 PP（Protection Profile）来表达移动 Agent 系统安全保护轮廓。主要有：

（1）安全审计，对有关的操作信息识别、记录、存储和分析；

（2）安全通信，确保数据交换双方的身份，防止收发任一方抵赖；

（3）加密支持，包括密钥管理和加密操作等；

（4）用户数据和用户隐私保护；

（5）主机与移动 Agent 身份识别与认证；

（6）资源可用性支持等。按照 CC 标准中对 PP 的描述格式要求，对 MAS_PP 的结构与内容进行设计，如表 5-8 所示。

表 5-8   **基于 CC 标准的 MAS_PP 结构与内容**

1. 引言	1.1 MAS_PP 标识	移动 Agent 系统安全保护轮廓（通用框架）
	1.2 MAS_PP 概述	表达 MAS 的安全需求。主机安全需求：主机上数据和资源的机密性、完整性、可用性，到访移动 Agent 行为的可审性和不可抵赖性。移动 Agent 的安全需求：移动 Agent 代码数据和状态的完整性、机密性（隐私性）、主机行为的可审计性和不可抵赖性

2. TOE 描述	背景信息：移动 Agent 系统 MAS（Mobile Agent System）是一种新的分布式应用计算模型，该系统的运行特点是请求服务的移动 Agent 与提供服务的主机上的移动 Agent 服务平台往往属于不同的信任域。当二者的利益不一致时，移动 Agent 和提供服务的执行主机之间产生相互攻击，同时保护主机和移动 Agent 存在一定程度的向背性，如何对主机和移动 Agent 实施双向安全保护？对传统的安全技术提出了挑战	
3. 安全环境	3.1 假设	移动 Agent 与产生它的源主机相互安全，移动 Agent 在可信主机上足够安全，使用公认的加密方法有效
	3.2 威胁	主机受到的威胁：非授权访问（Unauthorized Access）、移动 Agent 伪装（Masquerading）、拒绝服务（Denial of Service）攻击。移动 Agent 受到的威胁：窥视或修改代码、数据、执行流程、路由和通信，拒绝或重复执行、删除移动 Agent，平台伪装以及系统返回错值等
	3.3 组织性安全策略	选择相应的安全技术形成安全组件，对主机和移动 Agent 实施双向保护
4. 安全目的	TOE 安全目的	考虑安全成本和代价，对 MAS 的应用而言提供足够安全，把主机和移动 Agent 之间的相互攻击控制在双方可接受的程度
	环境安全目的	
5. IT 安全需求	5.1 TOE 安全功能需求	安全审计类、加密支持类、身份鉴别与认证类、安全管理类、隐私保护类、资源使用类。
	5.2 TOE 安全保证需求	安全保证等级中 EAL3 包含的安全保证组件，见表 5-5
	5.3 IT 环境安全需求	网络环境安全，主机操作系统安全
6. 基本原理	6.1 安全目的基本原理	安全目的是保护移动 Agent 和执行主机的基本安全
	6.2 安全要求基本原理	安全要求是能阻断主机和移动 Agent 的相互攻击问题
7. 应用注解	MAS_PP 的内容设计侧重考虑应用于有偿信息查询和电子商务领域的移动 Agent 系统	

MAS_PP 表达了基于 CC 标准的移动 Agent 系统通用安全需求，保护主机和移动 Agent 的安全功能均要满足该需求，可用图 5-5 的设计进一步说明。MAS 安全框架的底层是操作系统安全机制和网络安全机制，这些安全机制是分层实施的。在执行主机上，第一层是标准的操作系统安全机制。第二层是 MAS 通用中间件安全机制，对主机和对 MA 的保护在该层实现。例如，利用 Java 语言中的沙箱（User-level Sandboxing）技术，限制 MA 只能对主机平台上某些资源进行访问，只能与上层安全组件通过已经定义好的通道（Channel）连接，在指定的域内执行，MA 则不能创建受控通道以外的连接等。第三层是安全组件，对移动 Agent 的保护在该层实施，如对 MA 实施完整性、机密性和匿名性保护。对于不同应用类型的 MA，可以选择调用相应的安全组件以定制具体的安全功能，对于敏感 MA，则可增强 MA 的安全程度。

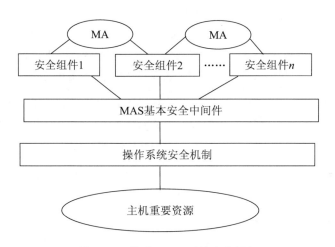

图 5-5 移动 Agent 系统安全框架

5.4.4 MAS_ST 设计

根据 CC 标准，PP 可以看做 ST 的父类，ST 则是 PP 的一个实例，ST 继承 PP 并与 PP 保持一致性。因此，MAS_PP 可以有多个 MAS_ST 实例，每个 MAS_ST 实例继承 MAS_PP 并与之保持一致性。由于 Java 有较好的安全机制与平台独立性，本节基于 Java 语言设计 MAS_ST，基于 Java 安全特性的 MAS_ST 结构与内容如表 5-9 所示。

表 5-9   **基于 Java 安全特性的 MAS_ST 结构与内容**

1. 安全目标引言	1.1 ST 标识	MAS_ST：MAS 安全子系统设计方案（HBAgent v1.0）
	1.2 ST 概述	基于 Java 语言的平台独立性和安全机制 Sanding—Box，采用组件技术，本表给出移动 Agent 系统 HBAgent v1.0 安全子系统的设计与实现方案 MAS_ST，实现对主机和移动 Agent 的双向保护
	1.3 CC 一致性声明	MAS_ST 继承 MAS_PP，并与 MAS_PP 在设计上保持一致，根据实际应用需求，只对部分安全功能进行裁减
2. TOE 描述		TOE 背景信息（评估环境）：HBAgent 是自开发的基于组件的移动 Agent 系统原型，在该原型中，基于 CC 标准设计它的安全安全子系统 MASss，使用 Java 语言开发一系列的安全功能组件并选择一系列的安全保证组件，以期达到 EAL3 的安全等级
3. 安全环境	3.1 假设	移动 Agent 与源主机相互安全、可信主机生成的移动 Agent 与其他可信主机相互之间足够安全；使用公认的加密方法与算法有效
	3.2 威胁	主机受到的威胁：非授权访问（Unauthorized Access）、伪装（Masquerading）、拒绝服务（Denial of Service）；移动 Agent 受到的威胁：查看机密信息，修改代码、数据、状态、路由和通信，拒绝或重复执行、删除移动 Agent，平台伪装等
	3.3 组织性安全策略	基于 Java 语言和组件技术，开发一系列安全组件，实施一系列安全保证，针对实际应用，达到足够安全
4. 安全目的	4.1 TOE 安全目的	对安全组件进行灵活装配，获得对主机和移动 Agent 实施双向保护效果，阻断主机平台和到达的移动 Agent 之间的主要相互攻击
	4.2 环境安全目的	

5. IT 安全需求	5.1 TOE 安全功能需求	选择的安全功能组件有：身份识别与验证、安全通信、加密、数据保护、安全审计、安全管理、隐私保护等，详细见说明Ⅰ
	5.2 TOE 安全保证需求	选择的安全保证组件有：开发类、生命周期支持类、配置管理类、测试类、脆弱性评估类、指南文档类、交付运行类，所含组件详细见说明Ⅱ
	5.3 IT 环境安全需求	假设移动 Agent 系统主机所在的网络环境安全，主机上的操作系统安全机制有效
6. TOE 概要规范	6.1 TOE 安全功能	见说明Ⅰ
	6.2 TOE 保证措施	见说明Ⅱ
7. 保护轮廓声明	7.1 PP 参照 7.2 PP 裁减 7.3 PP 附加项	继承 MAS_PP，与 MAS_PP 保持一致。 根据应用需求对 PP 中的某些内容做了裁减。 无附加项

说明Ⅰ：

(1) 安全审计类〔安全审计数据产生（FAU_GEN）；安全审计查阅（FAU_SAR），安全审计事件选择（FAU_SEL），安全审计事件存储（FAU_STG)〕；

(2) 通信类〔接收抗抵赖（FCO_NRR)〕；

(3) 加密支持类〔密码管理（FCS_CKM），密码运算（FCS_COP)〕；

(4) 用户数据保护类〔访问控制策略（FDP_ACC），访问控制功能（FDP_ACF），数据鉴别（FDP_DAU），存储数据的完整性（FDP_SDI），TSF 间用户数据传送的秘密性保护（FDP_UCT），TSF 间用户数据传送的完整性保护（FDP_UIT)〕；

(5) 身份识别与验证类〔身份证书和属性证书〕；

(6) 安全管理类〔TSF 功能管理（FMT_MOF），TSF 数据管理（FMT_MTD），撤销（FMT_REV）；安全属性管理（FMT_MSA），安全属性到期（FMT_SAE），安全管理角色（FMT_SMR)〕；

(7) 隐私类：〔匿名（FPR_ANO)〕；

(8) TOE 安全功能保护类〔域分离（FPT_SEP），时间戳（FPT_STM），重放检测（FPT_RPL），TOE 内 TSF 数据复制的一致性（FPT_TRC)〕；

（9）资源利用类〔容错（FRU＿FLT），服务优先级（FRU＿PRS），资源分配（FRU＿RSA）〕；

（10）TOE 访问类〔可选属性范围限定（FTA＿LSA）〕；

（11）可信路径/通道类〔TSF 间可信信道（FTP＿ITC），可信路径（FTP＿TRP）〕。

说明Ⅱ：

（1）开发类〔ADV＿FSP.1 组件：非形式化的功能描述，ADV＿HLD.2 组件，安全性实施的高级设计，ADV＿RCR.1 组件：非形式化的一致性证明，ADV＿SPM.1 组件：非形式化的安全策略模型〕；

（2）生命周期支持类〔ALC＿DVS.1 组件：开发环境安全措施的描述〕；

（3）配置管理类〔ACM＿SCP.1 组件：配置管理的覆盖范围，ACM＿CAP.3 组件：配置管理的授权控制〕；

（4）测试类〔ATE＿COV.2 组件：测试的覆盖范围分析，ATE＿DPT.1 组件：高级设计的测试，ATE＿FUN.1 组件：功能性测试，ATE＿ND.2 组件：独立抽样测试〕；

（5）脆弱性评估类〔AVA＿MSU.1 组件：指南审查，AVA＿SOF.1 组件：安全强度评价，AVA＿VLA.1 组件：开发人员对脆弱性的分析〕；

（6）指南文档类〔AGD＿ADM.1 组件：管理员指南，AGD＿USR.1 组件：用户指南〕；

（7）交付运行类〔ADO＿DEL.1 组件：交货程序，ADO＿IGS.1 组件：安装、生成和启动程序〕。

MAS＿ST 能实现主机和移动 Agent 的双向安全保护目标。为了进一步说明 MAS＿ST 表达的内容，给出实现 MAS 安全目标设计方案，如图 5－6 所示。当远程移动 Agent 到达执行主机后，先对其进行认证，确定其身份，主要是检查到达的移动 Agent 所携带的 SPKI＋RBAC 证书，确定执行主机与源主机（产生此移动 Agent 的主机）之间的信任关系，此信任关系对移动 Agent 的影响已在第 2 部分和第 3 部分论述，这里只说明当通过身份验证后，根据执行主机的基本安全策略和移动 Agent 的资源请求分配相应的资源，提供相应的服务并监控其执行。如果移动 Agent 是匿名的，将基于保护主机的安全策略分配较少资源；如果移动 Agent 是署名的，在确定其身份真实可信后，主机将提供基于 SPKI＋RABC 证书的资源和服务。所有通过认证的移动 Agent 在移动 Agent 池中等待执行，有两种排队方式：①公平方式，FIFO 先到先执行；②优先权方式，付费高的优先权高。采用增加安全组件可分别强化移动 Agent 和执行主机安全。

MASss 主要安全目标设计如下：

1. 主机身份可认证、信任状态可查询

一是主机身份可验证，主要通过第 2 部分给出的 SPKI 身份证书或属性证书来实现。二是主机的信任状态可获得，主要通过本书第 3 部分给出的信任评价机制来实现。

2. 移动 Agent 身份可认证、信任状态可查询

主要是执行主机对移动 Agent 身份和信任状态的验证，采用第 2 部分和第 3 部分给出的移动 Agent 与源主机信任状态绑定方式，即移动 Agent 以它的源主机为信任锚，以源主机的可信任程度为信任状态。

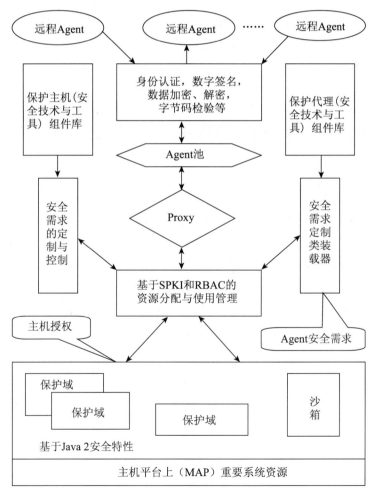

图 5-6　基于 Java 语言的 MAS 安全模型

3. 保持移动 Agent 机密性和完整性

利用第 4 部分给出的强化移动 Agent 保护方法，对移动 Agent 代码和敏感信息加密并进行 IEOP 封装，保护移动 Agent 的机密性和完整性，在此基础上，再对移动 Agent 执行追踪，检测出已发生的完整性攻击。

4. 授权和访问控制

在基于信任门限选择足够信任主机列表的基础上，利用第 4 部分给出的方法，针对源主机 SPKI 身份证书（或属性证书）和移动 Agent 在任务中的角色而确定资源的授权与访问策略（RBAC）。

5. 安全事件可审计

使用安全日志记录发生的与移动 Agent 安全相关的事件和为此事件负责的操作者或过程。审计机制能够保护安全日志，防止未授权的访问和修改，对管理人员在系统中所做的增加、删除、修改等维护给予记录，使安全日志的使用者为他们的行为负责。同时，在每个主机上，对每次交互事件成功与否进行统计数据采集。

5.5　移动 Agent 安全子系统执行流程

5.5.1　子系统结构

基于 CC 标准，选择保护主机与保护 MA 的相关安全技术，基于组件设计与实现移动 Agent 系统安全子系统 MASss，如图 5 - 7 所示。

逻辑上分为两个层次实现：客观信任管理层实现移动 Agent 系统的基本安全服务，主要包括交互双方基于 SPKI 进行身份认证，基于 RBAC 进行操作授权和访问控制。主观信任管理层实现移动 Agent 系统的增强安全服务，基于交互行为采集一系列交互数据，根据已给信任度算法，对主机实施信任评价及预测，为下一个周期选择可信交互对象提供依据，针对不可信又不得不进行交互的执行主机，则强化移动 Agent 安全保护。主要组件的功能解释如下：

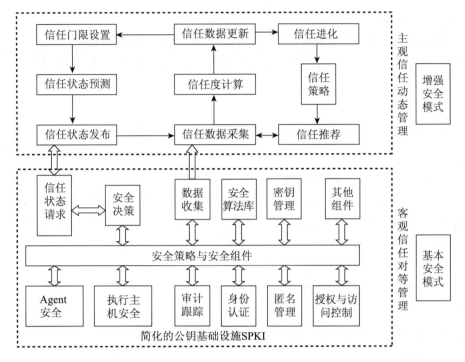

图 5‑7 安全子系统结构

1. 身份认证

采用 SPKI 身份和属性证书,使加入移动 Agent 系统中的主机之间可以进行相互身份认证。主机的身份标识可以是主机的公钥也可以是主机的 IP 地址。产生移动 Agent 的主机是该移动 Agent 的信任锚,为该移动 Agent 授权和指定角色与属性,同时对二者实施直接信任绑定,即该移动 Agent 的行为好坏直接影响"源主机"可信任程度。执行移动 Agent 的主机对移动 Agent 实施认证时首先检查移动 Agent 的身份。

2. 授权与访问控制

访问控制器截获到访的移动 Agent 对资源的访问请求,检查该移动 Agent 的角色和权利,然后对它进行授权和分配资源并监控其执行。

3. 匿名管理

提供移动 Agent 的匿名访问功能,对于到访的匿名移动 Agent,执行者不知道发送者的身份,也不知道移动 Agent 的产生者身份,执行主机按"系统级公约"规定为其提供最基本的安全服务和自愿资源服务。这种情况下,执行主机的行为好坏也影响自己在 MAS 中的信任度。

4. 安全算法库

为移动 Agent 提供安全算法。包括对称加密和非对称加密常用算法。例如，数据加密标准（DES），Triple－DES，RC4，RC5，数字签名算法（DSA），RSA，MD5，SHA 等。

5. 密钥管理

用于存储和管理移动 Agent 的公钥和私钥。

6. 审计跟踪

主要是记录跟踪与移动 Agent 系统安全相关的所有活动，使攻击者留下证据。安全审计实现对移动 Agent 进行追踪，为对系统主机的信任评价、孤立恶意主机提供统计信息，还可以为"非典型攻击分析研究"提供依据，对增强移动 Agent 安全提供支持。

7. 信任数据采集

完成直接经验数据和推荐数据的收集。

8. 信任策略

采用推荐信任、直接信任或综合信任程度选择可信对象。

9. 信任度计算

完成考察周期内直接信任度、推荐信任度和综合信任度的计算与更新。

5.5.2 运行模式

1. 基本安全模式

在客观信任管理机制下，使主机和移动 Agent 各自获取基本安全服务。以移动 Agent 安全服务为例，当移动 Agent 署名访问时，其身份被认证后才能得到授权执行，能获得所请求的资源；当移动 Agent 匿名运行时，它只能得到最低级别的安全服务和最开放资源服务，这种方式下只能完成非关键任务。

2. 增强安全模式

实现基于实体交互行为的主观信任动态管理功能，交互双方能进行可信任程度评估，选择可信交互主机列表，孤立恶意主机，使移动 Agent 源主机和部分执行主机之间能够建立并维持较高的信任状态。增强安全模式下，移动 Agent 与执行主机能够实现信任交互，交互过程"速度快，效率高"是显而易见的。

如果是在移动 Agent 执行的任务异常重要，交互对象可信任程度较低，或系统恶意主机较多等情况下，为实现高度安全保障，可以对移动 Agent 实施 IEOP 封装，进行强化安全保护。

5.5.3 执行流程

安全子系统的执行流程如图 5 - 8 所示。

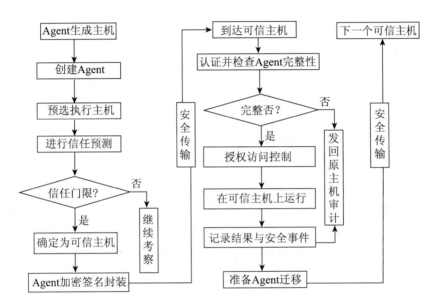

图 5 - 8 安全子系统的执行流程

（1）移动 Agent 创建。在移动 Agent 代码生成后，源主机以 SPKI＋RBAC 证书的形式赋予该移动 Agent 身份和角色，身份代表源主机，以源主机为信任锚，角色以确定该移动 Agent 的权利和属性，代码表达该移动 Agent 要完成的任务。

（2）选择可信主机列表。源主机先预选执行主机列表，再根据自己的信任需求，查询当前信任管理数据库中预选执行主机的可信任程度，设定信任门限值，对该移动 Agent 的运行主机进行筛选，确定可信任主机名单，以形成移动 Agent 的路由线路。

（3）根据所选择执行主机的可信任状况和该移动 Agent 任务的重要性和敏感性，决定是否对该移动 Agent 进行加密、签名处理并使用 IEOP 协议对它实施嵌入式封装。

（4）对该移动 Agent 序列化，使之迁移到执行主机。

（5）执行主机收到该移动 Agent 后，验证它的身份、角色，检查其完整性，若通过，则授予对某些资源的使用权利，并监督其执行过程，记录与安全相关的事件，以备产生主机审计之用；否则，丢弃该移动 Agent 并给源主机报错。当移动 Agent 执行完毕后，执行主机要做两项工作，一是把移动 Agent 的执行结果与安全日志发给源主机；二是把移动 Agent 按"原样式"重新包装好，发给下一个执行主机。

（6）最后一个执行主机运行该移动 Agent 结束后，把移动 Agent 和执行结果及安全日志发回源主机。

（7）源主机审查每个主机的执行踪迹与结果，判定执行结果正确与否。然后更新每个执行主机的直接信任数据。

5.6　通用评估方法 CEM 扩展

CC 标准和通用评估方法论 CEM 对信息系统安全性在设计、开发、使用和评价的全过程进行了规范，并初步实现了其安全功能确信度按等级可比性，使得对同一类信息系统安全程度的衡量有了基本依据。但 CC_CEM 只是给出了评估原则和等级，作为评估对象 TOE，同类型的安全信息系统，对其设计、开发、使用过程的安全评估结果只能以安全等级 EAL1～EAL7 来表示，对于 EALn～EALn+1 之间的差异无法进行更细化表示和度量，需要进一步研究同一等级的信息系统安全确信度的量化评价方法。

CEM 指出，对信息系统安全功能的评价应该遵循客观公正的原则，但评价过程本身具有主观行为属性，要求在评价过程中把主观不确定性降低到最小。本节引入 Josang 主观逻辑的基本理论，对 CEM 进行扩展，提出一种定量评价移动 Agent 系统安全功能确信度的方法。

5.6.1　引入主观逻辑理论

关于主观逻辑基本理论的详细内容可参考文献[37，38]，这里简要描述本书需要依据的基本观点。

一个待评价的系统看成是一个辨别体系，评价过程是评价主体为一个给定的辨别体系界定一组有可能出现的状态，它是一个"可能情形"的集合。主体对辨别体系的评价结果形成意见（Opinions）。意见可由一个"四元组"来表示：｛信念，负信念，不确定，相对原子函数值｝，下面先给出"元"的含义。

信念（Belief）表示一个主体认为一个命题为真的程度；负信念（Disbelief）表示一个主体认为一个命题为假的程度；不确定程度（Uncertainty）表示一个主

体不能确定命题的真假程度；相对原子函数值（Atomic Value）表示主体对命题量化数值的个性参数，它刻画了"等量证据"下不同主体对自己意见做出的不同程度的认知调节，表示"度量的精度"，相对原子度值越小度量越精确，为零时表示主题意见完全确定。

定义 1（意见） 设 ψ 是一个有 2 个状态的 $(x, \neg x)$ 的二元辨别体系，设 $b(x)$，$d(x)$，$u(x)$ 和 $a(x)$ 分别是 x 上的信念、负信念、不确定性和相对原子度函数，那么，一个主体持有的关于 x 的意见，用 ωx 表示，由以下四元组定义：$\omega_x \equiv (b(x), d(x), u(x), a(x))$。为了简单起见，信念、负信念、不确定性和相对原子度函数可以表示为：b_x，d_x，u_x 和 a_x，一个主体 A 持有的关于一个命题 x 的意见可以表示为 ω_x^A。

定义 2（意见的比较） 设 ω_x，ω_y 是 2 个意见，求出其概率期望值，它们可以按照以下条件的优先次序进行比较：

（1）概率期望值大的意见的影响程度高；

（2）不确定性小的意见影响程度高；

（3）相对原子度值小的意见影响程度高。

比较两个意见时，首先按照（1）进行比较，如果概率期望值相同；再按照（2）进行比较，如果还不能区分高低，再按照（3）进行比较。

定理 1（命题的合取） 设 ψ_x，ψ_y 是两个不同的二元辨别体系，x 和 y 分别是关于 ψ_x，ψ_y 中的状态命题，令 $\omega_x = (b_x, d_x, u_x, a_x)$ 和 $\omega_y = (b_y, d_y, u_y, a_y)$ 分别是主体持有的关于 x 和 y 的意见，令：

$$b_{x \wedge y} = b_x b_y,$$
$$d_{x \wedge y} = d_x + d_y - d_x d_y,$$
$$u_{x \wedge y} = b_x u_y + u_x b_y + u_x u_y,$$
$$a_{x \wedge y} = \frac{b_x u_y a_y + u_x a_x b_y + u_x a_x u_y a_y}{b_x u_y + u_x b_y + u_x u_y}$$

则 $\omega_{x \wedge y} = (b_{x \wedge y}, d_{x \wedge y}, u_{x \wedge y}, a_{x \wedge y})$ 表示该主体持有的关于命题 x 和 y 同时为真的意见，$\omega_{x \wedge y}$ 称为 ω_x 和 ω_y 的命题的合取。表示为：

$$\omega_{x \wedge y} = \omega_x \wedge \omega_y \tag{5-1}$$

定理 2（一致性） 设 $\omega_x^A = (b_x^A, d_x^A, u_x^A, a_x^A)$ 和 $\omega_x^B = (b_x^B, d_x^B, u_x^B, a_x^B)$ 分别是主体 A 和主体 B 持有的关于同一个命题 x 的意见，令：

$$b_x^{A,B} = (b_x^A u_x^B + b_x^B u_x^A) / k,$$
$$d_x^{A,B} = (d_x^A u_x^B + d_x^B u_x^A) / k,$$
$$u_x^{A,B} = (u_x^A u_x^B) / k,$$

$$a_x^{A,B} = \frac{a_x^B u_x^A + a_x^A u_x^B - (a_x^A + a_x^B) \, u_x^A u_x^B}{u_x^A + u_x^B - 2u_x^A u_x^B}$$

其中，$k = u_x^A + u_x^B - u_x^A u_x^B$，使得 $k \neq 0$，当 u_x^A，$u_x^B = 1$ 时，令 $a_x^{A,B} = (a_x^A + a_x^B) / 2$。

则 $\omega^{A,B} = (b_x^{A,B}, d_x^{A,B}, u_x^{A,B}, a_x^{A,B})$ 表示同时代表主体 A 和主体 B 的想象中的主体 $[A，B]$ 持有的关于 x 的意见，$\omega^{A,B}$ 称为 ω^A 和 ω^B 之间的一致性，表示为：

$$\omega_x^{A,B} \equiv \omega_x^A \oplus \omega_x^B \tag{5-2}$$

对于二元辨别体来说，容易证明，意见的概率期望值可由公式（5-3）计算：

$$E(\omega) = b_x + u_x a_x \tag{5-3}$$

基于主观逻辑理论，用主体对命题的意见的概率期望值来描述移动 Agent 系统中关于安全命题的确信度。

5.6.2　定义 MAS 相关安全命题

MAS 是计算机信息系统，依据 CC 标准，计算机信息系统安全功能的确信度可以通过安全系统的开发、使用、评价过程中的活动来建立。按照先后次序分别评价 PP、评价 ST 和评价 TOE。PP 评价的目的是要证明：被评价的 PP 是不是完全的、一致的和技术良好的，能用作可评价 TOE 的需求表示。ST 评价的目的是要证明：被评价的 ST 是不是完全的、一致的和技术良好的，可作为相应的 TOE 概要设计方案和评价的基础；评价 TOE 的目的是要证明：被评价的信息系统安全功能（TOE）是不是充分实现了安全目标 ST 并能满足安全需求 PP 中的要求。

把移动 Agent 系统安全子系统 MASss 的整个开发过程划分为六个实现步骤：

（1）确定移动 Agent 系统安全问题的范围和本质；

（2）根据安全问题表达移动 Agent 系统安全需求；

（3）根据安全需求确定要实现的移动 Agent 系统安全目标；

（4）根据安全目标，选择安全功能组件构成 MASss 子系统；

（5）选择安全保证组件开发 MAS 安全子系统；

（6）运行 MAS，评价 MASss 安全效果。这一过程如图 5-9 所示。

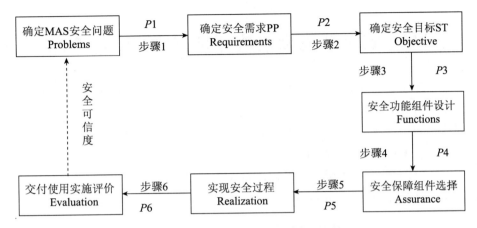

图 5 - 9　基于 CC 的 MAS 安全功能开发过程

把整个安全功能开发过程 P 定义为命题 p，确信其有效则为"真"，不确信其有效则为"假"。由评价主体评价其确信度高低。P 由 $P1\sim P6$ 组成，定义如下子命题 $p1\sim p6$，用于评价每一步的确信度：

$p1$：步骤 $P1$ 确定的安全问题能够清楚定义要处理的安全问题的本质和范围。确信为"真"，不确信为"假"。

$p2$：步骤 $P2$ 定义的安全需求能够清晰表达对步骤 1 中的安全问题的应对策略与解决方法。确信为"真"，不确信为"假"。

$p3$：步骤 $P3$ 定义的安全目标能够满足步骤 2 中的安全需求。确信为"真"，不确信为"假"。

$p4$：步骤 $P4$ 定义的安全功能能够实现步骤 3 定义的安全目标。确信为"真"，不确信为"假"。

$p5$：步骤 $P5$ 选择的安全保障组件能有效保障步骤 4 定义的安全功能的有效性。确信为"真"，不确信为"假"。

$p6$：步骤 $P6$ 表明在步骤 5 中开发的安全系统（组件集合）能够达到预期的安全效果。确信为"真"，不确信为"假"。

这里约定：在评价过程中，主体把整个安全开发过程所划分的"子过程的个数"称为评价深度，用"评价步数（Steps）"来表示。主体对同一个子过程从不同角度进行评价，称为评价广度，用"维数（Dimensions）"来表示。

5.7 MAS 安全功能确信度评价方法 CEM_MAS

这里把移动 Agent 系统安全功能确信度定义为"移动 Agent 系统安全功能安满足全需求的程度"。被评价的 TOE 是移动 Agent 安全子系统 MASss。使用"评价主体对被评价对象 TOE 意见（Opinion）的概率期望值"来表示 TOE 的安全确信度。评价主体是"使用者（用户）、开发者、评估者及监督者组成的评价小组"。评价方法是基于主观逻辑理论对 MASss 的设计、开发及运行过程进行定量评价，简称为 CEM_MAS 方法。

5.7.1 安全功能确信度算法

评价 MASss 整个开发过程 P，其安全功能确信度即命题 p 为真的程度，由评价主体关于命题 p 的意见来表示。P 由若干子过程 Pi 组成，命题 p 则对应着一系列子命题 pi，子命题 pi 为真的程度反映子过程 Pi 的确信度。

设一命题 p 由一系列子命题 pi（$i=1, 2, 3, \cdots, n$）组成。命题 p 为真的程度反映整个安全功能开发过程的确信度，而子命题 pi 为真的程度反映各个子过程的确信度，命题 p 为真的程度由一系列子命题 pi 为真的程度来计算。设 $\omega p_i \equiv (bp_i, dp_i, up_i, ap_i)$ 是一个主体关于子命题 pi 的真实性意见。利用 5.6.1 中定理 1 给出的命题合取运算，通过公式（5-4）可以计算主体关于 MAS 安全功能的意见。

$$\omega_p \equiv \omega_{p1} \wedge \omega_{p2} \wedge \cdots \wedge \omega_{pn} \tag{5-4}$$

根据 $E(\omega) = b_x + u_x a_x$ 式（5-3）即可求出 MAS 安全功能确信度。

本部分 5.3 节已给出，要达到 CC_EAL3 级，MAS 安全功能开发过程应该实施的每一个安全保障措施，这些措施能够确保开发过程中"步骤 5"和"步骤 6"完成相应的任务。可以看出：步骤 5 由 16 项措施一致保障命题 5（$p5$）的真实性；步骤 6 由 2 项措施一致保障命题 6（$p6$）的真实性。这里解释为：考虑第 01 项安全措施的主体（$s01$）持有的关于命题 $p5$ 意见为：

$\omega_{p5}^{s01} \equiv (b_{p5}^{s01}, d_{p5}^{s01}, u_{p5}^{s01}, a_{p5}^{s01})$，该意见为真的程度则由系统安全评价主体（$s01$）来给出，类似地有 ω_{p5}^{s02}，ω_{p5}^{s03}，$\cdots$，ω_{p5}^{s16}。步骤 5 中建立的安全保障措施所发挥的作用的一致性意见，来自虚拟主体（$s01, s02, \cdots, s16$）关于命题 $p5$ 各个意见的一致性总体意见。根据 5.5.1 中定理 2 求出：

$$\omega_{p5} \equiv \omega_{p5}^{s01} \oplus \omega_{p5}^{s02} \oplus \cdots \oplus \omega_{p5}^{s16} \tag{5-5}$$

同样有：$\omega_{p6} \equiv \omega_{p6}^{s17} \oplus \omega_{p6}^{s18}$ （5－6）

最终计算出 $\omega_p \equiv \omega_{p1} \wedge \omega_{p2} \wedge \omega_{p3} \wedge \omega_{p4} \wedge \omega_{p5} \wedge \omega_{p6}$ 的值。

综上所述：依照 CC 标准对 MAS 安全功能进行评价时，评价主体首先确定以下意见：$(\omega_{p1}, \omega_{p2}, \omega_{p3}, \omega_{p4})$，$(\omega_{p5}^{s01}, \cdots, \omega_{p5}^{s16})$，$(\omega_{p5}^{s17}, \omega_{p5}^{s18})$，然后根据公式（5－5）和公式（5－6）分别计算 ω_{p5} 和 ω_{p6}，最后根据公式（5－4）和公式（5－3）计算 MAS 安全功能的确信度。MAS 安全功能确信度可以根据 5.6.1 中定义 2 进行比较。

5.7.2 数据采集与处理

由开发者、使用者和安全领域专业测评者与监督者组成专家小组作为评价主体，根据上述评价方法，对移动 Agent 系统安全功能开发和运行过程中的 6 个子过程的每一步进行测评，形成意见（Opinions），给出相应的测评值，获取基础数据。基础数据值域区间定义为：$v = [0, 1]$，可采用专家组打分和技术测量相结合方式，表 5－10 是基础数据采集格式。对步骤 1～6 及其子项的数据按照上述给定的算法进行计算，得到移动 Agent 系统安全功能确信度。可以根据应用领域安全需求设定确信度门限值 E_0，当确信度大于 E_0 为系统安全可信，小于 E_0 为不可信。

5.8 模拟评价示例

5.8.1 评价示例选择

选择三个基于 Java 语言开发的移动 Agent 系统：Aglets、D'Agent 和 Mogent 作为模拟评价对象 TOE。其中，Aglet 和 D'Agent 是国外两个知名的移动 Agent 系统，而 Mogent 是国内知名的移动 Agent 系统。三个移动 Agent 系统安全功能和安全措施的基本情况如表 5－10 所示。使用上述安全评价方法 CEM_MAS 对于这三个 TOE 进行模拟评价，比较它们的安全功能确信度。对 Aglet、D'Agent 和 Mogent 三个移动 Agent 系统安全功能进行分析，采集安全评价相关的基础数据如表 5－11 所示。计算过程见表 5－12～表 5－17 所示。

表 5－10   三个系统基本安全保障

系统名称 Name	主机保护基本情况			移动 Agent 保护基本情况		
	身份认证 Authentica-tion	访问控制 Access control	数字签名 Digitally signed code	传输完整性检查 Transmission integrity check	存储保护 Storage protection	加密 En-crypted
Aglets	Domain authentication by Symmetric algorithms Programmer sign code User sign data	Customizable through GUI ACL based on sign	No	Symmetric algorithms to detect tampering of incoming MA	No	No
Mogent	With X. 509 Certificates	Cutomizable through GUI	Yes	SSL—Like protocol	No	No
D' Agent	Agent signed by user and sending machine	ACL based on user	Yes	Yes	Yes	No

5.8.2 模拟评价过程

计算过程如下：第 1 步，根据公式（5－5）、公式（5－6）进行一致性运算，计算出 ω_{p5}，ω_{p6}；第 2 步，根据公式（5－4）进行合取运算，计算出 ω_p；第 3 步，根据公式（5－3）计算出 MAS 安全功能的确信度 $E(\omega_p)$。

表 5‑11　MAS 安全功能确信度评价示例（MASSFLEE）：基础数据

安全过程 SP		主体关于一个 $MASss$ 每步子命题的意见（$Opinions$）$\omega pi \equiv (b_i, d_i, u_i, a_x)$（原子度函数 $a_x = 0.5$）		
	ω_{pi}	SP1：D' Agent	SP2：Aglet	SP3：Mogent
$p1$	ω_{p1}	(0.93, 0.01, 0.06, 0.5)	(0.92, 0.02, 0.06, 0.5)	(0.91, 0.04, 0.05, 0.5)
$p2$	ω_{p2}	(0.93, 0.02, 0.05, 0.5)	(0.92, 0.01, 0.07, 0.5)	(0.92, 0.02, 0.06, 0.5)
$p3$	ω_{p3}	(0.92, 0.01, 0.07, 0.5)	(0.91, 0.03, 0.06, 0.5)	(0.91, 0.03, 0.06, 0.5)
$p4$	ω_{p4}	(0.92, 0.02, 0.06, 0.5)	(0.91, 0.03, 0.06, 0.5)	(0.91, 0.03, 0.06, 0.5)

$p5$ — SP1：ω_{p5}（$\omega_{p5}^{S01}, \cdots, \omega_{p5}^{S16}$）

(0.88, 0.06, 0.06, 0.5)	(0.87, 0.06, 0.07, 0.5)	(0.86, 0.04, 0.1, 0.5)	(0.89, 0.03, 0.08, 0.5)
(0.85, 0.02, 0.13, 0.5)	(0.8, 0.15, 0.05, 0.5)	(0.8, 0.1, 0.1, 0.5)	(0.82, 0.08, 0.1, 0.5)
(0.83, 0.05, 0.12, 0.5)	(0.91, 0.02, 0.07, 0.5)	(0.93, 0.04, 0.03, 0.5)	(0.96, 0.02, 0.02, 0.5)
(0.9, 0.09, 0.01, 0.5)	(0.95, 0.04, 0.01, 0.5)	(0.98, 0.01, 0.01, 0.5)	(0.96, 0.02, 0.02, 0.5)

$p5$ — SP2：ω_{p5}（$\omega_{p5}^{S01}, \cdots, \omega_{p5}^{S16}$）

(0.87, 0.06, 0.07, 0.5_x)	(0.87, 0.06, 0.07, 0.5_x)	(0.85, 0.04, 0.11, 0.5_x)	(0.88, 0.03, 0.09, 0.5_x)
(0.85, 0.02, 0.13, 0.5)	(0.8, 0.15, 0.05, 0.5)	(0.8, 0.1, 0.1, 0.5)	(0.82, 0.08, 0.1, 0.5)
(0.83, 0.05, 0.12, 0.5)	(0.91, 0.02, 0.07, 0.5)	(0.93, 0.04, 0.03, 0.5)	(0.96, 0.02, 0.02, 0.5)
(0.9, 0.09, 0.01, 0.5)	(0.95, 0.04, 0.01, 0.5)	(0.98, 0.01, 0.01, 0.5)	(0.96, 0.02, 0.02, 0.5)

$p5$ — SP3：ω_{p5}（$\omega_{p5}^{S01}, \cdots, \omega_{p5}^{S16}$）

(0.87, 0.07, 0.06, 0.5)	(0.87, 0.07, 0.06, 0.5)	(0.85, 0.05, 0.1, 0.5)	(0.87, 0.03, 0.1, 0.5)
(0.85, 0.02, 0.13, 0.5)	(0.8, 0.15, 0.05, 0.5)	(0.8, 0.1, 0.1, 0.5)	(0.82, 0.08, 0.1, 0.5)
(0.83, 0.05, 0.12, 0.5_x)	(0.91, 0.02, 0.07, 0.5)	(0.9, 0.05, 0.05, 0.5)	(0.96, 0.03, 0.01, 0.5_x)
(0.9, 0.09, 0.01, 0.5)	(0.95, 0.04, 0.01, 0.5)	(0.98, 0.01, 0.01, 0.5)	(0.96, 0.02, 0.02, 0.5)

续　表

$p6$	ω_{p6} (ω_{p6}^{S17}, ω_{p6}^{S18})	SP1	(0.87, 0.03, 0.10, 0.5)	(0.85, 0.03, 0.12, 0.5)
		SP2	(0.87, 0.03, 0.10, 0.5)	(0.85, 0.03, 0.12, 0.5)
		SP3	(0.87, 0.03, 0.10, 0.5)	(0.85, 0.03, 0.12, 0.5)

表 5 - 12　　MAS 安全功能确信度评价示例 *SP1 _ p5/p6*：一致性运算

一致性运算 (Consensus) (维数)	ω_{p5}, ω_{p6} 运算结果 (Result)				确信度（概率期望值）(Expectation)
	b_i	d_i	u_i	a_i	SP1 _ $p5/p6$
ω_{p5}^{s01}	0.8800	0.0600	0.0600	0.5000	0.9100
ω_{p5}^{s01}, $\cdots$, ω_{p5}^{s02}	0.9046	0.0620	0.0334	0.5000	0.9213
ω_{p5}^{s01}, $\cdots$, ω_{p5}^{s03}	0.9164	0.0579	0.0257	0.5000	0.9292
ω_{p5}^{s01}, $\cdots$, ω_{p5}^{s04}	0.9280	0.0522	0.0198	0.5000	0.9379
ω_{p5}^{s01}, $\cdots$, ω_{p5}^{s05}	0.9337	0.0488	0.0175	0.5000	0.9425
ω_{p5}^{s01}, $\cdots$, ω_{p5}^{s06}	0.9276	0.0572	0.0151	0.5000	0.9352
ω_{p5}^{s01}, $\cdots$, ω_{p5}^{s07}	0.9230	0.0637	0.0133	0.5000	0.9297
ω_{p5}^{s01}, $\cdots$, ω_{p5}^{s08}	0.9308	0.0574	0.0117	0.5000	0.9367
ω_{p5}^{s01}, $\cdots$, ω_{p5}^{s09}	0.9318	0.0574	0.0108	0.5000	0.9372
ω_{p5}^{s01}, $\cdots$, ω_{p5}^{s10}	0.9377	0.0529	0.0094	0.5000	0.9424
ω_{p5}^{s01}, $\cdots$, ω_{p5}^{s11}	0.9426	0.0502	0.0072	0.5000	0.9462
ω_{p5}^{s01}, $\cdots$, ω_{p5}^{s12}	0.9523	0.0424	0.0053	0.5000	0.9550
ω_{p5}^{s01}, $\cdots$, ω_{p5}^{s13}	0.9373	0.0592	0.0035	0.5000	0.9391
ω_{p5}^{s01}, $\cdots$, ω_{p5}^{s14}	0.9431	0.0543	0.0026	0.5000	0.9444
ω_{p5}^{s01}, $\cdots$, ω_{p5}^{s15}	0.9526	0.0453	0.0021	0.5000	0.9537
ω_{p5}^{s01}, $\cdots$, ω_{p5}^{s16}	0.9551	0.0430	0.0019	0.5000	0.9561
ω_{p5}^{s17}	0.8700	0.0300	0.1000	0.5000	0.9200
ω_{p5}^{s17}, $\cdots$, ω_{p5}^{s18}	0.9106	0.0317	0.0577	0.5000	0.9394

表 5 - 13　　　　　MAS 安全功能确信度评价示例 *SP1*：合取运算

合取运算 (Conjunction) （步数）	ω_p 运算结果（Result）				确信度（概率期望值） (Exceptation)
	b_i	d_i	u_i	a_i	SP1
ω_{p1}	0.9300	0.0100	0.0600	0.5000	0.9600
ω_{p1}，$\cdots$，ω_{p2}	0.8649	0.0298	0.1053	0.4929	0.9168
ω_{p1}，$\cdots$，ω_{p3}	0.8044	0.0492	0.1464	0.4861	0.8755
ω_{p1}，$\cdots$，ω_{p4}	0.7400	0.0587	0.2013	0.4776	0.8361
ω_{p1}，$\cdots$，ω_{p5}	0.6808	0.0775	0.2417	0.4698	0.7943
ω_{p1}，$\cdots$，ω_{p6}	0.6503	0.1172	0.2325	0.4695	0.7594

表 5 - 14　　　MAS 安全功能确信度评价示例 *SP2 _ p5/p6*：一致性运算

一致性运算 (Consensus) （维数）	ω_{p5}，ω_{p6} 运算结果（Result）				确信度（概率期望值） (Expectation)
	b_i	d_i	u_i	a_i	SP2 _ p5/p6
ω_{p5}^{s01}	0.8700	0.0600	0.0700	0.5000	0.9050
ω_{p5}^{s01}，$\cdots$，ω_{p5}^{s02}	0.9016	0.0622	0.0363	0.5000	0.9197
ω_{p5}^{s01}，$\cdots$，ω_{p5}^{s03}	0.9137	0.0583	0.0280	0.5000	0.9277
ω_{p5}^{s01}，$\cdots$，ω_{p5}^{s04}	0.9255	0.0527	0.0218	0.5000	0.9364
ω_{p5}^{s01}，$\cdots$，ω_{p5}^{s05}	0.9320	0.0489	0.0191	0.5000	0.9416
ω_{p5}^{s01}，$\cdots$，ω_{p5}^{s06}	0.9081	0.0779	0.0140	0.5000	0.9151
ω_{p5}^{s01}，$\cdots$，ω_{p5}^{s07}	0.9060	0.0816	0.0124	0.5000	0.9122
ω_{p5}^{s01}，$\cdots$，ω_{p5}^{s08}	0.9065	0.0823	0.0112	0.5000	0.9121
ω_{p5}^{s01}，$\cdots$，ω_{p5}^{s09}	0.9093	0.0804	0.0103	0.5000	0.9144
ω_{p5}^{s01}，$\cdots$，ω_{p5}^{s10}	0.9176	0.0733	0.0091	0.5000	0.9222
ω_{p5}^{s01}，$\cdots$，ω_{p5}^{s11}	0.9270	0.0660	0.0070	0.5000	0.9305
ω_{p5}^{s01}，$\cdots$，ω_{p5}^{s12}	0.9404	0.0543	0.0052	0.5000	0.9431
ω_{p5}^{s01}，$\cdots$，ω_{p5}^{s13}	0.9298	0.0668	0.0034	0.5000	0.9315
ω_{p5}^{s01}，$\cdots$，ω_{p5}^{s14}	0.9373	0.0601	0.0026	0.5000	0.9386
ω_{p5}^{s01}，$\cdots$，ω_{p5}^{s15}	0.9480	0.0500	0.0020	0.5000	0.9490
ω_{p5}^{s01}，$\cdots$，ω_{p5}^{s16}	0.9509	0.0473	0.0019	0.5000	0.9518
ω_{p5}^{s17}	0.8700	0.0300	0.1000	0.5000	0.9200
ω_{p5}^{s17}，$\cdots$，ω_{p5}^{s18}	0.9106	0.0317	0.0577	0.5000	0.9394

表 5 - 15　　　　　　　MAS 安全功能确信度评价示例 *SP2*：合取运算

合取运算 (Conjunction) （步数）	ω_p 运算结果 (Result)				确信度（概率期望值） (Exceptation)
	b_i	d_i	u_i	a_i	SP2
ω_{p1}	0.9200	0.0200	0.0600	0.5000	0.9500
ω_{p1}，$\cdots$，ω_{p2}	0.8464	0.0298	0.1238	0.4915	0.9073
ω_{p1}，$\cdots$，ω_{p3}	0.7787	0.0395	0.1818	0.4826	0.8664
ω_{p1}，$\cdots$，ω_{p4}	0.7086	0.0683	0.2231	0.4744	0.8144
ω_{p1}，$\cdots$，ω_{p5}	0.6448	0.0963	0.2589	0.4664	0.7656
ω_{p1}，$\cdots$，ω_{p6}	0.6132	0.1390	0.2479	0.4661	0.7287

表 5 - 16　　　MAS 安全功能确信度评价示例 *SP3 _ p5/p6*：一致性运算

一致性运算 (Consensus) （维数）	ω_{p5}，ω_{p6} 运算结果 (Result)				确信度（概率期望值） (Expectation)
	b_i	d_i	u_i	a_i	SP3 _ p5/p6
ω_{p5}^{s01}	0.8700	0.0700	0.0600	0.5000	0.9000
ω_{p5}^{s01}，$\cdots$，ω_{p5}^{s02}	0.8969	0.0722	0.0309	0.5000	0.9124
ω_{p5}^{s01}，$\cdots$，ω_{p5}^{s03}	0.9073	0.0685	0.0242	0.5000	0.9194
ω_{p5}^{s01}，$\cdots$，ω_{p5}^{s04}	0.9179	0.0623	0.0199	0.5000	0.9278
ω_{p5}^{s01}，$\cdots$，ω_{p5}^{s05}	0.9248	0.0576	0.0175	0.5000	0.9336
ω_{p5}^{s01}，$\cdots$，ω_{p5}^{s06}	0.9041	0.0827	0.0132	0.5000	0.9107
ω_{p5}^{s01}，$\cdots$，ω_{p5}^{s07}	0.9025	0.0857	0.0118	0.5000	0.9084
ω_{p5}^{s01}，$\cdots$，ω_{p5}^{s08}	0.9034	0.0860	0.0106	0.5000	0.9087
ω_{p5}^{s01}，$\cdots$，ω_{p5}^{s09}	0.9062	0.0839	0.0099	0.5000	0.9112
ω_{p5}^{s01}，$\cdots$，ω_{p5}^{s10}	0.9146	0.0767	0.0087	0.5000	0.9190
ω_{p5}^{s01}，$\cdots$，ω_{p5}^{s11}	0.9193	0.0733	0.0075	0.5000	0.9230
ω_{p5}^{s01}，$\cdots$，ω_{p5}^{s12}	0.9407	0.0550	0.0043	0.5000	0.9429
ω_{p5}^{s01}，$\cdots$，ω_{p5}^{s13}	0.9313	0.0657	0.0030	0.5000	0.9328
ω_{p5}^{s01}，$\cdots$，ω_{p5}^{s14}	0.9378	0.0599	0.0023	0.5000	0.9390
ω_{p5}^{s01}，$\cdots$，ω_{p5}^{s15}	0.9475	0.0506	0.0019	0.5000	0.9485
ω_{p5}^{s01}，$\cdots$，ω_{p5}^{s16}	0.9502	0.0480	0.0017	0.5000	0.9511
ω_{p5}^{s17}	0.8700	0.0300	0.1000	0.5000	0.9200
ω_{p5}^{s17}，$\cdots$，ω_{p5}^{s18}	0.9106	0.0317	0.0577	0.5000	0.9394

表 5‑17　　　　　MAS 安全功能确信度评价示例 *SP3*：合取运算

合取运算 (Conjunction) （步数）	ω_p 运算结果（Result）				确信度（概率期望值） (Exceptation)
	b_i	d_i	u_i	a_i	SP3
ω_{p1}	0.9100	0.0400	0.0500	0.5000	0.9350
ω_{p1}，…，ω_{p2}	0.8372	0.0592	0.1036	0.4928	0.8883
ω_{p1}，…，ω_{p3}	0.7702	0.0780	0.1518	0.4851	0.8438
ω_{p1}，…，ω_{p4}	0.7009	0.1057	0.1934	0.4772	0.7932
ω_{p1}，…，ω_{p5}	0.6378	0.1325	0.2297	0.4693	0.7456
ω_{p1}，…，ω_{p6}	0.6061	0.1742	0.2197	0.4691	0.7092

5.8.3　模拟评价结果分析

1. 一致性结果分析

对评价过程的每一步，该方法能求出不同评价主体不同评价意见的一致性结果。把三个 MAS 安全确信度评价示例中的一致性运算过程分别作图进行比较，如图 5‑10 所示，该图表示了一致性运算过程的变化趋势。可以看出不管采集到的基础数据怎样分布，一致性运算过程中的确信度期望值随多个评价主体所给出的不同意见中确信值的增大而增大、不信值的降低而增大，反之则降低。所用方法反映了不同评价主体不同评价意见的一致性结果。

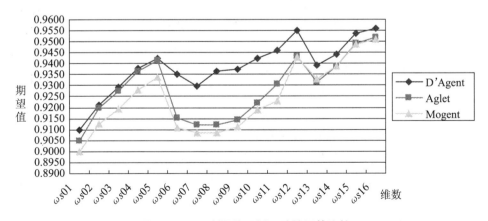

图 5‑10　三个评价示例一致性运算比较

2. 合取结果分析

在得到每一步期望值的基础上，进行合取运算，得到整个安全过程的安全确信度期望值。安全过程 $P = p1 \rightarrow p2 \rightarrow p3 \rightarrow p4 \rightarrow p5 \rightarrow p6$，前一步对后一步进行确信度传递，只有完全在理想状态下，才能得到 $\omega_p = \omega_{p1} \wedge \omega_{p2} \wedge \omega_{p3} \wedge \omega_{p4} \wedge \omega_{p5} \wedge \omega_{p6} = 1$。

把三个 MAS 安全确信度评价示例中的合取运算过程作成折线图进行比较，如图 5-11 所示，该图表示了合取运算过程的变化趋势。可以看出：安全确信度是逐步衰减的，这与客观事实是相符的。事实上，在开发过程中，由于每一步的安全实现程度总是低于该步的理想状态，所用方法在评价过程中恰恰反映了安全过程中安全确信度的衰减。MAS 安全功能开发者和使用者的任务就是控制安全确信度的衰减，提高安全确信度值。

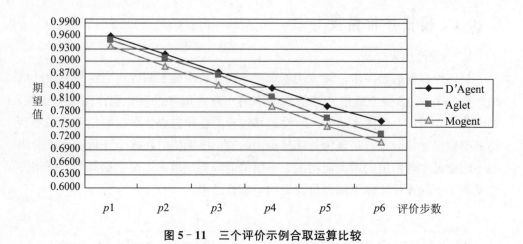

图 5-11 三个评价示例合取运算比较

3. 评价结果

对三个移动 Agent 系统安全确信度评价结果如下：

D'Agent：安全确信度 EAL ＝3.7594；

Aglet：安全确信度 EAL ＝3.7287；

Mogent：安全确信度 EAL ＝3.7092

三个系统相比安全确信度相差并不太大，但与 D'Agent 和 Aglet 相比，Mogent 所使用的一些加密算法有的已经过时，有的强度不够，容易攻破，因而获得相对稍低的安全确信度，这与 Mogent 开发者在文献[93]中，定性比较 Mogent 与 D'Agent、Aglet 等移动 Agent 系统的安全性能所给出的结论相符合。

5.8.4 原子度函数不同取值的影响

对一组模拟数据，取不同的原子度函数值进行运算，检验原子度函数取值对评价结果的影响程度。基础数据、计算过程及计算结果如表 5 - 18 至表 5 - 20 所示。

表 5 - 18　　　　　MAS 安全功能确信度评价示例 *SP4*：基础数据

安全措施实施过程（Process）	主体关于 *MAS3*（*SP3*）每步子命题的意见（Opinions）			
	$\omega_{pi} \equiv (b_i, d_i, u_i, a_x)$，$a_x = 0.3, 0.5, 0.8$			
步骤 1（$p1$）	ω_{p1}	(0.93, 0.03, 0.04, a_x)		
步骤 2（$p2$）	ω_{p2}	(0.90, 0.04, 0.06, a_x)		
步骤 3（$p3$）	ω_{p3}	(0.87, 0.05, 0.08, a_x)		
步骤 4（$p4$）	ω_{p4}	(0.92, 0.03, 0.05, a_x)		
步骤 5（$p5$） $(\omega_{P5}^{S01}, \cdots, \omega_{P5}^{S16})$	ω_{p5}	(0.88, 0.06, 0.06, a_x)	(0.88, 0.06, 0.06, a_x)	(0.88, 0.06, 0.06, a_x)	(0.88, 0.06, 0.06, a_x)
		(0.85, 0.02, 0.13, a_x)	(0.85, 0.02, 0.13, a_x)	(0.85, 0.02, 0.13, a_x)	(0.85, 0.02, 0.13, a_x)
		(0.83, 0.05, 0.12, a_x)	(0.83, 0.05, 0.12, a_x)	(0.83, 0.05, 0.12, a_x)	(0.83, 0.05, 0.12, a_x)
		(0.9, 0.09, 0.01, a_x)	(0.9, 0.09, 0.01, a_x)	(0.9, 0.09, 0.01, a_x)	(0.9, 0.09, 0.01, a_x)
步骤 6（$p6$）	ω_{p6}（$\omega_{P6}^{S17}, \omega_{P6}^{S18}$）	(0.87, 0.03, 0.10, a_x)		(0.87, 0.03, 0.10, a_x)	

表 5 - 19　　　　　MAS 安全功能确信度评价示例 *SP4*：一致性取运算

一致性取运算中间结果（不同原子度函数取值）						
维数	a_x	期望值	a_x	期望值	a_x	期望值
ω_{p5}^{s01}	0.3	0.8980	0.5	0.9100	0.8	0.9280
$\omega_{p5}^{s01}, \cdots, \omega_{p5}^{s02}$	0.3	0.9146	0.5	0.9213	0.8	0.9313
$\omega_{p5}^{s01}, \cdots, \omega_{p5}^{s03}$	0.3	0.9241	0.5	0.9292	0.8	0.9369
$\omega_{p5}^{s01}, \cdots, \omega_{p5}^{s04}$	0.3	0.9340	0.5	0.9379	0.8	0.9439
$\omega_{p5}^{s01}, \cdots, \omega_{p5}^{s05}$	0.3	0.9390	0.5	0.9425	0.8	0.9478

续　表

一致性取运算中间结果（不同原子度函数取值）

维数	a_x	期望值	a_x	期望值	a_x	期望值
ω_{p5}^{s01}，…，ω_{p5}^{s06}	0.3	0.9148	0.5	0.9175	0.8	0.9214
ω_{p5}^{s01}，…，ω_{p5}^{s07}	0.3	0.9121	0.5	0.9144	0.8	0.9180
ω_{p5}^{s01}，…，ω_{p5}^{s08}	0.3	0.9120	0.5	0.9141	0.8	0.9173
ω_{p5}^{s01}，…，ω_{p5}^{s09}	0.3	0.9142	0.5	0.9162	0.8	0.9192
ω_{p5}^{s01}，…，ω_{p5}^{s10}	0.3	0.9217	0.5	0.9234	0.8	0.9260
ω_{p5}^{s01}，…，ω_{p5}^{s11}	0.3	0.9298	0.5	0.9312	0.8	0.9332
ω_{p5}^{s01}，…，ω_{p5}^{s12}	0.3	0.9423	0.5	0.9433	0.8	0.9448
ω_{p5}^{s01}，…，ω_{p5}^{s13}	0.3	0.9311	0.5	0.9318	0.8	0.9328
ω_{p5}^{s01}，…，ω_{p5}^{s14}	0.3	0.9383	0.5	0.9388	0.8	0.9396
ω_{p5}^{s01}，…，ω_{p5}^{s15}	0.3	0.9486	0.5	0.9491	0.8	0.9497
ω_{p5}^{s01}，…，ω_{p5}^{s16}	0.3	0.9514	0.5	0.9518	0.8	0.9524

表 5-20　　　　MAS 安全功能确信度评价示例 *SP4*：合取运算

合取运算结果（不同原子度函数取值）

步骤	$a_x=0.3$	期望值	$a_x=0.5$	期望值	$a_x=0.8$	期望值
ω_{p1}	0.3	0.942	0.5	0.9500	0.8	0.9620
ω_{p1}，…，ω_{p2}	0.2946	0.8648	0.4936	0.8835	0.7959	0.9120
ω_{p1}，…，ω_{p3}	0.2883	0.7938	0.4860	0.8217	0.7910	0.8646
ω_{p1}，…，ω_{p4}	0.2802	0.7097	0.4762	0.7477	0.7846	0.8075
ω_{p1}，…，ω_{p5}	0.2745	0.6636	0.4693	0.7066	0.7800	0.7752
ω_{p1}，…，ω_{p6}	0.2743	0.6313	0.4690	0.6725	0.7798	0.7383

结果分析与结论：

图 5-12 说明，在每一步评价中，原子度函数取不同值时，对多个评价主体的不同意见求一致性概率期望值，安全确信度的概率期望值是收敛的，不确定性不会累积放大。

图 5-12 和图 5-13 说明，从整个评价过程来看，原子度函数取值越大，例如 $a_x=0.8$，计算得到的安全确信度概率期望值增高，度量的"精度降低"；反之，原子度函数取值越小，例如 $a_x=0.3$，计算得到的安全确信度概率期望值降

低，度量的"精度提高"。当 $a_x=0$ 时，评价主体评价意见无不确定成分，这时的评价最准确。

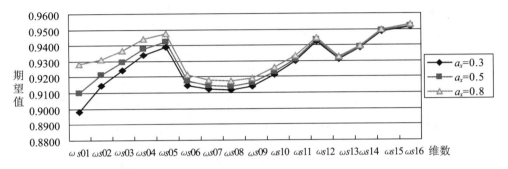

图 5-12　原子度函数 a_x 取不同值时一致性运算

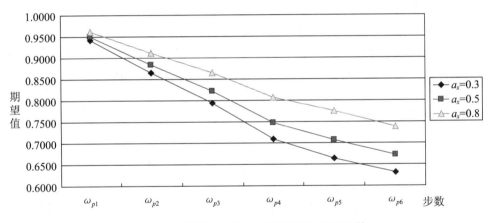

图 5-13　原子度函数 a_x 取不同值时合取运算

5.8.5　与其他算法比较

对第 4 组模拟数据 $SP4$，分别使用主观逻辑算法、平均值算法、乘积算法进行计算，对计算结果进行比较，如图 5-14 所示。可以看到，与使用主观逻辑法相比，使用平均值法最后结果得分很高，但不能反映评价主体意见的不确信成分，也不能客观反映 MAS 安全过程中安全确信度有衰减的事实；相反，使用乘积法最后结果得分很低，表示安全过程的安全确信度值快速衰减；相比较而言，使用主观逻辑法评价对 MAS 安全确信度的评价结果是较合适的，既能体现安全确信度一定程度的衰减，又能体现在 MAS 安全过程中基于 CC 标准实施安全保证提升 MAS 安全确信度，防止安全确信度陡然下降所起的积极作用。因此，使用主观逻辑法得到的评价结果与实施 CC 标准的目标是相适应的。

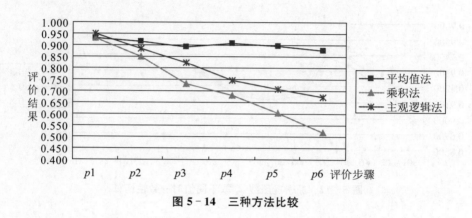

图 5 - 14 三种方法比较

由模拟评价结果分析与比较可以看出，在基础数据采集比较准确的条件下，使用主观逻辑法评价移动 Agent 系统安全功能确信度是可行的、合理的，与其他方法的评价结果相比能得到一种更加优化的、符合事实的评价结果。

5.9 本章小结

本章首先分析了 CC 标准和通用评估方法论 CEM；在此基础上，用 MAS_PP 表达移动 Agent 系统安全需求，用 MAS - ST 表达表达移动 Agent 系统安全目标，基于 CC_EAL3 安全保证级别，给出了移动 Agent 系统安全子系统解决方案。最后，引入主观逻辑理论，对 CEM 进行扩展，提出了一种移动 Agent 系统安全功能确信度定量评价方法 CEM_MAS，解决了 EALn～EALn＋1 之间的定量评价与表示问题，对 CEM_MAS 算法进行了模拟检验，通过与其他算法比较，说明了该评价方法是一种符合事实且更优化的评价方法。

6 基于拍卖的移动 Agent 系统 CPU 资源分配

本章主要分析了移动 Agent 系统 CPU 资源分配的复杂性、基于拍卖的 CPU 资源分配机制的优势和可实现性，指出密封组合拍卖 CPU 资源分配机制可适应移动 Agent 主机和 Agent 需求，并给出了协议整体分配流程。

6.1 研究 CPU 资源分配的意义

移动 Agent 是一个独立运行的计算机程序，它可自主地在异构网络上按照一定的规程在主机间移动，寻找合适的计算资源、信息资源或软件资源，利用与这些资源处于同一主机或网络的优势，就近处理或使用这些资源，代表用户完成特定的任务。因此移动 Agent 代表的是其用户的利益，而不是服务主机的利益。鉴于一般情况下，用户总是希望 Agent 用较少的花费、在最短的时间内完成任务。移动 Agent 迁移到某主机执行，也只是为了用户的任务能用尽可能少的花费和时间执行完毕。这使得 Agent 在服务主机上执行的时候，为最大化自身的利益，总是想方设法多占用资源，而对服务主机和其他 Agent 的利益漠不关心。因此，移动 Agent 的执行具有两面性。一方面，具有优化资源使用，减少数据传输，减少网络带宽的占用等优点；另一方面，也具有潜在的危险性，容易给提供其资源的服务主机造成威胁。如极易造成服务主机资源的过度使用。更有甚者，那些恶意的 Agent 会给主机系统造成不可估计的损失和危害。对于提供资源的主机来说，无论计算能力及系统负载如何，其资源都是有限的，面对诸多具有自利性和信息不完全的 Agent 的资源要求，移动 Agent 系统主机为保证自己的利益，必须采取有效的资源分配机制及算法来控制协调 Agent 对其资源的使用，否则极易陷于危险的境地。这是影响移动 Agent 系统发展的关键瓶颈之一。因此研究有效的资源分配机制，尤其最具稀缺性的 CPU 时间片资源分配机制及方法对促进移动Agent系统的发展有着非常重要的意义。

拍卖是实践中广泛使用的一种资源分配机制。它作为一种常见的价格决定与资源分配机制已经存在了几千年。随着互联网技术和 Agent 技术的发展，电子拍卖已经广泛应用于电子商务等领域。作为一种市场机制，拍卖能够很好的应用于信息不完全的场合，能够适用于一对多、多对多甚至一对一的资源分配场合；拍卖机制的多样性，使得可有多样的市场出清价格确定方法，有利于资源分配机构帕累托效率和全局效率的提高；另外，拍卖是基于价格的，价格定义了资源价值的公用尺度，实现了多边交换到双边交换模式的转换，价格综合了相关信息，简化了资源分配过程中的 Agent 决策和交互过程，一旦用户作出决策，拍卖规则将自动决定资源分配的结果。在应用拍卖解决问题时，可根据问题的特点，选择适合的拍卖方式。移动 Agent 对 CPU 计算资源的需求往往是若干时间片，一个获胜时间片的价值取决于其他时间片获胜与否，因此时间片的价值具有互补性。考虑到 CPU 分配机制的效率，本书采用密封组合拍卖机制实现 CPU 时间片的高效分配。

6.2 拍卖相关理论

拍卖是指通过一系列明确的规则和买者竞价来决定价格以决定资源配置的一种市场机制。它最大的特点就是能够为难以确定价格的物品找到一个合理价位。拍卖这种交易形式最早出现在公元前 500 年的巴比伦。到了 17 世纪、18 世纪，拍卖这种交易方式开始在英国变得很流行。在当今社会，拍卖仍旧非常普遍。社会经济生活中，由人组织的各种拍卖活动随处可见，如国际环境保护组织举行废气排放份额拍卖会，破产银行等金融机构的拍卖，各类配额、无线电频谱的拍卖以及其他很多领域的拍卖。目前在全世界，每天都有数亿元价值的物品和金融证券通过拍卖机制进行交易。近年来，随着互联网技术的发展，基于 Agent 技术的各种各样网络电子拍卖交易在电子商务等领域得到了发展。拍卖已成为人工智能和分布式系统中的研究热点。拍卖的概念被扩充，拍卖的物品已不限于艺术品、收藏品、房地产等传统应用领域。电子商务、网络带宽分配、电力调度、网上零售、电子图书馆等大型分布式系统中也引入拍卖机制。著名的拍卖网站 eBay、onSale 的访问量和交易量日益增长。

由于拍卖具有良好的定义规则，每个投标者都有关于物品价值的私有信息，并且不知道其他投标者估价的情况下进行报价，因而拍卖被认为是不完全信息下多人非合作博弈问题，属于不完全信息下的静态博弈。目前以博弈理论为主要工具发展出来的拍卖理论已被证明具有相当重要的实践意义，其巨大应用价值已得到有力证明。拍卖理论已经成为产业经济学、公共经济学、劳动经济学及金融学等诸多学科的理论基础，成为经济学研究领域最为活跃的前沿之一。

6.2.1　拍卖主要功能及方式

无论在现实经济环境中的交易，还是电子商务等网络环境中的交易，具有完全信息的很少，通常是在不对称信息下完成的。不对称信息是指每个市场参与者所拥有的知识是不对等的，即在市场交易中，一方掌握的信息多于另一方。信息经济学的研究成果表明，当市场参与人存在信息不对称时，任何一种有效的资源配置机制必须满足激励相容和个人理性条件。拍卖正是能满足激励相容和个人理性条件的一种有效的市场机制。在拍卖中，激励相容是指竞买人贡献私人信息对自己有利对拍卖人也有利；个人理性是指竞买人只有在参与拍卖的获得水平比不参与拍卖更高才会决定参与拍卖。

在信息不对称的条件下，拍卖主要具有以下两个主要功能：一是拍卖机制具有搜索市场信息的作用，它为市场价格的形成提供了一个途径；二是拍卖机制迫使市场参与人决策时不但要考虑自己的选择对别人选择的影响，也要考虑别人选择对自己选择的影响。

由于拍卖在价格发现中起着重要的作用，因此大多应用于以下环境：拍卖品没有固定的市场价值或卖方对市场价格不确定。拍卖品可以是单个或多个不相同物品；也可以是多单位的同质物品（如一些相同的邮票等）。

拍卖的种类有很多，各种不同的拍卖方式服务于不同的拍卖环境。常见的分类方式如下：

（1）按照参与拍卖的买卖方人数，可分为单边拍卖（单个卖方、多个买方）、双边拍卖（多个卖方、多个买方）和单边反拍卖（单个买方、多个卖方）。由于单边反拍卖在现实中很少见，理论上又与单边拍卖很相似，所以很少有学者专门研究。本书研究移动 Agent 服务主机对来访的 Agent 的调度算法—CPU 资源拍卖分配机制，属于单边拍卖。

（2）按照拍卖物品的种类，可分为单一物品拍卖和多物品拍卖（组合拍卖）。单物品拍卖较为简单，组合拍卖较为复杂，一般为 NP＿完全问题。有许多情况，某个物品获胜的价值依赖于其他物品是否获胜，为了提高拍卖效率，必须使用组合拍卖。本书中 Agent 对 CPU 时间片的竞争往往是多单位的，具有互补性。采用单物品拍卖效率低，代价大，显然不可取。

（3）按照投标者加价的方式，可分为增价拍卖和降价拍卖。

（4）按照投标者递交价格的公开与否，可分为密封投标拍卖和公开叫价拍卖。公开叫价方式中每轮拍卖各 Agent 可重复出价直至成交，而密封标方式的每轮拍卖中，报价规则是各个 Agent 在不知道其他人报价的情况下一次性递交自己的密封标，报价最高的 Agent 获得物品。该密封标方式有利于促使 Agent 按自己的估价报价。

（5）按照中标者支付的价格，可分为最高价格拍卖和次高价格拍卖。

图 6-1 给出了拍卖方法的分类，下面着重讨论与本书相关的几种拍卖方法。

无论是单边拍卖还是双边拍卖，根据购买者出价的方式和拍卖品的数量，传统拍卖常常以下列四种方式进行：英式拍卖、荷兰式拍卖、最高叫价拍卖和次高价格拍卖（Vickrey 拍卖）。

英式拍卖，即增价拍卖，是一种最著名、用得最为普遍的拍卖方式。拍卖方宣布拍卖品的起叫价，即预估的最低价，投标者由此价为限由低至高竞相报价，直到没有人提出比现在更高的价格，拍卖品即归报价最高的投标者所有。在多物品拍卖中，增加过程继续，直到达到供应量等于买方总需求的价格。

荷兰式拍卖，也称减价拍卖。拍卖方先定出一个很高的价格，然后按照一定的规则降低价格，直到有人肯报价，最后以首先报价者成交。在多物品拍卖中，减价过程继续，直到供应量等于总需求的价格。

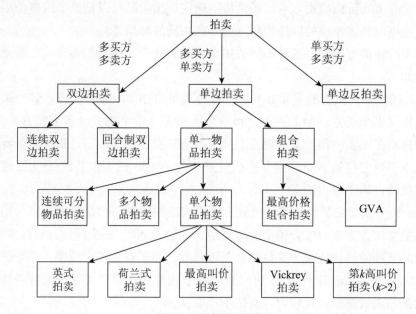

图 6-1　拍卖的分类

最高叫价拍卖，是一种密封投标式拍卖。投标者同时递交密封标给拍卖方，然后由拍卖方开启密封标，报价最高者赢得物品。值得注意的是，术语"最高价格"是用在单个物品的拍卖中，赢者所支付的价格等于他的报价。当多物品拍卖时，称为"差别价格拍卖"（或歧视性拍卖），卖方将价格从高到低排列，物品分配给较高报价的投标者，他们按照自己的报价来支付物品的价格。这种多物品拍卖区别对待投标者。本书研究的 CPU 资源拍卖属于差别价格拍卖。

Vickrey 拍卖，也称次高叫价拍卖，也是一种密封投标式拍卖。当拍卖单个物品时，物品分配给最高报价的投标者，所支付的价格等于次高报价。多物品的次高价格密封拍卖，称之为"同一价格拍卖"，所有得到物品的投标者所支付的价格是相同的。

值得一提的是，上述几种拍卖方式，在应用于单物品拍卖时，较为简单。Agent 参与竞标，占优策略易于获得。同样拍卖方也可无须复杂计算得到竞胜方。但在应用于多物品组合拍卖时，情形复杂的多。首先，对于拍卖方来说，组合拍卖属于 NP_完全问题，必须借助复杂计算，才能得出获胜方；其次，对于投标方来说，Agent 参与竞标很难有占优或均衡策略。本书研究的 CPU 资源拍卖属于后一种情况。

6.2.2 单物品拍卖理论

参考文献 [135，136，177－180]，本书对单物品拍卖理论综述如下：首次运用博弈论处理拍卖问题并取得巨大进展的人是维克里（William Vickrey），他于 1996 年获得诺贝尔经济学奖。他提出了拍卖理论中的一系列关键问题，引导了该理论的基本研究方法。他最重要的贡献是，研究了四种拍卖模型中投标者的报价策略，针对竞买人对称的情形证明，荷兰式拍卖与英式拍卖所产生的期望价格相同。结合战略等价关系，意味着四种标准拍卖机制给卖主带来的平均收入相等。这就是著名的"收入等价定理"（Revenue Equivalence Theorem，RET），该定理是整个拍卖理论研究的起点。维克里还将单个物品的拍卖推广到多个相同物品的拍卖，维克里在 1962 年的《拍卖与竞价博弈》一文中，再次运用博弈理论详细分析了三种同步密封的多物品拍卖机制的绩效。

拍卖机制的绩效分析模型通常被称为"基准模型"（Benchmark Model）或"私人价值模型"。模型基于以下重要假定：①单物品拍卖；②所有竞买人和卖主都是风险中性的；③所有竞买人是对称的，其估价服从同一概率分布；④拍卖品具有独立的私人价值。即使知道了所有其他人的估价信息也不会改变自己的估价；⑤最终支付仅仅取决于报价；⑥竞买人之间是非合作博弈；⑦卖主就是拍卖人，不存在交易费用。在实际中试逐步放松或替代这些假定，向真实世界逼近。

1981 年，Myerson、Riley 和 Samuelson 几乎同时证明了维克里关于各种标准拍卖机制的期望收入等价这一结论的一般性，即收入等价定理。由此引出了一个更为根本的问题：在所有可能的拍卖机制中，哪一种是卖主最优的选择？Myerson（1981 年）将最优拍卖机制问题转化为一个双重约束下的线性规划问题：将最优拍卖机制概括为两套规则：①配置规则：要求每个竞买人报告自己的估价，卖主计算相应的边际收益，然后将拍卖品授予边际收益最高者，除非最高边际收益低于卖主自己的估价（边际成本）。若所有边际收益都低于卖主自己的估价，卖主将保留拍卖品。②支付规则：赢家支付的金额既非他的边际收益亦非他的报告估价，而是使其边际收益等于或高于所有竞争对手的边际收益以及卖主边际成本的最低估价。

在基准模型中，估价越高的竞买人的边际收益也越高（正则性），则所有设置了最优保留估价的标准拍卖机制都是最优的。但是，最优拍卖机制的配置结果有可能是无效率的。首先，其中隐含着边际收益最高者的估价高于卖主估价但卖主保留拍卖品的可能；其次，在竞买人非对称的情况下，估价最高者的边际收益未必最高。排除这两种可能，那么收入最优拍卖也是帕累托最优的。

6.2.3　多物品拍卖理论

近年来，多物品拍卖机制的设计问题正成为拍卖理论中最为活跃的研究领域。从政府通过拍卖市场实施国有企业的私有化、重塑竞争性基础设施产业、配置公共稀缺资源，到私人部门通过拍卖转让资产所有权或者采购原材料，这些实际应用都涉及到多个同质或者类似的拍卖标的。参考文献 [135，136，177－180]，本书对多物品拍卖理论综述如下：多物品拍卖可以采取同步与序贯两种方式。在同步方式下，所有物品同时拍卖，具体程序包括密封的同一价格拍卖（UPA）和歧视性拍卖也称差别价格拍卖（DA）以及公开的加价式拍卖。在序贯方式下则是按顺序逐个地重复拍卖，具体程序包括序贯第一价格密封拍卖、序贯第二价格密封拍卖以及序贯加价式拍卖。在每个竞买人最多只能购买一个单位（即单位需求）的情形下，UPA 拍卖和 DA 拍卖可被视为第二价格密封与第一价格密封拍卖在多物品拍卖中的推广。

随着计算机技术的发展，组合拍卖正成为多物品拍卖中的一个新的研究热点。组合拍卖是指投标方可以对任意物品组合进行投标，拍卖方根据最大赢利原则计算并确定中标的投标方，完成物品的分配。组合拍卖既能保证拍卖方获得最大利润的自利需求，又能实现组合物品的高效分配。但拍卖方根据最大赢利原则确定中标方的计算相当复杂，通常为 NP 完全问题，需要借助计算机来实现求解，已成为计算机应用研究的一个新问题。云计算环境下，移动 Agent 服务主机采用拍卖 CPU 时间片，允许投标者一次针对若干时间片投标，属于组合拍卖。

目前对多物品拍卖的研究，大多以所有单位同质及竞买人具有单位需求为前提。在该假定条件下，单物品拍卖中得出的许多概念和结论，尤其是"等价理论"都可以推广到多物品拍卖的情形。Maskin 和 Riley 一般性地证明，如果保留"等价理论"的其它假定，有 k 件相同的不可分割拍卖品出售，而且每个买主至多需求一个单位，那么任何具有以下特征的拍卖机制都创造相同的期望收入：①k 件拍卖品总是由估价最高的 k 个竞买人所得；②任何拥有最低可行估价的竞买人的期望剩余为零。这意味着卖主从各种同步以及序贯拍卖中获得的期望收入都相等，这实际上将"等价理论"推广到了多物品拍卖的情形。当竞买人对多个单位感兴趣或者可以递交向下倾斜的需求函数，那么"等价理论"不再成立。

Maskin 和 Riley 还将梅耶森对最优拍卖机制的分析扩展到大量同质物品拍卖的情形，他们证明，在正则性条件下，设置了适当保留估价的标准拍卖机制对卖主而言都是最优机制。但是，若考虑竞买人可能需要多个单位即需求曲线向下倾斜的一般情况，即便是设置了保留估价的标准拍卖机制通常也不可能是最优的。

Wilson 比较了一件可分割物品的 UPA（份额拍卖）与同一物品被视为不可分割整体的拍卖（单位拍卖），得出的结论是在 UPA 中存在多个合谋性均衡，因而销售价格要比单位拍卖低得多。Back 和 Zender 进一步证明，UPA 中，竞买人可以无成本地递交相对较高的超边际报价（陡峭的需求曲线）抑制竞争；在差别价格拍卖 DA 中这样做要付出高昂代价，因而竞买人会提交更平坦的需求曲线，并在边际水平上激发更剧烈的价格竞争。因此，DA 可能给卖方带来更多的期望利润。

上述结论说明，本书采用重复的密封组合拍卖 CPU 时间片，每次拍卖都是DA 拍卖，尽管 RET 定理不成立，但可激励投标者采取进取性的报价，这可能给卖方带来更多的期望利润。因此拍卖理论特别是多物品拍卖理论与实践为本书研究移动 Agent 系统 CPU 资源分配机制及其策略提供了指导和借鉴，为移动Agent 和主机系统自动协商资源分配提供了一种良好的实现机制。

6.3 移动 Agent 系统 CPU 资源分配的复杂性分析

移动 Agent 系统的 CPU 资源分配机制及调度算法和一般系统的资源分配及调度算法有所不同。一般系统（如操作系统）中执行的都是本系统的程序或可信任的程序，因此其资源分配及调度算法追求的是公平性、响应性能和 CPU 利用率。移动 Agent 系统有其特殊性：执行的是外来的不知可否信任的 Agent，并必须向它们提供 CPU 资源。因此，它的资源分配机制相对其他系统更为复杂，必须同时兼顾资源分配的安全问题和服务质量问题。

在安全问题上，主机系统必须能保护运行时系统和移动 Agent 免于恶意 A-gent 的破坏，必须能终止那些试图想无限制地访问 CPU 资源或未经授权擅自访问 CPU 资源的 Agent 的运行等，否则容易引发各种安全问题，导致系统崩溃。（由于安全问题不是本书研究的内容，因此不做详细讨论）

在服务质量上，主机资源分配系统应对不同的移动 Agent 提供可区分的服务。一方面，不同的主机对如何分配资源有不同的偏好。主机不同，提供资源的目的也不同，有的主机追求收入最大化，有的主机只提供特定的服务，达到特定的目的。另一方面，不同的 Agent，对资源的要求和偏好也不同。尤其当多个 Agent 共同竞争某些资源时，得到不同级别的服务是必要的。如某些运行系统关键任务的 Agent 得到的服务级别显然应该比那些运行不必要的任务的 Agent 高。再如某些对时间片有严格要求的 Agent 获得的服务级别和无严格要求的 Agent 获得的服务级别也应有所不同。这些因素，增加了移动 Agent 系统中资源分配的复杂性。为了激励主机的参与积极性，论文认为提供区分服务的 CPU 资源的主机系统的社会态度是自利的，有目的的，它的目标是自身利益（收入）最大化。

此外，CPU 资源是移动 Agent 系统中最具稀缺性的资源，也是每个 Agent 必须使用的系统资源。CPU 资源不同于其他资源，同一时刻，只能为一个 Agent 所使用。但由于移动 Agent 访问系统是自由的，一般情况下，要求使用 CPU 资源的 Agent 是众多的。主机系统为达到自身利益最大，避免服务主机的拥塞问题过于严重，必须采取有效的分配机制及分配策略，确定给哪些 Agent 分配 CPU 资源、分配多少 CPU 资源，不给哪些 Agent 分配资源，来达到控制拥塞程度的目的。Agent 系统的资源分配方案是资源所有者和资源请求者以各种方式交互产生的，因此分配模型可以是多种多样的。归纳起来，主要有如下几种：

（1）集中化模型：该模型中，资源所有者是核心规划者，统一规划所有

Agent的资源分配。Agent 不参与决策，只提供必要的信息。

（2）一对一模型：该模型中，资源分配过程是单个 Agent 和资源所有者交互协商资源分配情况。

（3）一对多模型：该模型中，资源分配过程是多个 Agent 同时和资源所有者交互协商资源分配情况。

（4）多对多模型：该模型中，资源分配过程是多个 Agent 同时和多个资源所有者交互协商资源分配情况。

移动 Agent 系统无论采用哪种分配模型，Agent 申请资源的策略空间都是巨大的。当有 N 个 Agent 竞争资源时，系统必须综合考虑 N 个请求的所有可能组合，综合权衡，选择自身利益最大的分配方案作为决策结果。资源分配机制除必须面对 Agent 的不同要求，CPU 资源的稀缺，大量的 Agent 数量等因素外，还必须面对交互协商的复杂性和综合决策的困难性。

还有移动 Agent 访问主机系统不但是自由的，大量的，而且是自利的。尽管理论上移动 Agent 系统中 Agent 的社会态度可分为三类：合作型、自利型和竞争型。但合作型和竞争型可视为自利性的间接结果。这是因为：追求最大化自身（用户）利益，导致选择合作；同样为了自身（用户）的最大利益，又导致了竞争。因此 Agent 的自利性作为论文研究资源分配问题的又一个基本立足点。另外，Agent 对欲使用资源具有独立地私人价值，其自利性使得 Agent 不会轻易暴露这些信息，即某个 Agent 的私人价值信息，除它个人外，其他 Agent 以及主机都不会知道。因此主机系统在进行资源分配时还必须面对大量 Agent 信息的不完全性问题。Agent 在申请资源时，也必须在不知其他对手信息情况下，确定自己的竞争策略。Agent 为最大化自身的利益，总是想方设法多占用资源，不顾服务主机和其他 Agent 的利益。这些因素都使资源分配变得复杂，从而直接导致了资源分配过程中所有参与对象决策的困难。

综上所述，移动 Agent 系统的特殊性、CPU 资源的稀缺性、Agent 数量多、信息不完全、主机和 Agent 都具自利性是导致移动 Agent 系统资源分配机制复杂的原因，也是移动 Agent 系统资源分配的基本前提。

6.4　基于拍卖的 CPU 资源分配机制的优势

由 6.2 部分拍卖相关理论中知道，拍卖是一种基于价格的市场机制，具有良好的定义规则，每个投标者都有关于物品价值的私有信息，并且在不知道其他投标者估价的情况下进行报价，因而拍卖被认为是不完全信息下的多人非合作博弈问题，属于不完全信息下的静态博弈。因此，拍卖能够很好的应用于信息不完全的移动 Agent 系统 CPU 资源分配环境，使用基于拍卖的 CPU 资源分配机制具有以下优点：

（1）通过 Agent 报价确定分配结果，能够很好的应用于信息不完全的移动 Agent 系统 CPU 资源分配环境。

（2）能够分别针对一对多，多对多甚至一对一的资源分配模型建立拍卖机制，适应性强；本书讨论一个资源拥有方对多个资源竞争方的拍卖机制。

（3）拍卖是基于价格的资源分配机制，价格定义了资源价值的公用尺度，可通过 Agent 的报价高低反映 Agent 对 CPU 时间片资源的数量和自身被调度时刻（执行期限）的偏好情况，即希望获得资源的优先级。主机综合各 Agent 的要求，根据最大化收入原则，用特定的分配算法获得竞胜标——分配方案。最后，那些获胜的 Agent 得到了希望的时间片优先级，失败的 Agent 不能获得优先级。显然，该机制下，出价高的 Agent 中标的机会大，因此 Agent 的出价可作为表达 Agent 的偏好（优先级）程度的唯一衡量尺度，同样主机分配算法也以此作为衡量尺度为不同的 Agent 提供不同级别的服务。和传统的先来先分配、最短作业优先等分配算法相比，价格作为买卖双方的衡量尺度，简单易行，既能为服务主机带来最大的收入，也能体现 Agent 的公平竞争，还能协调各 Agent 对资源进行合理使用，避免拥塞，因此能很好地适应 Agent 系统的目标。

（4）拍卖机制的多样性，使得可有多样的市场出清价格确定方法，有利于资源分配机制全局效率的提高；在应用拍卖解决问题时，可根据问题的特点，选择适合的拍卖机制。移动 Agent 对 CPU 计算资源的需求往往是若干时间片，一个获胜时间片的价值取决于其它时间片获胜与否，因此时间片的价值具有互补性。考虑到 CPU 分配机制的效率，本书采用密封组合拍卖机制实现 CPU 时间片的高效分配。

（5）拍卖实现了多边协商模式到双边协商模式的转换，价格综合了相关信息，简化了资源分配过程中的 Agent 决策和交互协商过程，这意味着计算和通信成本的降低。

（6）拍卖具有良好的定义规则，一旦 Agent 根据相应规则，作出决策，拍卖规则（资源分配策略）将自动决定资源分配的结果。考虑到无论 Agent 执行的具体任务如何，按用户对移动 Agent 的执行截止时间的要求，可将所有 Agent 应用大致归为两类，一类是有严格截止执行时间要求的 Agent 应用，一类是无严格截止执行时间的 Agent 应用。分配机制只要具有处理这两种应用的能力，即可满足不同用户的需要。因此论文针对这两种情况，设计组合拍卖机制规则及相应 CPU 资源分配策略。

（7）基于价格的 CPU 资源拍卖机制，使得 Agent 获得资源的数量和优先级与它支付的价格息息相关。每个 Agent 拥有一定的电子货币数量，该值反映了预算限制情况。该分配机制可促使移动 Agent 在预算限制下，合理规划资源的使用情况，有效地遏制自利的 Agent 贪婪使用资源造成的各种隐患。

（8）拍卖定义了一个简单、公平、统一的竞争环境，移动 Agent 可根据拍卖规则及各自任务的实际情况，确定各自的投标策略，以期获得最大利益。

6.5　拍卖机制的可实现性分析

市场机制有多种类型，不同的市场机制，构成不同的博弈类型。拍卖是不完全信息下的多人非合作博弈问题，具有良好的定义规则，每个投标者都有关于物品价值的私有信息，并且不知道其他投标者估价的情况下进行报价。理想的拍卖机制应是：个人理性的、激励相容、所有 Agent 都有占优策略。

所谓个人理性是指任何 Agent 如果参与该机制博弈，购买拍卖的产品，其收益至少不会少于保留效用。保留效用为 Agent 不购买产品时的效用。本书采用基于重复拍卖的资源分配机制，某次拍卖开始，Agent 总是面临着参与或不参与两种选择。如果 Agent 选择不参与，则可获得保留效用；如果选择参与，则可获得的期望效用至少和保留效用一样。

理想的拍卖机制应能获悉 Agent 的偏好信息。一般情况下，偏好是 Agent 的私人信息，不为其他人所知。有些机制可通过 Agent 的占优策略获得其偏好信息。所谓占优策略是不管其他 Agent 选择何种行为，自己总能达到最优的策略。纳西均衡是一种占优策略。对一个机制而言，当 Agent 的占优策略真实地反映了其偏好信息，即认为该机制是激励相容的。

满足激励相容的一种典型拍卖是 Vickrey 拍卖（第二价格拍卖）。每个 Agent 的占优策略是按自己的真实价值投标。该策略假定投标 Agent 将价值信息暴露给拍卖方和其它 Agent 不会造成任何损失。然而，在重复拍卖中，拍卖的商品不止一件时 Agent 暴露的信息很重要，拍卖方负责人会获悉参与者的私有价值信息。如果知道了商品的价值，Vickrey 拍卖不一定会产生最大化的收入。更加遗憾的是，并不是所有类型的博弈都有占优策略，甚至没有几种是真正可实现的。

Gibbard—Satterthwaite 定理指出，一个机制的占优策略是真正可实现的，当且仅当该机制是垄断的（指只有一个 Agent 决定结果）、Agent 的效用不加限制且至少有 3 个 Agent 参与。文献［187］在得出一个机制要实现激励相容和占优策略往往伴随着巨大的代价的结论基础上，设计了一种第一价格拍卖的资源分配机制。可以这样认为，占优策略和激励相容是理想但难以实现的目标。为此，论文将 CPU 资源分配机制的目标定为，主机是自利的，其目标是追求收入最大化，以此为依据设计 CPU 资源分配策略。

根据拍卖理论，CPU 时间片的拍卖方法和其他物品的拍卖一样，可以有多种，最简单的一种是采用单物品拍卖方式（如 Vickrey 拍卖），每单位时间片拍卖一次，每次拍卖按拍卖协议规则确定一个竞胜标即可。该方法简单但不适合分配 CPU 资源。一是从主机系统来说，虽然可保证拍卖的每个时间片收入最大，但拍卖的开销太大，效率太低；二是从 Agent 的角度考虑，Agent 对时间片的要求往往具有互补性，一个时间片的获胜是否有价值和其它的时间片是否获胜有关联，即只有 Agent 所有要求的时间片都获胜才有价值。采用单物品拍卖方式，Agent 极有可能只是部分时间片获胜，不但不能满足 Agent 的需求，还必须为获胜的时间片付费，显然 Agent 不愿参与。密封组合拍卖可高效地解决该问题。密封组合拍卖中，Agent 只有一次投标机会，拍卖方根据最大赢利原则一次性确定竞胜方，既能保证拍卖方获得最大利润的自利需求，又能在满足 Agent 对时间片的互补性要求的前提下，实现组合 CPU 时间片的高效分配。因此密封组合拍卖较其它拍卖方式，具有资源分配效率高，满足 Agent 对时间片的互补性要求的优点。同时密封标方式使 Agent 在不知对手情况下报价，促使 Agent 真实报价。此外，该拍卖方式其它优势见 6.3 节。因此，对于追求收入最大化的主机，选用密封组合拍卖方式进行 CPU 资源分配，与该机制相关的分配策略在第 7 部分讨论。

组合拍卖问题投标方寻找均衡策略是非常困难的。首先，投标策略空间是非常巨大的。一个 Agent 的偏好可通过其任务长度和 M 个截止期不同的支付价格来表述。因此 N 个 Agent 共同的偏好空间是 $M \times M \times N$ 维。Agent 的状态信息由其定价报价历史组成。每次投标向量都由偏好空间和所有的定价报价历史空间组成的笛卡尔积映射而来。通过穷尽法来找出最优策略是不可能的。其次信息的不完全，使得投标策略的有效形成受到限制。最后，组合拍卖的特性和投标方对各时间片的偏好的互补性，使得一个时间片的价值，对于拍卖方来说，必须满足全局最优；对于投标方来说，必须依赖于其他时间片的获得与否。因此各 Agent 的 m 个竞胜方是满足组合拍卖全局最优的，但不一定是全部投标 Agent 中的出

价最高的前 m 个标。再加上主机上要求服务的 Agent 数量是不断变化的动态环境，Agent 不可能在短时间内寻找到占优策略或均衡策略。因此，本书将组合拍卖机制下的 Agent 的投标策略的目标是在预算范围及最大截止期内，遵循密封组合拍卖协议规则，进行竞标，直至执行完毕自己的任务或到达截止期为止。针对该目标设计的 Agent 投标策略，将在第 8 部分讨论。

6.6 基于密封组合拍卖的 CPU 资源分配协商过程

移动 Agent 系统需随时为来访 Agent 提供服务，因此 CPU 资源分配是一个动态连续的过程，本书采用重复密封组合拍卖来适应这种要求。为清楚地说明基于密封组合拍卖 CPU 资源分配协商过程，具体的协商协议用有限状态图表示，如图 6-2 和图 6-3 所示：

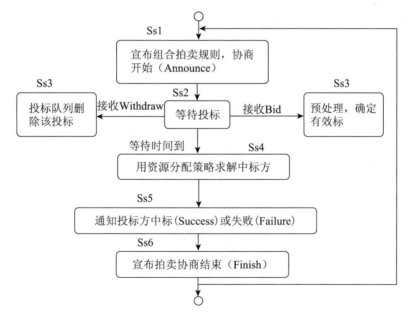

图 6-2 CPU 资源拍卖协商协议：拍卖方协商代理有限状态

协商协议中，拍卖方各状态表示如下：

Ss1：协商初始状态，拍卖方宣布拍卖协议规则，宣布协商开始（Announce）；

nounce）；

Ss2：拍卖方协商 Agent 等待接收投标消息状态；

Ss3：拍卖方协商 Agent 根据 Bid 消息接受投标或根据 Withdrawal 消息撤除相应的投标，并采用预选择策略淘汰不具竞争力的标，确定有效标；

Ss4：等待时间到，拍卖方协商代理采用资源分配策略的竞胜标算法（动态规划或遗传算法）根据收入最大化原则确定相应的中标方（或称竞胜方）；

Ss5：拍卖方 Agent 通知各投标方中标或失败；

Ss6：拍卖方 Agent 发出 Finish 消息，宣布此轮拍卖结束。

投标方各状态表示如下：

Sb1：投标方 Agent 初始状态；

Sb2：投标方 Agent 根据相应的投标策略及偏好投标（Bid）；

Sb3：投标方 Agent 等待消息状态；

Sb4：投标方 Agent 协商成功状态，决定终止协商状态还是继续参与下轮投标；

Sb5：投标方 Agent 协商失败，决定终止协商状态还是继续参与下轮投标。

Sb6：投标方 Agent 不参与下轮投标。

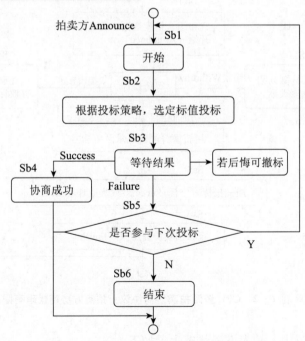

图 6 - 3　CPU 资源拍卖协商协议：投标方协商代理有限状态

协商的具体过程描述如下：协商中拍卖方 Agent 作为协商的发起者，首先宣布拍卖协商开始（Announce），从状态 Ss1 转到状态 Ss2，等待接收投标。投标方协商 Agent 收到拍卖开始消息（Announce）后，从状态 Sb1 转到状态 Sb2，根据自己的投标策略投标，而后转入 Sb3 状态等待投标结果通知。当然在拍卖方等待时间到达前，投标方如若悔标，需给拍卖方发送撤标（Withdraw）消息。拍卖方等待时间到达前，如有投标（Bid）或撤标（Withdraw）的消息到来则响应相应要求，转入 Ss3 状态。对于投标者需根据其标值，利用预选策略确定是否加入有效投标队列。等待时间到达时，停止接收投标，并利用分配策略的竞胜标算法对已接收的各投标根据最大收入原则确定相应的中标方（转为 Ss4 状态）。计算结束，从状态 Ss4 转到状态 Ss5，通知各投标方中标（Success）或失败（Failure），而后宣布此轮拍卖结束（进入 Ss6）。当投标方协商 Agent 收到 Success（Failure）消息时，从状态 Sb4（Sb3）转到状态 Sb5，此次协商成功（失败），此时 Agent 可终止协商或调整投标策略等待下次投标。当然，当投标方协商 Agent 收到 Success 消息时，还要在协商结束后，转入相应队列执行。

通过上述协商过程，主机采用重复密封拍卖 CPU 时间片的分配策略可实现收入最大化，相应地 Agent 可采用各种投标策略竞争 CPU 资源的使用权，达到自己的目标。

6.7　本章小结

本章讨论了拍卖相关理论和移动 Agent 系统资源分配的复杂性，总结出移动 Agent 系统的特殊性、CPU 资源的稀缺性、Agent 数量多、信息不完全、主机和 Agent 都具自利性是导致移动 Agent 系统资源分配机制复杂的原因，也是移动 Agent 系统资源分配的基本前提。而后阐述了拍卖作为资源分配机制的好处，并对拍卖机制的可实现性进行分析，确定采用基于密封组合拍卖的 CPU 资源分配机制。该机制具有规范的资源分配规程，可简化移动 Agent 系统资源分配的复杂性，适应 Agent 和主机系统自利性本质，允许主机系统设计以收入最大化为目标的分配策略，允许 Agent 根据自己的要求和偏好，设计适合于自己的投标策略，是一种能满足移动 Agent 系统及应用各种特性的分配机制。最后设计了基于密封组合拍卖的 CPU 资源分配机制的具体协商过程。

7 基于密封组合拍卖协议的 CPU 资源分配机制

针对重复密封组合拍卖 CPU 时间片协议及有无具体截止期限要求的两类 A-gent 应用的特点，提出了两种 CPU 时间片资源分配策略和机制。

7.1 移动 Agent 时效性与 CPU 资源分配策略

采用市场和拍卖机制的 CPU 资源分配机制，一般主机作为卖方，售卖资源，移动 Agent 作为买方，必须以电子货币来购买（交换）对 CPU 计算资源的使用数量和优先级。美国 Dartmouth College 大学的 Jonathan Bredin 博士在多篇论文中描述了两种资源分配市场机制，一种是基于负载完美信息的市场机制，该机制的分配策略是，每当有 Agent 到来时，主机系统便重新计算所有 Agent 的出价（报价），根据每个 Agent 出价占所有 Agent 出价之和的百分比分配资源。该策略不考虑自身的收益，不考虑自身的资源负载，不符合自利的特性，难以应用到实际系统。另一种是采用第一价格密封拍卖的方法对若干 CPU 时间片进行组合拍卖分配的机制，其确定竞胜标的策略根据动态规划方法贪婪选取"大标"求得以近似最大化收入为目标的资源分配方案。该分配策略一般只能求得近似最优解，且不能解决对截止执行期限有具体要求的 Agent 的资源分配问题。2004 年荷兰 Universitieit Maastricht 大学的 B. Reggers 硕士采用了密封的、周期、单一价格的双边拍卖（SPUD 拍卖协议）的方式对 CPU 计算资源进行拍卖分配。该拍卖协议适用于有多个卖方、多个买方的情况，由特定的第三方拍卖代理主机完成，该方法计算竞胜标方法较为简单，但资源所有方不能主持拍卖，必须作为投标者参与到由第三方主持的拍卖活动去竞争。上海交通大学的毛卫良博士分析了拍卖机制在开放式代理系统资源分配机制中的有效性，比较了基于拍卖的资源分配策略和传统的服务调度算法（包括先来先到，最短服务优先，随机调度算法）在增强系统整体价值方面的优势，并定量的验证了拍卖机制在效率方面的优势。2003 年中国海洋大学的郭忠文教授等人讨论了一种资源价格随资源情况变化，并以区间数定价的密封标资源分配策略。

上述分配策略只是根据 Agent 报价确定分配策略，计算竞胜标时没有考虑 Agent 对执行截止时间的具体要求。而不同的用户对不同的移动 Agent 有不同的要求。按用户对 Agent 截止期限的要求，可将 Agent 应用大致归为两类，一类是有具体截止执行时间要求的 Agent 应用，一类是无具体截止时间的 Agent 应用。本章研究这两种情况下由资源所有方的主机系统集中组合拍卖 CPU 时间片资源的分配算法。一种是 Agent 无严格执行截止期限要求的 CPU 时间片组合拍卖问题。具体地说，是在一个拍卖周期，各 Agent 投标方对其执行截止时间的要求都是一样的，在拍卖的总时间片内得到调度即可。该问题确定竞胜标的资源分配算法只需根据主机收入最大化原则，确定各竞胜的投标方即可。另一种是 Agent 有各自截止期限要求的 CPU 时间片组合拍卖问题。该问题是前一种问题的一般化，其特点是，各 Agent 对执行截止期限有具体要求，若在截止期限前完成，则收益为正，否则收益为零，即使中标，执行已无意义。此种拍卖确定竞胜标的资源分配算法不但要考虑拍卖方自身利益最大化，同时还必须考虑各 Agent 不同的截止期限要求。另外，由于 Agent 的截止期限要求总是大于时间片数量，因此，每个 Agent 都有若干个可行调度方案。资源分配算法必须在综合协调各 Agent 的可行调度方案基础上，寻求全局收入最优的分配方案。显然该问题确定竞胜标的算法比前一种更为复杂。但是该策略可保证获胜的 Agent 被调度时，具有预期的价值。

组合拍卖问题属于 NP－完全问题。对于第一种拍卖问题，提出了一种改进的动态规划算法，该算法的最大特点是，不但能求得最优解，且确定竞胜标的计算开销非常小。对于第二种拍卖问题，由于问题更为复杂，为求得该问题的近似最优解，提出了一种以最大收入为目标来获得资源的最终分配方案的遗传算法，仿真结果表明，该算法可求得满意的近似最优解。

7.2 改进动态规划算法 IDP

7.2.1 问题模型

由第 6 部分可知，CPU 时间片拍卖采用重复密封组合拍卖特定数量的时间片方式进行。本节描述 Agent 对执行截止时间无具体要求情况下的分配策略。即所有的 Agent 要求都相同，只要在本次拍卖时间片内调度，都会有正收益（或满意的收益）。假设每次拍卖 CPU 时间片的数量总和 $M=mT$（每个时间片记为 T，m 为正整数）。有 n 个 Agent 投标，申请时间片数量为单位时间片的整数倍。具体问题描述如下：假设 C 表示 CPU 可拍卖时间片数量的最大值，可接受的时间片数量的范围为 $[1, 2, \cdots, C]$；规定各移动 Agent 即投标方提交标的形式为：$B_j=<j, P_j>0, S_j \leqslant C$，其中，$S_j$ 为第 j 个标申请的 CPU 时间片数，用正整数表示；P_j 表示第 j 个标的报价，显然 $P_j>0$。则拍卖方（主机系统）接收的标的集合为 $B=\{B_1, B_2, \cdots, B_n\}$。则主机系统的最大收入可表示为：

$$\max v \times \left[M - \sum_{j=1}^{n}(S_j * X_j)\right] + \sum_{j=1}^{n} P_j * X_j \tag{7-1}$$

$$\text{s. t.} \sum_{S_j \in M} S_j * X_j \leqslant M$$

$$X_j \in \{0, 1\}$$

$$j=1, 2, \ldots, n$$

式中：j——Agent 的 id 号；

$\quad\quad$ X_j——某 Agent 是否被选中，选中值为 1，否则为 0；

$\quad\quad$ v——CPU 单位时间片资源的保留效用，该值是私人信息，只有主机系统自己知道。使用保留效用可确保 CPU 的最低拍卖价不会低于某个值。即当 Agent 投标的单元出价（报价）低于保留效用时，主机宁可不分配 CPU，也不会让出价低于保留效用的 Agent 使用。保留效用是保证主机利益的关键措施之一。

为使主机获得最大收入，必须设计相应的算法求得式（7-1）的最大解。

7.2.2　IDP 设计思想

由于该问题和背包问题类似，都是从若干物品集合（该问题对应 Agent 集合），挑选总重量（该问题对应 Agent 申请的时间片数量之和）不大于背包容量（该问题对应待拍卖的总时间片数 M）且使物品价值最大（该问题对应 Agent 的出价之和）的物品子集。所以可以考虑将该问题转化为背包问题求解。唯一和背包问题不同的是，这里的 CPU 资源存在保留效用问题。而保留效用的存在使得式（7-1）直接转化为背包问题求解比较复杂，需要将各种可能的 CPU 资源剩余数量及对应的保留效用转化为虚拟的 Agent 实体。显然，每次拍卖的总时间片数越多，虚拟的 Agent 实体也越多，有时甚至超过实际投标的 Agent 数量。这种处理方式无疑会增加计算复杂度，是不可取的，必须另行处理（论文对保留效用的处理见 7.2.3 节）。为将上述组合拍卖问题直接转化为背包问题，这里暂时忽略保留效用问题，故将保留效用暂设为 0。

则上述问题可用背包问题定义如下：设 $S = \{S_1, S_2, \cdots, S_n\}$ 是准备放入容量大小为 M（M 为 CPU 时间片值）的背包中的 n 个投标 Agent 申请的时间片数量的集合。$P = \{P_1, P_2, \cdots, P_n\}$ 是 n 个投标 Agent 出价的集合。对于 $1 \leqslant j \leqslant n$，$S_j$ 和 P_j 分别对应于第 j 个 Agent 申请的 CPU 时间片数量和价格。要解决的问题转换为选择集合 S 中的一些 Agent 来装满背包，在保证这些 Agent 的时间片数量总和不超过 M 的前提下，寻找使背包的总价值（收入）最大的那些 Agent。假设每个 Agent 申请的时间片数量不大于 C（$C \leqslant M$）。更形式化地要找出一个子集合 $s \subseteq S$，使得

$$\max \sum_{P_i \in P} P_i \qquad (7-2)$$

$$\text{s. t. } \sum_{S_i \in s \subseteq S} S_i \leqslant M$$

$$S_i \leqslant C \quad i = 1, 2, \cdots, n$$

其中，S_i，P_i 对应于拍卖描述中的 $B_j = <S_j, P_j>$ 表示某个 Agent 的标，子集合 s 的各元素对应于拍卖描述中 $X_j = 1$ 的那些 Agent 的标值。因此上面的 CPU 组合拍卖问题进一步转化为背包问题，如下：

$$\max \sum_{j=1}^{n} P_j * X_j \qquad (7-3)$$

$$\text{s. t. } \sum_{j=1}^{n} S_j * X_j \leqslant M, X_j \in \{0,1\}$$

由上述转化过程，可知属于 NP－完全问题的 CPU 组合拍卖问题可转化为 0/1 背包问题。背包问题属于 NP－完全问题。但背包问题是计算机算法中的一个经典问题，解决该问题的方法有多种，有传统的动态规划等算法，也有蚁群算法、遗传算法等计算智能算法。考虑到 CPU 资源分配策略要求开销小的特点，本书设计了基于两阶段预处理的动态规划求解策略——IDP（Improved Dynamic Programming）算法。

7.2.3 IDP 算法设计

使用动态规划法来解决拍卖 CPU 时间片的背包问题，首先需导出递推公式。设 $V[i, j]$ 表示从 Agent 投标集合前 i 项 $\{B_1, B_2, \cdots, B_i\}$ 中取出来的装入容量为 j 的背包的 Agent 的最大价值（最大收入）。其中，$0 \leqslant i \leqslant n$；$0 \leqslant j \leqslant M$。目标是最终寻找 $V[n, M]$ 的值，即寻找容量为 M 的背包的 Agent 的最大价值。

（1）用 $V[0, j]$ 表示背包中什么也没有的状态，因此对于所有 j 的值都为 0，即 $V[0, j] = 0$。

（2）用 $V[i, 0]$ 表示没有 Agent 去申请 0 个时间片的背包状态。显然 $V[i, 0] = 0$。

（3）其他状态，即 $i > 0$，$j > 0$ 的状态，分别计算如下 2 个值：

①$V[i-1, j]$：用最优的方法，从 $\{B_1, B_2, \cdots, B_{i-1}\}$ 中选取 Agent 装入容量为 j 的背包，所得到的价值最大值。

②$V[i-1, j-s_i] + V_i$：用最优的方法，从 $\{B_1, B_2, \cdots, B_{i-1}\}$ 中选取 Agent 装入容量为 $(j-s_i)$ 的背包，所得到的价值最大值。并且再加上 Agent i 的价值 $(V_i = P_i)$。该计算仅在 $j \geqslant s_i$ 且 j 等于把 Agent i 加到背包上的情况。

则此时，$V[i, j] = \max(V[i-1, j], V[i-1, j-s_i] + V_i)$ 取值应为上述两个量的最大值。

综上，可得到 CPU 组合拍卖问题的求解递推公式：

$$V[i, j] = \begin{cases} 0 & i=0 \text{ 或 } j=0 \\ V[i-1, j] & j < S_i \\ \max\{V[i-1, j], \\ \qquad V[i-1, j-S_i] + P_i\} & i>0 \text{ 且 } j \geqslant S_i \end{cases} \tag{7-4}$$

很明显，计算公式（7-4）的每一项需要 $\Theta(1)$ 时间，算法的时间复杂度恰好是 ΘnM。因此背包问题的最优解能够在 ΘnM 的时间内和 ΘM 的空间内得到。

由上面的描述可知，在容量（即拍卖的时间片数量）M 一定时，背包问题最优解的计算开销和投标的 Agent 个数 n 成正比。因此如果对于投标数 $n \gg M$ 时，显然最终的中标的 Agent 个数 $m \ll n$。根据这种情况，提出通过两阶段预处理策略来大幅度减少最终可参与投标的移动 Agent 数量，从而达到减少计算开销的目的；同时使用该方法，将低于主机保留效用的所有 Agent 首先去掉，从而 Agent 集合只剩下高于等于保留效用的标，这样就可避免虚拟 Agent 的转化问题，进而将求解组合拍卖收入最大化问题和求解背包问题价值最大化容易地统一起来。因此该方法第一阶段是从最初的投标者中删去那些低于保留效用的 Agent，而后采用第二阶段预处理方法，将剩余的 Agent 分类按序进行筛选，再去掉一些不具竞争力的 Agent，最后只让有可能中标的 Agent 用式（7-4）进行最优解的计算。具体的第二阶段预处理方法如下：

由于本方法只在高于等于保留效用的 Agent 中筛选，因此不妨假定有 n 个

Agent 的报价高于等于保留效用。由于容量（每次拍卖的时间片数量）一定，对于申请相同时间片数量（c）的 Agent 来说，有下列论断存在：

即使申请其他时间片数量的 Agent 都不选，只从申请数量为 c 的 Agent 中选择竞胜标，最多也只可能有 $\left\lfloor \dfrac{M}{c} \right\rfloor$ 个 Agent 中标。

例如，$M=10$，$n=200$，如果有 10 个 Agent 都申请 $c=4$，则可以肯定，即使只从这 10 个 Agent 中选取竞胜标，也只是 2 个出价最高的 Agent 中标，其余的 8 个 Agent 肯定不会中标，因此根本不必考虑。依此类推，容量为 $M=10$，有中标可能的 Agent 数量最多有：$M+\left\lfloor \dfrac{M}{2} \right\rfloor+\left\lfloor \dfrac{M}{3} \right\rfloor+\cdots+\left\lfloor \dfrac{M}{10} \right\rfloor=10+5+3+2+2+5=27$ 个。

因此对于任意 $M=m$，则无论有多少个 Agent 投标，有中标可能的 Agent 数量最多有：$m+\left\lfloor \dfrac{m}{2} \right\rfloor+\left\lfloor \dfrac{m}{3} \right\rfloor+\cdots+\left\lfloor \dfrac{m}{m} \right\rfloor=\sum_{i=1}^{m}\left\lfloor \dfrac{m}{i} \right\rfloor$ 个。

又由于 $\sum_{i=1}^{m}\left(\dfrac{m}{i}-1\right) \leqslant \sum_{i}^{m}\left\lfloor \dfrac{m}{i} \right\rfloor \leqslant \sum_{i}^{m} \dfrac{m}{i}$ 且 $\sum_{i=1}^{m} \dfrac{1}{m}=\Theta(\log m)$

所以 $\sum_{i=1}^{m}\left\lfloor \dfrac{m}{i} \right\rfloor \leqslant \Theta(m\log m)$，可得出下列定理：

定理 利用上述动态规划策略求解 M 个 CPU 时间片资源组合拍卖问题的最优解能够在 $\Theta(M\log M)$ 的时间内得到和在 ΘM 的空间内得到。

由上述论证可知，只要参与竞标的 Agent 的时间片需求量总和大于 M，利用 IDP 算法求最优解就可降低计算开销。由于一般情况下，投标 Agent 的时间片需求量之和总是大于或远大于 M，因此该方法总能在不同程度上降低计算开销。

7.2.4 算 例

假设每次拍卖的时间片数量为：$M=50$，主机 CPU 的保留效用为 0。Agent 投标队列的移动 Agent 的数目分别为 100，200，300，400，500，600，700，800，900，1000，2000，3000，4000，5000，共 14 种设置。各 Agent 申请的执行时间片数 S_i 服从为均匀分布的随机整数，取值区间为 [1，50]，报价 P_i 服从均匀分布随机整数，取值区间为 [1，1000]。

本书设计的改进动态规划算法（IDP 算法）和普通动态规划算法（也称改进前算法）在配置为 Intel Pentium 4 CPU 3.00GHz，内存 512MB 的计算机环境下运行，分别执行 20 次，所得各种结果取平均值，如图 7-1 所示。图 7-1 示出了用两种算法求解该问题最优解时，参与资源竞争的 Agent 数量对比情况。其中横坐标的数值 1，2，3，…，14 对应上述 Agent 的数量为 100，200，…，5000；纵坐标为预处理前后 Agent 的数量。为各种 Agent 图 7 - 2 显示出两种算法的执行时间对比情况。图 7 - 3 显示出两种算法的最大收入不变的事实。

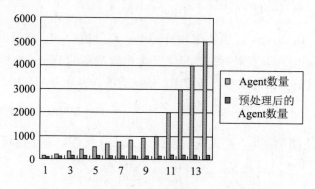

图 7 - 1　两种动态规划策略的 Agent 数量对比

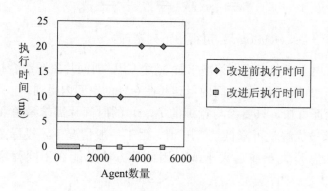

图 7 - 2　两种动态规划策略的执行时间对比

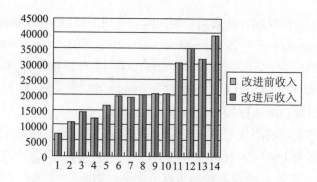

图 7 - 3　两种动态规划策略求得的最大收入对比

由图 7-1、图 7-2 和图 7-3，可知拍卖 CPU 时间片数量一定的情况下，Agent 数量越大，本书设计的 IDP 算法越具有优越性，不但能保证收入最大化，而且可大幅度减少计算时间。另由图 7-2 可知，投标 Agent 的数量不超过 1000 时，改进前后的算法均可在 0ms 内计算完成，使用哪种算法均可以，但超过 1000 时，改进后的算法明显优于改进前的算法，同时还能保证最大化收入不变。

值得一提的是，IDP 算法中的预处理过程是在拍卖开始接收 Agent 投标到停止接受投标前的一段等待时间内，边接收 Agent 投标，边进行的，因此不会占用分配算法计算竞胜标的时间，相应地也不会增加竞胜标算法的计算时间。

7.2.5 算法小结

本节设计的 IDP 算法，适用于将 CPU 资源组合拍卖给对执行时间截止期限无具体要求的 Agent 应用的情况。IDP 算法的特点在于：

（1）两阶段预处理策略中第一阶段对保留效用的处理，既保证了主机的利益，又巧妙地将 CPU 时间片资源的组合拍卖问题转化为背包问题，进行求解。同时还去掉了部分不具竞争力的标，降低了计算开销。

（2）两阶段预处理策略中第二阶段的预处理通过分析拍卖容量最多可能选择的标的数量，再次去掉了一些不可能获胜的标，进一步降低了计算开销。

（3）推导的动态规划算法，实现了在较低开销下，获得以收入最大化为目标的 CPU 资源组合拍卖分配方案。

（4）可获得最优解决方案。仿真实验表明，IDP 算法调度开销非常小，几乎为 0ms。因此该算法具有高效、实用、开销小等优点，既适应 CPU 资源调度要求开销小的特点，又实现了移动 Agent 系统收入最大化的目标，是较为理想的计算 CPU 资源最佳分配方案的方法。

7.3 GASCAD 分配算法

上节讨论的改进动态规划算法（IDP 算法）是针对对执行时间截止期限无具体要求的 Agent 而设计，是一种特例，不能解决对执行期限有具体要求的 Agent 应用的 CPU 时间片分配算法。本节讨论该问题的分配算法——GASCAD（Genetic Algorithm for Sealed Combinatorial Auction Considering Agent Deadline）。

7.3.1 问题模型

和 7.2 节一样，假设重复组合拍卖 CPU 资源的分配策略中，每次待拍卖 CPU 时间片总和为固定值 $M=mT$（每个时间片记为 T，m 为正整数）。有 N 个 Agent 欲投标，和 7.2.1 不同的是，这些 Agent 对其执行截止期限有各自的要求。对任意投标人（Agent）i，它可以根据一定的原则（如用户的需要、对当前环境的估计）确定相应的最大截止时间 d_i（$d_i \leqslant mT$）、相应数量的时间片 s_i（$s_i \leqslant mT$ 且是 T 的整数倍，）及其标价为 b_i（s_i，d_i），而后进行投标，因此投标的形式略有不同。协议规定该类 Agent 投标的标准形式为 $B_i = (i, s_i, d_i, b_i)$。拍卖方（即主机系统）根据密封组合拍卖协议流程，启动新一轮拍卖后，即可接收各 Agent 提交的标，进行相应处理，等待时间结束后，根据最大收入原则，采用专为考虑 Agent 截止期限要求而设计的分配算法——遗传算法（GAS-CAD）求解，得到最后的竞胜标。而后将各竞胜方得到的时间片数和需支付的价格以及是否中标等信息，发送给各投标 Agent。本书将采用密封组合拍卖协议拍卖 CPU 时间片资源的主机系统的最大收入表示为式（7-5），如下：

$$\max_{X \in A} \sum_{b_i(s_i, d_i) \in X} b_i(s_i, d_i) + v \times (M - \sum_{i \in X} s_i) \qquad (7-5)$$

（1）式（7-5）中 X 为一个可行解，既满足每个时间片至多可分配给一个 Agent 的分配前提，也满足解中所有 Agent 的时间片数量和截止期限要求；

（2）式（7-5）中 A 为可行解空间，由所有可行解 X 组成；

（3）所有可行解必须满足各自解中选中标的时间片数量总和均 $\leqslant mT$；

（4）N 个投标方的时间片总和总是大于待拍卖的时间片总和。

（5）式（7-5）中，第二项和 7.2 节相同，v 为 CPU 单位时间片资源的保留效用，保留效用值可确保 CPU 的最低售出价格不会低于 CPU 资源的保留效用。

该问题模型和 7.2 节的问题一样属于组合拍卖 NP 完全问题，虽形式简单，但该问题的求解却比 7.2 节组合拍卖及其他组合拍卖复杂。原因在于：和其他组合拍卖只在保证每项商品只卖一标的前提相比，基于 Agent 最大截止期限的 CPU 拍卖还必须考虑投标者的截止期限限制问题。因此，它的求解变得更为复杂，用传统算法求解非常困难。为此，本书针对该问题的特殊性，设计了一种考虑 Agent 截止期限要求的密封组合拍卖遗传算法来求解竞胜标，即 GASCAD 算法。

7.3.2 GASCAD 算法设计思想

由问题模型可知，CPU 时间片的密封组合拍卖和其他常规物品的密封组合拍卖有所不同，常规组合拍卖是投标者可以对任意物品组合进行投标，投标者只需说明投标的物品名称、数量及报价即可。而 CPU 时间片的组合拍卖，投标者对任意物品（CPU 时间片）的组合以时间片数量、执行截止期限和报价的形式说明。该投标方式具有特殊性，当执行截止期限等于时间片数量时，和其他常规组合拍卖一样，每个 Agent 只能有一种可行的分配方式（按投标要求分配），要么中标，要么失标，没有其他情况；但只要执行截止期限大于时间片数量，一个 Agent 的标就意味着有若干种可行的分配方案存在，这种情形导致分配算法在计算竞胜标时更为复杂，考虑的因素与其他组合拍卖也不再相同，因此其他常规的密封组合拍卖的竞胜标算法不能应用于本问题，必须针对本问题的特点单独设计竞胜标算法。

根据 CPU 资源和 Agent 的投标特点，本书设计了 GASCAD 算法。整个算法分为两个阶段，第一阶段是预选择 Agent（投标方）阶段，该阶段的主要目的是首先去掉低于保留效用的 Agent 标，而后采用各种方法，去掉那些不具竞争力的 Agent，以减少运算时间和空间；第二阶段使用本书设计的遗传算法（具体见 7.3.4）对第一阶段得到的有竞争力的 Agent 集合，根据主机收入化原则和中标 Agent 必须满足其截止期限原则进行计算，最后得到可满足主机收入近似最大化的最优解——Agent 获胜方集合。

7.3.3 预选择 Agent 策略

将截止期限 d_i 相同的各 Agent，做如下处理：对于所有 $s_k > d_i/2$ 的投标 Agent，每个 s_k 只取出价最高的那个 Agent。对于 $d_i/3 < s_k \leqslant d_i/2$ 的 Agent，每个 s_k 只选取两个出价最高的 Agent。对于 $d_i/4 < s_k \leqslant d_i/3$，每个 s_k 至多选取 3 个出价最高的 Agent，依此类推，$s_k = 1T$ 时，至多选取 d_i 个出价最高的 Agent。这里之所以用"至多"一词，是因为当 d_i 越大，s_k 越小时，除非其他 s_k 较大的标都不选，只选这种 Agent，才会需要选取 d_i/s_k 个 Agent，这种情况一般不会出现。因此为减少搜索空间，可以只选取部分较高的 Agent 即可。

7.3.4 遗传算法设计步骤

步骤 1：染色体编码

采用直接编码法，基因表达采用变长表示法。染色体中的所有基因构成一个可行解。每个基因对应于随机选取的某个投标者标号。由于总的时间片有限，投标者对时间片的需求不同，因此染色体中的基因数是不固定的，即染色体长度是可变的。假定经过第一阶段预处理后，还有 n 个 Agent，记为 $B=\{b_1, b_2,$ $b_3, \cdots, b_i, \cdots, b_n\}$，其中任意标 b_i 的"标的"简记为 $(s_i, d_i, m_i)=$（时间片数，截止期限，报价）。则染色体可用选中标的标号表示。假定下式表示一个合法的染色体。

$$X=(b_{i1}, b_{i2}, \cdots, b_{ik}, b_i, \cdots, b_{il}) \qquad (7-6)$$

式中：

（1）对于任意 X，必须满足如下条件：

$$\sum \{s_i \mid b_i \in X\} \leqslant M \qquad (7-7)$$

（2）对于 X 中的任意标 b_i 中的截止期限 d_i 必满足下列条件：

$$d_i \geqslant \sum_{j=1}^{k} s_j \qquad (7-8)$$

式（7-8）中，k——表示 b_i 在解 X 中的基因位。

值得一提的是，若某染色体为最优解，则其中的各标为竞胜标，对应各 Agent 最终得到的时间片数与要求的相同，支付的价格为其报价，但得到的实际执行截止期限与 Agent 要求的截止期限可能不同，但无论是等于还是小于 Agent 要求的截止期限，都满足 Agent 的要求。

步骤 2：初始种群的生成

生成初始种群的具体步骤如下：

（1）从阶段 1 处理后选出的有竞争力的标集合 B 中，随机选取一个标号为 b_i 的 Agent，作为首基因，则解的第一个基因为 b_i，此时 $X=(b_i)$。

（2）如果 $\sum \{s_i \mid b_i \in X\} < mT$，则从 B 中找出满足下面两个条件的标集合 U。

条件 1：申请时间片数量 $s_k \leqslant mT - \sum \{s_i \mid b_i \in X\}$；

条件 2：截止期限 $d_k > \sum \{s_i \mid b_i \in X\}$。

如果 $U=\phi$，转（5）；否则转（3）。

（3）从 U 中，随机选取一个标 b_k。若其"标的"(s_k, d_k, m_k) 满足截止期限条件：$d_k \geqslant \sum \{s_i \mid b_i \in X\} + s_k$，则将其加入到当前解 X，$X=(b_i, b_k)$，并计算此时解的"时间片数量和"$\sum \{s_i \mid b_i \in X\} = \sum \{s_i \mid b_i \in X\} + s_k$，而后转（2）。若不满足截止期限条件，则转（4）。

（4）从 U 中去掉标 b_k。此时，若 $U \neq \phi$，则转到（3）继续寻找满足条件要求的标；若 $U=\phi$，转（5）。

（5）如果 $U=\phi$，表明已不存在满足条件的标，当前解（染色体）已生成完毕。

（6）重复（1）～（4）直到达到种群规模为止。

由上述生成染色体的过程可知，染色体的长度是变长的，由选取的 Agent 的个数决定。并且染色体的各标均满足截止期要求，各标的时间片总和也总是小于等于待拍卖的时间片数量 M。

步骤 3：适应度函数

因目标函数是求拍卖方所得收益的最大值，所以染色体的适应度函数定义为：

$$F(X)=k\times f(X) \tag{7-9}$$

式中，$f(X)$ 为目标函数值，$0<k\leqslant 1$ 为定标参数，以保证定标后的 $F(X)>0$。

步骤 4：遗传算子

由于解用变长染色体表示，且每个基因对应标的时间片数量及截止执行期限的要求均不相同，因此常规 GA 算法的 PMX、CX、OX 交叉算子及变异算子等遗传算子，都不能应用于该问题的求解，必须根据问题的特点，重新设计各种遗传算子。GASCAD 共设计四种遗传算子，具体如下：

（1）同父交叉算子。所谓同父交叉算子，是指若随机选择的两个父个体 P_1，P_2（$P_1=P_2$）相同，则生成两个新解 P'_1 和 P'_2 要应用的交叉规则。具体如下：

①从父个体 P_1 中，随机选定 1 个基因位 r。

②计算前 r 个基因位对应的各标的时间片数量和 L。

③新解 P'_1 保留 P_1 的前 r 个基因，后面的基因按如下原则选取：

A. 从 B 中，寻找时间片数量和 $\leqslant M-L$，截止期 $>L$ 且未被 P'_1 选中的标集合 U。若 $U=\phi$，转 B；若 $U\neq\phi$，则随机选取一个标 b_k，若其满足截止期限 $\geqslant L+s_k$，则将 b_k 其加入到 P'_1，并计算此时新解 P'_1 的时间片数量和：$L=L+s_k$，若 $L=M$，转 B，否则转 A。

B. 输出新染色体 P'_1。

④新解 P'_2 保留 P_2 的第 r 个基因位之后的基因，前面的基因按如下原则选取：

A. 设 $L'=0$；$i=0$。

B. 寻找时间片数量和 $\leqslant L-L'$，且截止期限 $>L'$，未被 P'_2 选中的标集合 U。若 $U=\phi$，转 C。若 $U\neq\phi$，则随机选取一个标 b_k，若其要求的截止期限 d_k 满足：$d_k \geqslant L' + s_k$，则 $i = i+1$，选中 b_k 作为 P'_2 的第 i 个基因，并计算此时的时间片数量和：$L' = L' + s_k$，若 $L' = M$，转 C，否则转 B。

C. 将 P_2 的第 r 基因位之后的基因依次加入到新解 P'_2 的第 $i+1$ 及之后的基因位上。而后输出新染色体 P'_2。

该算子专门针对两个父个体相同的情况而设计。使用该算子，杂交后一般产生异于父个体的新解，可在一定程度上缓解解群多样性的过早流失现象。

（2）标准交叉算子。所谓标准交叉算子，是指随机选择的两个父个体 P_1，P_2（$P_1 \neq P_2$）不同且染色体长度 len（P_1）>1，len（P_2）>1 时，生成两个新解 P'_1 和 P'_2 要应用的交叉规则。具体如下：

①从父个体 P_1 中，随机选定一个基因位 r（$1 \leqslant r < \min$（len（P_1），len（P_2））。

②分别计算两个染色体 P_1，P_2 在基因位 r 前已分配的时间片数量和 L_1、L_2，不妨假设 $L_1 \leqslant L_2$。

③计算 $L' = L_2 - L_1$。

④若 $L' = 0$，分别查找两个父染色体的 r 基因位之后的标是否在另一个染色体的前 r 个标已出现。若没有出现，意味着无重复标，则交叉后的新染色体 $P'_1 =$ 原染色体 P_1 的前 r 个标 + 原染色体 P_2 的 r 之后的标；$P'_2 =$ 原染色体 P_2 的前 r 个标中的 x 个标 + 原染色体 P_1 的 r 之后的标。若有重复标，则交叉后的新染色体 P'_1 和 P'_2 生成方式有所不同，下面以新染色体 P'_1 的生成过程为例进行说明：

A. 记录 P_1 的前 r 个标和 P_2 的 r 之后的标中的重复标集合 $R1$。

B. 此时新染色体 $P'_1 =$ 原染色体 P_1 的前 r 个标 + 原染色体 P_2 的 r 之后的标 $-R1$。

C. 计算新染色体 P'_1 中各标的时间片数量和 L'_1。

D. 从尚未调度的标集合中，寻找截止期 $>L'_1$ 且时间片数量和 $\leqslant M-L'_1$ 的标集合 U。

E. 如果 $U \neq \phi$，从 U 中，随机选取一个标 b_k，若其截止期限 d_k 满足：$d_k \geqslant L'_1 + s_k$，则将 b_k 其加入到 P'_1，并计算此时 P'_1 的时间片数量和 $L'_1 = L'_1 + s_k$，而后转 D。否则转 F。

F. 输出新染色体 P'_1。

新染色体 P'_2 可依同样原则生成。

⑤若 $L' \neq 0$，则交叉后的新染色体 P'_1 的生成过程同上面④新染色体 P'_1 的

生成过程；交叉后的新染色体 P'_2 的生成过程如下：

A. P_2 的前 r 个标作为新染色体 P'_2 的前 r 个标。

B. 将染色体 P_1 的 r 之后的各基因中，满足不重复出现且满足截止期要求和时间片数量要求的标，依次加入新染色体 P'_2。

C. 计算此时新染色体 P'_2 的时间片数量和 L'_2。

D. 若 $L'_2 < M$，则从尚未被 P'_2 调度的标集合中，寻找截止期 $> L'_2$ 且时间片数量和 $\leqslant M - L'_2$ 的标集合 U；如果 $U \neq \phi$，从 U 中，随机选取一个标 b_k，若其截止期限 d_k 满足：$d_k \geqslant L'_2 + s_k$，则将 b_k 其加入到 P'_1，并计算此时的时间片数量和 $L'_2 = L'_2 + s_k$，而后转 D。否则转 E。

E 输出新染色体 P'_2。结束。

（3）换标算子。对于每个解的各个基因位，寻找时间片数量要求相同但出价高的标集合，如果标集合中的标（记为：b）满足下列条件之一，则应用换标算子：

①b 的截止期大于当前标的截止期，则用 b 替换当前基因位上的标。

②b 的截止期小于当前标的截止期，但若替换当前标，可满足其截止期要求，则用 b 替换当前基因位上的标。

设计该算子是为了将解中具有同样时间片要求但出价低的标替换出来，因此称该算子为换标算子。显然应用该算子，可使拍卖方的收益变大。

（4）换序算子。从每个解的各基因中，寻找时间片数量要求相同的基因集合，将该集合的标按各标对应的截止期限从小到大排序，若各标对应的基因位置与此排序不符，则按此顺序替换各标在解中的基因位。

应用该算子，显然不会改变各个基因，但可使原解基因的排列顺序发生改变，因此称该算子为换序算子。设计该算子的目的是使解中的各标截止期的要求在得到满足的同时，放宽整个解的截止期限制，进而更方便应用其他算子，最终得到更好的解。

步骤 5：选择策略

采用精英保留策略，保留上代 u 个最优个体，并从 u 个体和本代 n 个个体中，选择 n 个适应度最好的个体作为下一代种群。

步骤 6：收敛条件

若连续 5 代最优解没有进化，则随意加入两个新解，替代种群中的最差解，继续进化，若连续三次加入新解，种群最优解依然没有进化，则认为种群的解已收敛，退出。

步骤 7：算法流程

（1）按 7.3.4 步骤 2 节生成一个规模为 N 的初始种群。

（2）评价初始种群，记录 u 个最优个体。

（3）置群体代数 g＝1。

（4）依次实施交叉算子、换标算子、换序算子，初步得到新一代种群。

（5）评价新一代种群的适应度，并将上代保留的 u 个最优个体加入本代群体。从 u＋N 个个体中，按适应度从大到小依次选择 N 个作为确定的新一代群体，并记录新一代的 u 个最优个体。

（6）检验收敛准则，若满足，转（7）；否则 g＝g＋1，转（4）。

（7）输出最好个体。

从算法框架可以看出，新一代种群由两代种群，按一定比例及适应度选择而定，优胜劣汰，提高解群的质量，加速解群的收敛。一般 u 取种群数量的 10%～20% 即可。

7.3.5 计算复杂度分析

阶段 1 的预选择 Agent 在接收投标的等待时间段内，边接收边处理，计算和运行开销可忽略。阶段 2 的遗传算法的计算复杂度如下：假设有 N 个 Agent 参与投标，处理后剩下 n 个有竞争力的 Agent 参与竞标，在 G 次终止，种群大小为 P，解的最大标数为 m 个。则本算法的时间复杂度为 $O(G \times P \times m^2)$。事实上，步骤（1）的计算复杂度为 $O(P \times m \times n/2)$；步骤（2）、步骤（5）的计算复杂度为 $O(P \times m)$；步骤（4）的计算复杂度多项式为 $(P \times m \times n/2) + (G \times P \times m^2) + (G \times P \times m \times 2)$，复杂度为：$O(G \times P \times m^2)$。

7.3.6 仿真实验与结果分析

为了检验 GASCAD 算法的性能，进行了 4 组实验，总共 6 个实验。实验是在笔记本电脑（多处理器 T7200 2.0GHz/2GB RAM）上进行的。每个实验分别运行 20 次，最后给出实验的综合结果，并同时给出了采用传统 FCFS 算法的对比结果，以便进行比较。另外，为了检测种群大小对算法性能的影响，第 2 组、第 4 组除种群规模不同外其余参数皆相同。6 组实验的各 Agent 产生的投标矩阵＝（时间片数量，截止期限，出价，标号）；各标的时间片数量为 ［1，M］ 的随机整数，截止期限为 ［各标的时间片数量，M］（注：这里的时间片数量，是为了保证各标的最大截止时间不小于其所投的时间片数量）的随机整数，出价空

间为 $[2, M \times 5]$ 的随机整数。标号不妨设为由到达次序确定的整数。最优个体数量 $u=1$。其余参数设置如表 7-1 所示。6 组实验中遗传算法各算子均以概率 1 实施操作（注：经反复实验，各算子的操作概率设为 0.8 以上均可以）。

表 7-2 显示了 6 个实验的各种运行结果，从每个实验运行 20 次所得到的最优解、最差的最优解、获得最优解的次数、平均最优解、标准差、收敛平均代数、到指定运行代数的平均运行时间以及历次实验种群整个进化过程解的平均值、平均的最差解等方面来反映本算法的性能。同时给出了传统 FCFS 算法所得到的解的结果。

表 7-1　　　　　　　　　　　　　　实验参数设置

序号	实验组别	拍卖时间片数 M	投标人数 N	种群规模	指定运行代数	备注
1	1	10	10	10	200	
2	2-1	10	50	10	200	该组实验投标矩阵相同
3	2-2	10	50	20	200	
4	3	50	50	10	200	
5	4-1	50	200	10	500	该组实验投标矩阵相同
6	4-2	50	200	20	500	

表 7-2　　　　　　　　　　　　　　各组实验的综合结果

序号	实验组别	20 次运行中最优解	获得最优解次数	平均最优解	最差的最优解	平均最差解	平均值	标准差	指定运行代数平均运行时间（s）	预选择后的标数	达到最优解平均运行代数	FCFS 解
1	1	115	20	115	115	115	115	0	0.44	10	1	31
2	2-1	178	4	170.85	169	170.85	170.85	3.67	0.55	31	25	47
3	2-2	178	7	172.15	169	171.7	171.72	4.4	1	31	23	47
4	3	1505	18	1501.2	1467	1501.2	1501.2	11.7	0.92	48	38	75
5	4-1	2237	1	1952.3	1724	1947	1947.6	119.9	4.76	178	160	147
6	4-2	2073	2	1966.6	1820	1966.5	1966.5	66.9	8.26	178	142	147

图 7‐4～图 7‐9 显示了 GASCAD 算法 4 组实验随机产生的初始种群最优解、最差解、平均值随进化代数进化的整个过程。

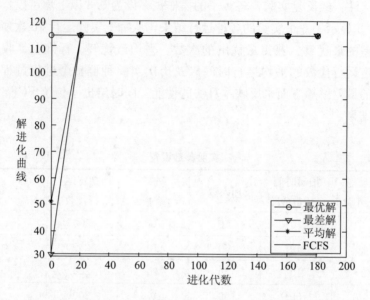

图 7‐4 第 1 组实验解进化曲线 ($M=10$，$N=10$，pop$=10$)

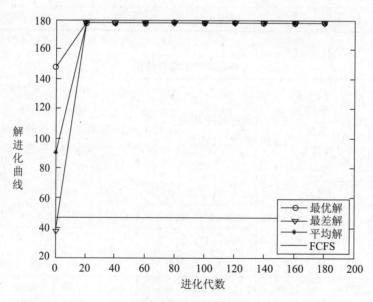

图 7‐5 第 2‐1 组实验解进化曲线 ($M=10$，$N=50$，pop$=10$)

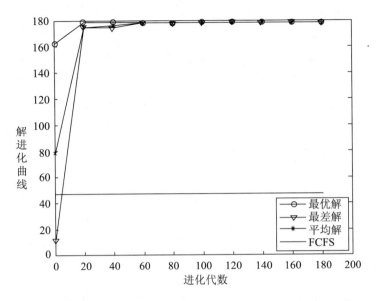

图 7－6　第 2－2 组实验进化曲线（$M=10$，$N=50$，pop$=20$）

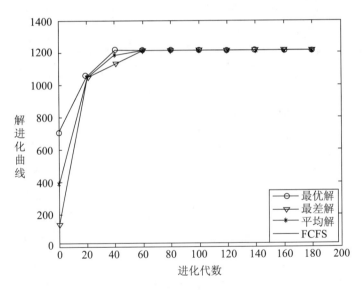

图 7－7　第 3 组实验进化曲线（$M=10$，$N=50$，pop$=10$）

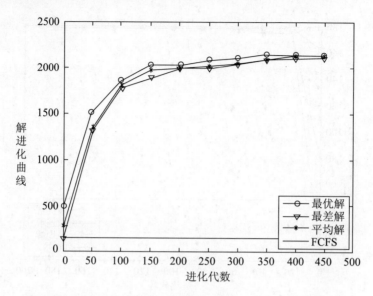

图 7‒8　第 4‒1 组实验进化曲线（$M=50$，$N=200$，pop$=10$）

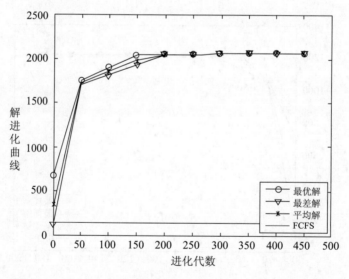

图 7‒9　第 4‒2 组实验进化曲线（$M=50$，$N=200$，pop$=20$）

　　综合表 7‒2 和图 7‒4～图 7‒9 所给出的实验结果可以看出，本章所设计的遗传算法不仅收敛速度快、求解精度高，而且在 4 组不同规模的实验中均表现出了良好的适应性，其解的质量较传统 FCFS 算法有着不可比拟的优势。另外从表 7‒2 中 2‒1、2‒2、4‒1、4‒2 可以看出种群规模对算法所得最优解的影响不太明显，所以种群规模取 10～20 之间均可。特别值得提出的是在规模较小的第一组实验的 20 次实验中，均得到了相同的最优解，且该值是问题的最优解。20 次实验中有 18 次在初始种群即得到了最优解（见图 7-4），只有两次是初始种群进化了 10 代左右获得最优解。从其他几组实验可以看出，该算法可求得质量很高的最优解。

值得一提的是，传统的 FCFS 理论上是不需要算法运行开销的，因此这里给出的 FCFS 解是按投标 Agent 的到达顺序依次调度执行，且满足其截止期限要求的那些标的解值。而 GASCAD 算法是根据收益最大化原则来确定投标方的调度顺序，因此需要运行开销。

综上，GASCAD 算法可使拍卖方高效地解决考虑截止期限的 CPU 时间片组合拍卖的最大收益问题。

7.3.7　算法小结

本节研究移动 Agent 系统 CPU 时间片组合拍卖分配机制中，适用于对执行时间截止期限有具体要求的 Agent 应用的分配策略，提出了 GASCAD 算法。该算法的特点是：

（1）为降低计算复杂度，设计了预选择投标方策略。

（2）针对 Agent 要求的特殊性及 CPU 资源组合拍卖的特点，分别设计了变长染色体、初始种群的生成过程、适应度函数以及四种遗传算子：同父交叉算子、标准交叉算子、换标算子和换序算子等。

（3）该算法搜索能力强，求解精度高。

（4）适用性广。鉴于对执行时间截止期限无具体要求的 Agent 应用是对执行时间截止期限有具体要求的 Agent 应用的特例，GASCAD 算法可分别和同时适用于这两种情况。

（5）需要一定的运行开销。仿真实验表明，该算法搜索能力强，求解精度高，收敛性好、自适应能力强。求得的最优解是传统的先来先服务算法所无法比拟的。

7.4　本章小结

本章主要针对密封组合拍卖 CPU 资源分配机制及 Agent 应用要求的特点，提出了两种 CPU 时间片资源分配算法，来实现 CPU 组合拍卖分配策略。

一种是改进的动态规划算法（IDP），该算法用于解决 Agent 无具体截止期限要求的 CPU 时间片组合拍卖问题。该算法创新之处体现在：

（1）将 CPU 时间片资源的组合拍卖问题转化为背包问题求解。

（2）提出了两阶段预处理策略。第一阶段对保留效用的处理，既保证了主机的利益，又将 CPU 时间片资源的组合拍卖问题直接转化为了背包问题。同时还去掉了部分不具竞争力的标，降低了计算开销。之后，通过分析拍卖容量限制，来确定最多可能中标的 Agent 数量，再次去掉了一些不可能获胜的标，进一步降低了计算开销。

（3）使用推出的动态规划算法，在非常低的运行开销下，求得了 CPU 资源组合拍卖问题的最优解。

仿真实验表明，该分配策略既能为主机系统实现收入最大化的目标，又具有高效、实用、开销小的特点，是 CPU 资源组合拍卖机制中较为理想的分配算法。

另一种是两阶段遗传算法（即 GASCAD），用于解决有具体截止期限要求的 CPU 时间片组合拍卖问题。该算法的创新之处体现在：

（1）灵活利用遗传算法的思想，针对 CPU 时间片的分配特点，设计了变长编码表示合法解，将目标函数作为适应度函数，还专门设计了四种遗传算子：同父交叉算子、标准交叉算子、换标算子及换序算子，来增强搜索能力，求得精度较高的解。

（2）设计的预选择投标方策略，对保留效用及不具竞争力的标的处理，同样既保证了主机的利益，又降低了计算开销。降低了遗传算法的计算复杂度。

实验表明，该算法具有搜索能力强，求解精度高，收敛性好、自适应性好等优点。它求得的解是传统的先来先服务算法所无法比拟的。另外，该算法还具有适用性广的优点。采用该算法的分配机制，可将截止期要求不同的两类 Agent 应用统一处理，统一进行 CPU 资源分配。但是该算法需要一定的运行开销。

8　基于密封组合拍卖资源协议的移动 Agent 投标策略

针对重复密封组合拍卖 CPU 时间片协议规程及分配策略的特点，提出了四种移动 Agent 的投标算法。

8.1　移动 Agent 投标策略问题

决定采用单边组合拍卖机制及设计分配策略将 CPU 资源指派给各移动 A-gent 的问题是分配问题。尽管该问题包含复杂的规划和协调问题，但仅是部分地解决了资源分配问题，Agent 必须有能力和该机制交互，并根据自己的目标规划自己竞争 CPU 资源的策略——投标策略。研究移动 Agent 投标竞争 CPU 等计算资源的文章不多，主要是美国 Dartmouth College 大学的 Jonathan Bredin 博士等先后提出的基于完美市场信息的纳西均衡策略和基于最大化期望效用的 Agent 投标策略。基于完美市场信息的纳西均衡策略中，所有 Agent 共同拥有服务主机的资源，每个 Agent 将所有的电子货币全部捐献给主机，按货币所占比例获得相应资源，并得出了基于纳西均衡的投标策略。但由于主机追求的目标是无私的帮助 Agent 获得较高的系统资源利用率，不计较自身的收入和负载情况，显然该机制是不现实的。后者是在主机追求最大化自身收入，采用重复密封第一价格拍卖机制分配 CPU 资源，使用动态规划获得近似最大收入的前提下，Agent 按使用 CPU 时间片的比例参与投标，并以期望效用最大来设计投标策略，确定投标时的报价。该投标策略具有计算较为复杂，不能动态根据截止期限要求灵活确定新报价的缺点。另外，中国海洋大学的郭忠文教授提出了基于区间数的移动 Agent 投标策略，该策略采用大区间投标的 Agent 得到资源数量较采用小区间投标的 Agent 较多，体现了花费多资源多的关系，但 Agent 每次投标的花费与所得资源分配数量 Agent 难以估计。

尽管研究密封组合拍卖 CPU 资源机制下移动 Agent 投标竞争 CPU 资源策略的文章不多，但研究常规物品连续双边公开叫价拍卖（CDA）的投标策略的文章较多。归结起来，比较典型的主要有如下四种：一是简单的随机出价策略（Zero Intelligence，ZI）策略；二是基于 ZIP 算法的投标策略，该算法一般应用于小数量的双边升价单物品拍卖协议；三是基于有基于历史经验的 CDA 协议的投标策略。由于该策略是由 S. Gjerstad 和 J. Dickhaut 提出的，故常称 GD 策略；四是基于模糊逻辑（Fuzzy Logic，FL）的投标策略。另外还有基于单边密封协议的单位物品投标策略。还有 Harbin Institue of Technology 的 FU Li－fang 在研究双边组合拍卖常规物品时和 ZIP 算法一样使用了基于 Widrow－hoff 规则的投标策略。

本书研究的是移动 Agent 系统单个服务主机密封组合拍卖自身 CPU 资源机制下，移动 Agent 的投标策略，属于单边密封组合拍卖问题。密封组合拍卖机制所暴露给 Agent 的信息和 CDA 拍卖暴露的信息不同。CDA 机制，每轮拍卖单个物品，买卖双方轮流以公开加价（降价）方式出价，直至成交。因此一个商品的成交过程是买卖双方多次公开加价（降价）的过程。所有买卖双方的每次报价都是公开的，渐进的递增（递减）过程。每轮拍卖只有一个竞胜方：出价最高的买方或出价最低的卖方。而本书采用的单边密封组合拍卖机制，每轮拍卖 M 个时间片，密封投标，根据最大赢利原则，采用第 5 章的分配策略，一次决定多个竞胜买方（投标方），每个竞胜方支付的价格不同，得到的时间片数量不同，调度时刻也不同。由于密封标形式，每次拍卖结束，每个失败的投标方除知道自己投标失败外，最多只能获得各竞胜方获得的时间片数量和支付价格。有关其他失败方的信息（如投标者的报价、申请的时间片数量、截止期等）依然未知，且各竞胜方是服从全局最优的那些投标方，不是出价最高的前若干个投标方。这种情形使得失败方难以确定失败的原因，这增加了失败方确定新报价的难度。即各 Agent 之间存在对手不明情况下的强烈竞争。该种市场博弈具有信息不完全、竞争性强、复杂的动态性、投标空间巨大的特点。不可能像单物品密封拍卖一样，如果结果是自己中标，说明自己出价最高，如果失败，说明自己出价低了，且可知道自己和获胜方的价格差距，这些信息简单明确，可使 Agent 得到占优策略或 Bayes－Nash 均衡的报价函数。也不可能像常规 CDA 一样，可以多次渐进报价。因此，组合拍卖机制和 CDA 机制不同，CDA 的投标策略大多难以应用于本书的分配机制中。再加上本书所研究的问题具有特殊性，必须根据 CPU 调度的特点、密封组合拍卖的特点以及 Agent 的要求和目标，设计适合的投标策略。尽管基于单物品成交的 CDA 投标策略大多不能直接应用于本书的分配机制中，但可以提供一些思路和借鉴。

本章主要内容组织如下：8.2 节给出了问题定义模型；8.3 节详细介绍了针对密封组合拍卖 CPU 资源机制的特点提出的几种投标算法；8.4 节介绍了各算法的实验仿真情况，并对结果进行了对比分析；最后 8.5 节对本章的投标策略进行了总结。

8.2　定义问题模型

首先定义移动 Agent 投标问题模型。

假设有 N 个持有电子货币的 Agent 欲投标竞争 CPU 时间片的使用权，且各 Agent 对时间片的需求总量一般总是大于可得到的拍卖时间片数量。CPU 资源分配机制及分配策略采用第 4 章和第 5 章描述的重复密封组合拍卖机制及 GAS-CAD 算法计算竞胜标集合（由于 IDP 算法是 GASCAD 算法的特例，因此这里的资源分配结果根据 GASCAD 算法计算得来）。拍卖重复进行若干次，每次拍卖的 CPU 时间片数量为：M 个时间片单元。每次拍卖，每个 Agent 可竞争一个或多个单元的时间片。每个投标 Agent 均有至少需要 1 个时间片才能完成的任务，每个任务都有预算限制（拥有的电子货币数量有限，也具有稀缺性），且都存在一个最大截止期限要求。假设 Agent i 的任务需要 s_i 个时间片才能完成，其预算为 E_i，其最大截止期为 D_i。如果任务在截止期 D_i 之前完成，它产生价值 $v_i(t) = v_i(t') > 0$（如果 $t \leqslant D_i$，$t' \leqslant D_i$），否则 $v_i(t'') = 0$（如果 $t'' > D_i$），执行已无意义。

一般情况下，各个 Agent 的任务大小是不同的，因此所需的 CPU 时间片数量（s）也不同，可能少于等于 M 个时间片，也可能多于 M 个时间片。但由于主机系统每次拍卖的时间片数量（M）有限，要求各 Agent 每次投标欲申请的时间片数 r 应满足：$r \leqslant M$，否则会被主机系统（拍卖方）视为无效标。因此，对于 $s > M$ 的任务，Agent 在参与投标前，必须根据最大截止期将每次投标欲申请的时间片数量（记为 r）变为某个小于等于 M 的值，并确定每次投标数量的截止期 d。而后多次参与拍卖，重复进行投标，直到在该主机上完成任务或截止期到达为止。对于 $s \leqslant M$ 的任务，为简单起见，Agent 每次投标欲申请的时间片数量 r 与 s 相同，只根据截止期限 D 确定最大投标次数及每次投标的截止期 d 即可。同样为简单起见，无论 $s > M$ 还是 $s \leqslant M$ 的任务，都采用下列处理方法：重复投标时 Agent 每次投标申请的数量（r）和截止期限（d）一旦设定，不再改变。另外，假设每轮拍卖的周期持续时间固定，其开销较小，忽略不计。综上，将

Agent的投标相关信息的处理方法及要求，归结如下：

（1）Agent 必须在最大截止期限（D）内总共获胜 s 个时间片才有价值。

（2）Agent 重复参与拍卖的次数最少为 $\left\lfloor \dfrac{s}{r} \right\rfloor$ 次。如果 s 能被 r 整除，则 Agent重复参与拍卖，每次申请时间片单元数量为 r，截止期限为 M；如果不能整除，则 Agent 除必须竞标成功投标时间片数量为 r，截止期限为 M 的标 $\left\lfloor \dfrac{s}{r} \right\rfloor$ 次外，还必须竞标成功 1 次投标数量值为 s/r 的余数，且其最大截止期限 $\leqslant$（$D - M \times a$）（a 为已投标次数）的标，才能完成任务。

（3）Agent 重复参与拍卖的次数最多为 $\left\lfloor \dfrac{D}{M} \right\rfloor$ 次。

（4）Agent 每次投标申请的数量 r 的选择条件：必须满足 $\left\lfloor \dfrac{s}{r} \right\rfloor \leqslant \left\lfloor \dfrac{D}{M} \right\rfloor$。

基于上述问题模型及 4.5 节的分析，Agent 的目标是在预算范围及最大截止期内，遵循密封组合拍卖协议规则，用低于预算的花费，进行竞标，直至执行完毕自己的任务或到达截止期为止。

8.3 基于密封组合拍卖协议的移动 Agent 投标策略

重复密封组合拍卖 CPU 时间片机制在实施过程中，参与拍卖的投标 Agent 能知晓的信息，主要包括如下内容：

（1）密封组合拍卖协议流程、流程各阶段持续时间以及拍卖 CPU 时间片数量。

（2）拍卖机制确定的本次拍卖各竞胜方须支付的电子货币数量及分配的时间片数量。为防用户之间形成联盟，假设各 Agent 不能获悉竞胜方或其他失败方的名称。当然如果 Agent 多次参与拍卖，则意味着 Agent 知道多次历史竞胜方信息。

（3）自己是不是竞胜方（是否中标）。

此外，Agent 还知道自己任务的相关信息，包括任务长度、预算限制（电子货币数量），最大截止时间，历史投标信息（包括投标数量、已投标次数、获胜几次等信息）。Agent 主要根据上述信息，决定是否参与拍卖，采用何种投标策略参与拍卖。下面具体介绍五种投标策略。

8.3.1 基于预算限制的投标策略 ZI_C

ZI（零智能：Zero Intelligent）投标策略最早由 Gode 和 Sunder 提出。Gode 在实验中用可提交随机投标价和提议价的程序（为 ZI）替代人类双边拍卖市场的买方和卖方进行交易，并研究了有极限价限制的零智能投标策略——ZI_C（Constrained Zero Intelligent）和无限制的 ZI 投标策略——ZI_U（Unconstrained Zero Intelligent）的性能。其中 ZI_C 策略，用于有估价限制的情况，它的投标策略是，在区间［0，估价］随机选取一个值作为报价，进行投标。该策略的最大特点是简单；缺点是零智能，不能利用历史信息，不具有学习能力。

本书的 CPU 时间片组合拍卖机制中，Agent 可使用该策略进行投标，但报价上限应根据任务大小、具体投标时间片数量和预算综合确定，如下：假设 Agent 任务所需总时间片数量为：s；预算为：E，投标时欲申请的时间片数量为：r（$r \leqslant M$，$r \leqslant s$），则 Agent 可使用该投标策略投标，投标时的报价区间应随投标时间片数量动态变化，报价上限的计算公式为：

$$b_{max} = r \times E / s \qquad (8-1)$$

每次新报价，报价上限根据相应投标数量 r 和式（8-1）求得，而后随机从投标区间［0，b_{max}］选取一个值作为新报价。

该策略仅仅以预算限制作为唯一的考虑因素，随机出价，不考虑收益和其他因素，最为简单，一般常作为 Agent 初次投标策略。值得一提的是，该投标策略虽然是随机出价，不具备学习等能力，但随机报价也产生一定数量的较高报价，因此该策略会有一定的中标概率。

8.3.2 基于本次拍卖结果的两种投标策略 ZIPca 和 NZIPca

1. 投标策略 ZIPca

ZIP（Zero—Intelligence—Plus）投标策略是 Dave Cliff 在研究基于 CDA 市场环境下最小智能 Agent 的文章中提出的。该策略根据本次拍卖（也可称为最近一次拍卖）的叫价信息，利用强化学习的方法，来确定下次的利润，从而改变自己的报价。具体来说，主要根据 CDA 拍卖机制反映的四种市场信息〔自己是不是市场中的活动方（有能力交易）；最近一次的叫价；最近一次的叫价是买方的报价还是卖方的报价；最近一次的叫价被接受还是拒绝〕来决定是提高还是降低利润率，从而改变报价。改变报价的幅度根据上述信息和 Widrow—Hoff 规则的学习率以及动量系数（Momentum Coefficient）确定。该策略在小规模 CDA 自动拍卖模拟实验中得到了较好的效果。在单物品单边密封第一价格拍卖和第二价格拍卖的自动拍卖模拟实验中也取得了较好的效果。

尽管密封组合拍卖和 CDA 及密封单一物品拍卖中的 Agent 相比，拍卖的物品数量不同，Agent 投标规定不同，计算竞胜标的方式不同，Agent 获得的拍卖结果信息不同，不能完全应用同样的解决方案。但历史信息尤其是本次报价及结果信息的基本作用是相同的，都可不同程度地为下次报价提供参考。因此，本书可将 ZIP 作适当更改，使其适应于 CPU 组合拍卖机制。为区分方便，将修改后的 ZIP，简记为：ZIPca。具体算法流程如下：

（1）首次参与拍卖前，根据 8.2 节的原则，将投标数量 s 和最大截止期 D，变换为每次投标的时间片数量 r 和截止期 d，然后根据 ZI_C 策略随机确定第一次报价，而后进行投标。

（2）拍卖结束后，如果失标，先判断截止期内能否可能完成任务，如果不能则退出；如果可能则降低利润，继续投标。如果 Agent 中标，且已完成所有投标任务，则退出。否则，继续参与下轮投标，并希望在下一轮拍卖中的新报价，能获得更高的利润。则新的理想目标价格按下式计算：

$$O_j = b_j \times R_a + A_a \quad (R_a > 0, \ A_a > 0) \tag{8-2}$$

式中，b_j——Agent 在参与本次拍卖（记为第 j 次拍卖）时的报价；

R_a，A_a——若本次中标，则 $A_a \in [A_{min}, 0.0]$，$R_a \in [R_{max}, 1.0]$；反之，如果此次 Agent 竞标失败，则希望在下一轮拍卖中，投标谨慎些，以防再次失标，因此需降低利润。新的理想目标价格仍按（8-2）计算，但是该种情形下，式（8-2）中 $A_a \in [0.0, A_{max}]$，$R_a \in [1.0, R_{max}]$。

（3）根据式（8-2）得到的理想目标报价 O_j，得到理想目标利润 d_j，

$$d_j = 1 - O_j / x_j \tag{8-3}$$

式中，x_j——表示 Agent 对所需时间片数量及调度时刻的私人最大预算。

（4）根据（8-4）式确定利润的变化大小，以便向最佳利润逼近，

$$\Delta_j = \beta (d_j - \mu_j) \tag{8-4}$$

式中，d_j——第 j 次拍卖的理想利润；

μ_j——第 j 次拍卖的实际利润；

Δ_j——第 $j+1$ 次拍卖较第 j 次拍卖的利润更新差异；

β——学习率。

（5）利用 Widrow－Hoff 规则直接用 Δ_j 更新利润率，如下式：

$$\mu_{j+1}=\mu_j+\Delta_j \tag{8-5}$$

（6）据式（8-6）计算新一轮拍卖报价 b，而后投标等待拍卖结果，转（2）。

$$b=（1-\mu_{j+1}）\times r\times E/s \tag{8-6}$$

式中，E/s——单元时间片的预算最大值；

R——下次投标欲申请的时间片数量。

由上述算法过程可知，Agent 在新一轮拍卖中的报价完全是根据本次拍卖是否中标来确定是降低利润还是提高利润，同时根据本次的利润情况，运用基于 Widrow－Hoff 规则的强化学习等方法来调整申请单位 CPU 时间片利润率的变化速度。而后再根据调整的利润率、下次欲申请时间片数量以及预算情况确定新报价。该策略虽然具有学习能力，但学习率的取值大小，直接影响利润率的变化快慢，因此学习率和理想目标价格的选择对 Agent 的收益和竞胜率有一定的影响。鉴于学习率一般介于 $0.2\sim0.6$，因此，两次投标利润的变化率相对较小，报价一般不会有大幅度的变化。在失标的情况下，Agent 的新报价升高的幅度相对较慢，影响竞标能力，但该种报价方式，可确保 Agent 中标时的报价一般不会出现较高的情况，相对地电子货币剩余相对较大。因此，该策略适于期望获得较大剩余，但对截止期限要求相对非常宽松或不做要求的 Agent 竞标时使用。

2. 投标策略 NZIPca

由 ZIPca 算法的特点可知，受强化学习方法及学习率的影响，Agent 两次投标利润的变化率相对较小，报价一般只会有较小幅度的变化。该种报价方式较适合于 CDA 机制。原因如下：CDA 机制中，一般是每次拍卖以单个物品作为拍卖单位，且多个买卖双方要经过多轮公开升价（降价）协商的过程才能成交，因此买方 Agent（卖方）借用强化学习方法以较小幅度改变利润，以期渐进性以较低（较高）的价格获胜，是非常符合买方（卖方）的利益的。但该报价方式对于单边密封组合拍卖 CPU 资源机制下，同时有预算和截止期限限制要求的投标方 Agent 来说，不具优势，原因在于：多个买方 Agent 向单个卖方投标，卖方每次拍卖多个时间片，各买方 Agent 以密封标方式仅竞标一次，即刻由卖方或卖方代理决定本次拍卖分配结果，且一般有多个竞胜买方。因此向该机制投标，各 Agent 的报价必须慎重，必须以合适幅度改变报价（或利润率），否则当竞争激烈时，极可能中标的概率会较低。虽然每次中标，都会得到较高的利润，但由于竞标能力差，往往不能在预定的截止期限时间内完成任务，此时利润再高，已无意义。因此必须采用其他方法确定新报价，来改变这种状况。考虑到组合拍卖机制有其独特之处：竞胜方不止一个，且各竞胜方支付价格各不相同。因此可将最近一次拍卖所有竞胜方支付价格中的最高、最低和平均值计算出来，和自己的出价相比较，再加上自己是否中标的结果等信息，来共同确定下次投标的新报价。由于各竞胜 Agent 的投标数量及截止期不同，无法比较，故选取单位时间片支付价格作为比较基准，并记所有竞胜方中 CPU 时间片单位最高支付价为 uh，CPU 时间片单位最低支付价为 ul，CPU 时间片单位平均支付价为 um。另将某 Agent 本次投标时的 CPU 时间片单位报价记为 ub，其 CPU 时间片单位极限价格（单位最大预算）记为 uE，下次投标时的新报价记为 nb，下次欲申请时间片数量记为 r。具体算法如下：

（1）首次投标，依然根据 8.2 节的原则，将投标数量 s 和最大截止期 D，变换为每次投标的时间片数量 r 和截止期 d，然后根据 ZI_C 策略随机确定第一次报价，而后进行投标。

（2）本次拍卖结束后，

IF 中标

　　IF 已完成所有投标任务

　　退出

　　ELSE

　　　　IF $ub \geqslant ul$ and $ub \leqslant um$

　　　　$nb = (ub - (ub - ul) \times rand) \times r$

　　　　ELSE

　　　　$nb = um \times r$

　　　　END

　　END

ELSE　//失标

IF 截止期内不可能完成任务

　　退出

ELSE

　　　　IF $ub \leqslant ul$ and $uE \geqslant ul$

　　　　$nb = (ul + (uE - ul) \times rand) \times r$

　　　　ELSEIF $ub \geqslant ul$ and $uE \geqslant um$

　　　　$nb = (ub + (uE - um) \times rand) \times r$

　　　　ELSE

$$nb = uE \times rand \times r$$

    END
        END
            END

（3）将（2）得到的 nb 作为下次新报价，投标后，转（2）。

由上述过程可以看出，根据组合拍卖特点设计的 Agent 新投标算法，在确定新报价时，不再采用原 ZIP 的强化学习方法及学习率等因素控制新报价的变化幅度，而是根据本次拍卖确定的多个竞胜标的各种单位支付价格和 Agent 自身的信息来确定下一次投标时的新报价。但其基本思想依然是根据最近一次组合拍卖结果来确定下一次投标新报价。因此论文将该投标算法称为 New ZIP for Sealed Combinatorial Auction 算法，简记为：NZIPca。该算法较 ZIPca 算法，新报价变化幅度根据不同情况在一定范围内生成，比较有针对性，因此可在一定程度上提高各种截止期内全部竞标成功的能力。

为验证两种算法的竞标能力及收益情况，本书在 8.4.2 节给出了由采用这两种算法的 Agent 种群进行投标的仿真实验。本书在 8.4.3 节给出了由多种投标算法的 Agent 种群的仿真实验。实验结果也表明，根据组合拍卖特点设计的 NZIP-ca 算法较 ZIPca 算法在竞标能力上有了一定程度的提高。具体结果见 8.4 节。

8.3.3 基于历史拍卖结果的投标策略 GDca

GD 策略是 CDA 拍卖中基于最近多次投标公开报价和卖方公开报价的历史形成的一种策略。受此启发，针对密封组合拍卖的特点——每次拍卖后，每个参与 Agent 不但可获得自己是否中标的消息，还可以获得本次拍卖中所有竞胜方的各种支付信息——提出了根据若干次组合拍卖的历史信息，选取估计下次可能会产生最高回报的报价的投标算法。因该算法仅是为参与本书 CPU 组合拍卖机制而设计，故简记为：GD_{ca}。算法设计过程如下：

假定某个 Agent 已参加了 m 次拍卖，则 Agent 拥有 m 次参加拍卖的历史信息，H。历史信息 H 的每个条目信息 $h_i = (\vec{P_i}, \vec{S_i}, \vec{b_i})$，其中 $\vec{b_i}$ 是自己的投标信息，$\vec{P_i}$、$\vec{S_i}$ 是该 Agent 第 i 次参与拍卖得到的关于 n_i 个竞胜标分别要支付的价格集合及获得的时间片数量集合信息。将两个集合 $\vec{P_i}$、$\vec{S_i}$ 对应项相除可以得到该次拍卖中一系列竞胜方的单位时间片支付价格集合 $\vec{p_i}$，如下：

$$p_i = <p_{in1}, \quad p_{in2}, \quad \cdots, \quad p_{ini}>$$

同样可得到 m 次历史信息的竞胜方单位时间片价格信息集合，汇总如下：

$$p=<p_{11}, p_{12}, \cdots, p_{1n1}; p_{21}, p_{22}, \cdots, p_{2n2}; \cdots; p_{in1}, p_{in2}, \cdots, p_{ini}; \cdots;$$

$$p_{m1}, p_{m2}, \cdots, p_{mnm}>$$

将上述 m 次的所有竞胜方单位时间片价格按升序重新排列，假定上式中竞胜方共有 a 个，则得到如下竞胜方序列：

$$p_{order}=<p_1, p_2, \cdots, p_a>$$

对于任意一个报价 b，可以根据其单位时间片投标价格 b_s 在上述序列中的插入点位置估计该单位时间片报价的中标概率，如下式：

$$\hat{q}(b_s)=\begin{cases} 0 & if \quad b_s<p_1 \\ \dfrac{j}{a} & if \quad p_j \leqslant b_s \leqslant p_{j+1} \\ 1 & if \quad b_s>p_a \end{cases} \tag{8-7}$$

根据式（8-7）中某报价的估计中标概率及该报价的盈余函数可得到式（8-8）中的投标方期望收益：

$$u(b)=\hat{q}(b_s) \times (x-b) \tag{8-8}$$

式中，x——报价 b 对应的最大预算值。

$(x-b)$——Agent 报价为 b 时对应的盈余函数。

显然，使式（8-8）期望收益最大的那个报价 b，即为 Agent 为下次投标估计的最佳出价，用式（8-9）表示，将其作为下次参与投标时的报价，是较为理想的。

$$\arg \max_b u(b) \tag{8-9}$$

根据上述相关信息，可生成 GDca 投标策略，具体流程如下：

（1）Agent 首次参与拍卖时，根据 8.2 节的原则，将投标数量 s 和最大截止期 D，变换为每次投标的时间片数量 r 和截止期 d，然后根据 ZI_C 策略随机确定第一次报价，而后进行投标。投标后，等待拍卖结果。

（2）得到拍卖结果后，如果中标，判断是否已完成投标任务，若完成，退出。若没有完成，记录各项结果信息，包括各竞胜方需支付的价格信息及竞胜的 CPU 时间片数量信息，并将本次各竞胜标与其他历史拍卖结果的各竞胜标一起，按单元价格从小到大重新排序，得到按升序排列的历史所有竞胜方价格队列；而后转（3）；如果失标，判断在截止期内是否还有可能完成任务，如果有可能完成，转（3），如果不能完成，则退出。

（3）判断自身的单元预算价格 uE 是否低于历史所有竞胜方价格队列的最低单元价格 p_{min}，若 $uE>p_{min}$，则按式（8-7）、式（8-8）、式（8-9）计算得到一个期望收益最大的理想报价 b，继续投标；否则，转（4）。

（4）从 $[0, uE\times r]$ 区间随机选取一个值作为出价 b 投标，转（2）。

由上述算法流程可知，该策略的最大特点是：以某报价的估计中标率和盈余乘积的最大值作为选择准则，可在较好的权衡中标可能性和收益的关系基础上，确定新报价。

8.3.4 基于模糊逻辑的 Agent 投标策略：FLca

基于模糊逻辑（Fuzzy Logic，FL）的投标策略是应用于 CDA 中的一种投标策略，买方和卖方同时根据上次买方的最高叫价、卖方的最低叫价和历史平均叫价三种信息，利用 Sugeno 型模糊推理机制来决定自己是接受对方的叫价还是重新产生新的叫价。其中买方的叫价必须遵循越来越高的升价规则，卖方的叫价必须遵循越来越低的叫价规则，直至成交或结束。同样每轮拍卖一般要经过买卖双方多次叫价协商方可成交。由于密封组合拍卖 CPU 时间片信息和 CDA 的情况不同，只有买方报价，且不遵循越来越高的原则。因此，本书没有使用 CDA 中的模糊推理机制。但是利用模糊理论来衡量多种价格的接近程度，从而确定新报价的思想，本书认为是一种新颖的尝试。为此，本书根据 CPU 密封组合拍卖的特点，提出了一种新的基于模糊逻辑的投标策略，简记为：FLca。具体设计过程如下：

鉴于 CPU 资源采用重复密封组合拍卖分配方式，每轮拍卖，各买方不但只有一次报价机会，而且还常存在执行截止期限限制。该机制中，如果每次拍卖结束后，Agent 总能根据各种拍卖信息，找到合适的新报价，就能有效地提高中标率，极大地满足截止期的要求。根据自身报价和历史各竞胜方支付价格的接近程度来确定新报价是较为理想的投标模式。但是为尽早完成投标任务，新报价必须在综合尽可能多的可利用信息的情况下，给出不同弹性的报价，才能最大限度地满足用户的截止时间要求。当 Agent 首次参与密封组合拍卖协议时，不能获悉历史拍卖结果信息，因此第一次报价无法参考历史竞胜标信息，可根据 ZI＿C 策略随机出价。以后每次参与拍卖，Agent 都能获悉相应的拍卖结果信息，这些信息可供 Agent 在计算新的报价时作为参考，达到及时合理地调整其报价的目的。显然自身报价与历史拍卖各竞胜方各种支付价格的差异程度是决策的关键因素之一，因此本书用模糊集 $F1$ 表示某 Agent 的单位时间片报价（简称单元报价）接近于历史竞胜标最低的单位时间片支付价格（简称单元价）的程度，用模糊集 $F2$ 表示某 Agent 的单元报价接近于历史竞胜标平均单元报价的程度，用模糊集 $F3$ 表示某 Agent 的单元报价接近于历史竞胜标最高单元价的程度。该 Agent 的报价与三个模糊集的接近程度，用隶属度表示。根据最大隶属度原则，判断该 Agent 的报价最接近哪种支付价以及多大程度的接近，从而得到本次报价的高低定位。三个模糊集的隶属度函数，选取 Trapezoidal 型函数，见式（8-10）和图 8-1。

$$
f(x, a, b, c, d) = \begin{cases} 0, & x \leqslant a \\ \left(\dfrac{x-a}{b-a}\right), & a \leqslant x \leqslant b \\ 1, & b \leqslant x \leqslant c \\ \left(\dfrac{d-x}{d-c}\right), & c \leqslant x \leqslant d \\ 0, & d \leqslant x \end{cases} \tag{8-10}
$$

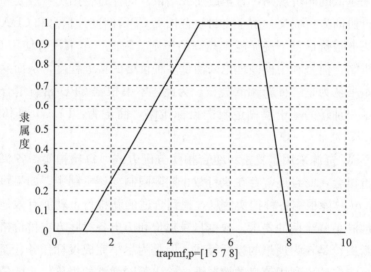

图 8-1　Trapezoidal 隶属度函数曲线

由式（8-10）及图 8-1 可以看出，该种隶属函数需要 4 个参数。为使 Agent的最新报价充分考虑历史竞胜标各种支付信息，本书将历史竞胜标最低单元价，竞胜标平均单元价－（竞胜标平均单元价－竞胜标最低单元价）×0.1，竞胜标平均单元价＋（竞胜标最高单元价－竞胜标平均单元价）×0.1，以及竞胜标最高单元价分别作为模糊集 F2 隶属函数的四个参数 a、b、c、d；模糊集 F1 隶属函数的四个参数为 $[0\ 0\ a\ b]$；模糊集 F3 隶属函数的四个参数为 $[c\ d\ 1\ 1]$。例如 $P_{low} = [0\ 0\ 0.2\ 0.5]$，$P_{medium} = [0.3\ 0.4\ 0.6\ 0.7]$，$P_{high} = [0.5\ 0.7\ 1\ 1]$，则三个隶属度函数曲线如图 8-2。

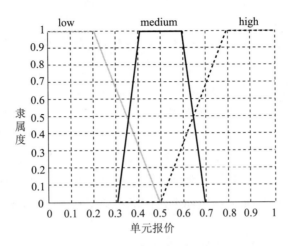

图 8-2 F1、F2 和 F3 Trapezoidal 隶属度函数曲线

对于某个单元报价 b 属于哪个模糊集，根据最大隶属度原则确定，即取 max 操作。如图 8-2 中，$b=0.5$ 时，可分别得到对应三个模糊集的隶属度为 0，1，0，根据最大隶属度原则，取其大者，则得出结论：单元报价 b 属于 F2 模糊集。

另外，考虑 Agent 截止期的要求，本算法除使用历史竞胜标信息外，还引入了新的报价约束。由于每个 Agent 投标数量一定，截止期限一定，每轮拍卖周期一定，因此 Agent 最多参与拍卖的次数（记为：TT）可确定，Agent 最少参与拍卖的次数（记为：ST）也可确定，从而参与拍卖的目标成功率（TR＝ST/TT）也可确定。显然 Agent 参与拍卖的实际成功率是 Agent 决策的一个重要因素。当实际成功率小于目标成功率较多时，受限于截止期约束，提高成功率成为最关键目标，因此必须合理增加报价。为此用模糊集 F4 表示实际成功率（x）低于理想成功率（理想成功率用来衡量目标成功率 TR 的合理变化区间）的程度；用模糊集 F5 表示实际成功率（x）接近于理想成功率（r）的程度；用模糊集 F6 表示实际成功率（x）高于理想成功率（r）的程度。某 Agent 投标的实际成功率所属模糊集同样根据最大隶属度原则确定。它们的隶属度函数，同样也选取 Trapezoidal 型函数。模糊集 F5 的四个参数分别为 $a=0.6 \times TR$，$b=0.95 \times TR$，$c=\min(TR \times 1.1, 1)$；$d=1$。模糊集 F4 的四个参数分别为 $[0\ 0\ a\ b]$；模糊集 F6 的四个参数分别为 $[a\ b\ 1\ 1]$。其隶属度函数曲线和图 8-2 相似，故省略。

基于上述模糊逻辑设计的 FLca 算法流程如下：

（1）Agent 首次参与拍卖，根据 8.2 节的原则，将投标数量 s 和最大截止期 D，变换为每次投标的时间片数量 r 和截止期 d，然后根据 ZI_C 策略随机确定第一次报价，而后进行投标。

（2）每次拍卖结果公布后，根据自己是否中标转入不同的处理，若中标，转（3），否则失标，转（4）。

（3）判断是否已完成所有投标任务，若完成，退出。否则转（4）。

（4）根据历史竞胜方信息和本次投标是否成功等信息，可得到历史竞胜方的竞胜标最低单元价（low），竞胜标平均单元价（$mean$）、竞胜标最高单元价（$high$）、投标成功率 sr（success ratio）。另设本次单元报价为 ub（unit bid）、单元极限价 UL（unit limit bid）、新单元报价为 nb（New unit Bid），则每个 Agent 新单元报价（nb）的确定方法由以下模糊推理规则确定，如下：

IF　中标

　　IF　ub　is　F_1，　　sr　is F_5　or　F_6

　　nb　is　$ub-(ub-low)\times rand$

　　IF　ub is　F_1，　　sr　is　F_4

　　nb　is　$\min(ub-(ub+low)\times rand, UL)$

　　IF　ub　is　F_2

　　nb is　$low+(ub-low)\times rand$

　　IF　ub　is　F_3

　　nb　is　$low+(mean-low)\times rand$

ELSE　％失标

　　IF 截止期内不可能完成任务

　　　　退出

　　ELSE

　　IF　ub　is　F_1，　　sr　is　F_5　or　F_6

　　nb is　$\min(low+abs(ub-low)\times rand, UL)$

　　IF　ub　is　F_1，　　sr is　F_4

　　nb　is　$\min(mean+abs(mean-low)\times rand, UL)$

　　IF　ub is　F_2

　　nb is　$\min(ub+abs(ub-mean)\times rand, UL)$

　　IF　ub　is　F_3

　　nb is　$\min(ub+abs(high-ub)\times rand, UL)$

　　END

　　END

（5）　根据 nb 和投标数量 r 可得到新的报价 b，进行投标，转（2）。

$$b\,(nb,\ r)\ =nb\times r \tag{8-11}$$

由算法流程可知，该策略根据隶属度函数判断报价的高低程度。而后根据上述模糊规则，不同程度地调整报价。报价较低时，无论中标否，均应考虑实际成功率，根据该值与理想成功率的差异程度，确定报价的变化幅度，来调整实际成功率向理想成功率贴近。在报价较高时，中标成功率相对较大，此时不用再考虑实际成功率的情形。因此在报价较高时，采取如果中标则不同幅度降低报价，如果失标则不同程度地小幅提高报价的策略。该策略将每次报价与实际成功率（或报价的中标概率）一起综合考虑，可有效地保证截止期的要求，而且能及时调整报价变化幅度，从而具有较强的竞标能力。

8.4　仿真实验及分析

为验证各投标算法的性能，作了一系列拍卖模拟实验，实验是在笔记本电脑（多处理器 T7200 2.0GHz/2GB RAM）上进行的。实验环境设置如下：

（1）组合拍卖连续进行 20 次，每次拍卖各阶段持续时间固定。拍卖开始后，各 Agent 进行投标，投标等待时间结束，主机使用竞胜标算法计算获胜方（竞胜方），而后在特定时间公布结果信息。包括该次拍卖竞胜方的投标价、分配的时间片数量以及投标 Agent 是否中标等信息。

（2）每次拍卖开始前，主机系统都会设定秘密保留价格。为简单起见，本实验设为 0。

（3）为消除随机性，客观验证各算法的性能。每组实验设置分别运行 50 次。各种结果取其平均值。

（4）假设主机有 N 个 Agent 欲投标，每个 Agent 的单元时间片的预算价格为 $[0,1]$。所有投标者风险中性。

在上述共同假设下，共做了 3 组实验，如下：

8.4.1　同类型投标策略的 Agent 种群实验

该组实验的特点是，重复拍卖 20 次，每次拍卖 30 个时间片。竞标种群为 20 个同样的 Agent，截止期限均为 M，任务大小服从指数分布，均值为 10，所有相同的 Agent 种群分别使用同一种策略参与竞标，各种策略竞标结果如表 8-11 所示（表中收益、收入均为电子货币单位）。

表 8-1 五种投标策略性能对比

投标策略	Agent 竞胜标收益	Agent 竞胜次数	得到 CPU 时间片数量	拍卖方平均收入	拍卖方收入
ZI_C	109.5	101	600	16.2	323.5
ZIPca	231.9	104	600	10.7	214.8
NZIPca	128.0	101	600	16.7	333.53
GDca	214	89	600	12.8	256.1
FLca	187.2	114	600	10.2	203.6

由表 8-1 可以看出，五种策略的性能，从 Agent 的角度看：

（1）按 Agent 的竞胜收益，从大到小依次为：ZIPca＞GDca＞FLca＞NZIPca＞ZI_C；

（2）按 Agent 的竞标能力（竞胜次数），从强到弱依次为：FLca＞ZIPca＞NZIPca＞GDca＞ZI_C；

（3）按拍卖方的收入比较，收入越少，意味着该策略的 Agent 支付越少，报价变化能力越强，从强到弱依次为：FLca＞ZIPca＞GDca＞ZI_C＞NZIPca。

综上，如果所有 Agent 同时选择一种策略竞标，则 FLca 和 ZIPca 综合性能较好，GDca 和 ZI_C 中等，NZIPca 最差。

8.4.2 ZIPca 和 NZIPca 两种 Agent 种群混合投标实验

该组实验的特点是，重复组合拍卖 20 次，每次拍卖 30 个时间片。Agent 种群是由分别采用 ZIPca 和 NZIPca 两种投标策略的 Agent 组成的混合种群。其中，两种策略的 Agent 数量相同，所有初始参数（包括预算限制，投标数量、最大截止时间、初始报价等）相同，任务大小服从指数分布，均值为 10。截止期限服从均匀分布，区间范围为：［任务大小，重复拍卖次数×拍卖时间片数］＝［任务大小，600］。首次拍卖时，已有 $10×2＝20$ 个 Agent 等待竞标，而后动态到达，到达率服从普阿松分布，平均到达率用 λ 表示，表 8-2 为 20 次拍卖中，每次拍卖 Agent 平均到达率 $\lambda＝4$ 个（每种策略 2 个），分别采用这两种投标策略的 Agent 的平均竞标结果。表 8-3 为 20 次拍卖中，每次拍卖 Agent 平均到达率为 $\lambda＝8$ 个（每种策略 4 个），两种策略 Agent 的平均竞标结果。

由表 8-2、表 8-3 可以看出，两种策略的性能，从竞胜标数量（20 次拍卖中，Agent 在截止期内竞标成功的数量）、竞胜次数、竞胜得到的 CPU 单元数量上看，NZIPca 策略的 Agent 竞标能力更强，竞争越激烈，获胜的 Agent 数量越多。但 Agent 的平均收益低于 ZIPca。这说明 NZIPca 策略适用于对截止期要求相对较为严格的 Agent 选用。ZIPca 策略适用于重视收益，但对截止期要求相对较为宽松的 Agent 选用。

表 8-2　　　　　ZIPca 和 NZIPca 投标策略性能对比（λ =4）

投标策略	Agent 竞胜标收益	Agent 竞胜次数	得到 CPU 时间片数量	拍卖方平均收入	拍卖方收入	竞胜 Agent 数量
ZIPca	84.4	33.0	245.5	13.2	264.8	32
NZIPca	66.6	39.5	341			38.5

表 8-3　　　　　ZIPca 和 NZIPca 投标策略性能对比（λ =8）

投标策略	Agent 竞胜标收益	Agent 竞胜次数	得到 CPU 时间片数量	拍卖方平均收入	拍卖方收入	竞胜 Agent 数量
ZIPca	72.3	32.5	193.5	15.5	310.2	28.5
NZIPca	76.5	57	405			51

注：表中结果均取均值。因此竞胜次数、得到 CPU 时间片数量、竞胜 Agent 数量不是整数。

8.4.3　混合投标策略的 Agent 种群实验

该组实验的特点是，重复组合拍卖 20 次，每次拍卖 30 个时间片。Agent 种群是由种投标策略的 Agent 组成的混合种群。其中，各种策略的 Agent 数量相同，所有初始参数（包括预算限制，投标数量、最大截止时间、初始报价等）相同，任务大小服从指数分布，均值为 10。截止期限服从均匀分布，区间范围为：[任务大小，重复拍卖次数×拍卖时间片数] ＝ [任务大小，600]。首次拍卖时，已有 5×4＝20 个 Agent 等待竞标，而后动态到达，到达率服从普阿松分布，平均到达率用 λ 表示，表 8-4 为每次拍卖每种策略的 Agent 平均到达率 2 个，λ ＝2×5＝10 个时，各种策略 Agent 的竞标结果。表 8-5 为每次拍卖每种策略的 Agent 平均到达 4 个，λ ＝4×5＝20 个时，各种策略 Agent 的竞标结果。

由表 8-4、表 8-5 可以看出，五种策略的性能，从竞胜标数量（20 次拍卖中，Agent 在截止期内竞标成功的数量）、竞胜次数、竞胜得到的 CPU 单元数量上看，采用 FLca 策略的 Agent 竞标能力最强，竞争越激烈，获胜的 Agent 数量越多。在 20 次拍卖中，Agent 平均达到率为 10 时（见表 8-4），根据 FLca 策略进行报价的 Agent 的竞胜人数占所有竞胜人数的 27%（计算方法为：采用 FLca 的竞胜 Agent 数量/所有策略的竞胜 Agent 数量之和）；Agent 平均达到率为 20 时（见表 8-5），根据 FLca 策略进行报价的 Agent 的竞胜人数占所有竞胜人数的 35%。该结果说明了 FLca 策略在动态竞争环境下，根据预算限制试图寻求满足最大截止期要求的报价策略的有效性。其他四种策略竞争能力从强到弱依次为 NZIPca、ZI_C、GDca 和 ZIPca。

表 8-4　　　　　　　五种投标策略性能对比（λ =10）

投标策略	Agent 竞胜标收益	Agent 竞胜次数	得到 CPU 时间片数量	拍卖方平均收入	拍卖方收入	竞胜 Agent 数量
ZI—C	15.4	15.6	108.2			14.8
GDca	23.4	14.0	88.1			13.5
ZIPca	19.3	10.0	56.1	15.9	318.6	10.0
NZIPca	26.7	21.0	160.5			19.7
FLca	22.9	23.1	177.5			21.5

表 8-5　　　　　　　五种投标策略性能对比（λ =20）

投标策略	Agent 竞胜标收益	Agent 竞胜次数	得到 CPU 时间片数量	拍卖方平均收入	拍卖方收入	竞胜 Agent 数量
ZI—C	12.8	13.4	95.2			13.1
GDca	17.7	12.2	77.3			12.1
ZIPca	7.9	5.9	24.3	20.4	407.3	5.8
NZIPca	26.6	22.0	181.1			20.6
FLca	25.3	28.8	218.7			27.3

从各种 Agent 的竞胜标收益上看，四种策略的单元收益，ZIPca 和 GDca 较好，FLca 和 ZI_C 较少。该结果符合拍卖市场机制的规律，价高者中标概率高。

综合表 8-4、表 8-5 结果，可得出如下结论：允许 Agent 采用各种投标策略的在线动态的 CPU 时间片拍卖环境中，FLca 和 NZIPca 策略竞争资源能力强，单元收益差，适于对截止期要求相对较为严格，对预算剩余或收益要求不高的 Agent 使用，但二者相比，FLca 策略竞标能力强于 NZIPca 策略，但单元收益不如 NZIPca。GDca 和 ZI_C 策略竞标能力差不多，但前者单元收益明显好于后者，因此适于对截止期要求相对宽松、对预算剩余要求较高的 Agent 使用。ZIPca 策略单元收益较好，但竞争资源能力最弱，因此只适于对截止期要求非常宽松或不做要求，对预算的剩余要求越多越好的 Agent 使用，但二者相比，GDca 策略竞标能力稍强，因此性能稍好。

另外从表 8-2、表 8-3、表 8-4、表 8-5 可以看出，Agent 越多，竞争越激烈，拍卖方收入越高。这说明了拍卖机制的有效性。从 CPU 资源分配效率上看，无论是同类型投标策略组成的种群，还是混合投标策略组成的种群，在区间范围为：［任务大小，重复拍卖次数×拍卖时间片数］时，都有接近 100％的分配效率。因此基于组合拍卖的 CPU 资源分配机制具有很高的分配效率。

8.4.4 算法小结

综合前三节仿真实验结果可以看出，Agent 投标策略的五种算法各有特点。根据本书中 Agent 竞争 CPU 资源的目标是在预算限制和截止期限限制内，越早完成竞标越好的评价原则判断，五种算法中，FLca 和 NZIPca 竞标能力最强，最能适应动态变化的 CPU 资源分配环境，因此性能较好。GDca 和 ZI_C 竞标能力中等，但前者收益较高，因此在相同情况下，应优选 GDca。如果 Agent 对截止期限要求相对宽松、对预算剩余有较高希望的话，应选择 GDca 为佳。ZIPca 竞标能力最差，但收益高。只有当 Agent 的目标是不计较截止期限，预算剩余越多越好的话，才应优先选择该策略。另外资源竞争较小的情况也可以考虑选择该策略。

8.5 本章小结

本章的主要目的是，设计适用于移动 Agent 系统的重复密封组合拍卖 CPU 资源机制的移动 Agent 投标策略。首先定义了问题模型，设计了关于 Agent 任务长度的处理方法。而后针对 CPU 组合拍卖的特点，提出了四种投标算法。

第一种是 ZIPca，由 CDA 中的 ZIP 投标策略改造而成，其独特之处在于：利用最近一次拍卖结果信息和强化学习的方法，生成下次报价，具有单元收益高、竞标能力弱的特点，适合于对最大截止期不作要求或要求相对非常宽松的场合。

第二种是 NZIPca，是根据组合拍卖特点和 ZIP 缺点提出的，其独特之处在于：只根据最近一次拍卖竞胜方支付信息，生成下次报价，具有单元收益弱、竞标能力较强的特点，适合于对最大截止期要求相对严格的场合。

第三种是 GDca，由 CDA 中的 GD 投标策略改造而成，其独特之处在于：利用多次历史拍卖的各种竞胜方支付信息，生成可产生最大期望收益的报价，具有单元收益高、竞标能力中等的特点，适合于对收益要求较高、对截止期要求相对宽松的场合。

第四种是 FLca，根据 CPU 组合拍卖特点提出的，其独特之处在于：利用模糊逻辑的方法，针对自身报价与历史竞胜标各支付信息的接近程度，以及 Agent 实际竞标成功率与理想成功率的接近程度，联合建立推理规则，生成新的报价，具有竞标能力最强、单元收益弱的特点，适合于对截止期要求较严格的场合。

仿真结果验证了上述四种投标算法的特性。其中 FLca 和 NZIPca 竞标能力强，最适应本书 Agent 的目标和在线动态的 CPU 时间片拍卖环境。二者相比，FLca 性能更佳。

9 结 论

本书深入了研究移动 Agent 系统信任、安全与资源分配问题，本部分把主要研究内容和创新点进行总结，并说明下一步要研究的问题。

9.1 主要研究内容

1. 移动 Agent 系统信任管理问题研究

逻辑上把移动 Agent 系统信任问题分成客观信任和主观信任两个层次进行研究，首先基于 SPKI 分析了移动 Agent、源主机和执行主机之间的信任关系，给出了信任需求图。提出基于 SPKI 与 RABC 的移动 Agent 系统客观信任对等管理模型（OTPMM），统一解决了移动 Agent 系统实体交互过程中的身份认证、操作授权和访问控制问题。在此基础上，重点研究移动 Agent 系统主观信任动态管理问题，提出移动 Agent 系统主观信任动态管理算法（STDMA）。基于 Josang 事实空间和观念空间的基本概念与 Gauss 可能性分布理论，使用"信任度"在 [0，1] 区间内对执行主机和移动 Agent 交互行为的信任程度进行量化表示。在指定的时间周期内，通过交互双方的直接交互经验和第三方的推荐信息采集交互对象的基础信任数据。给出了"公信主机选择算法"，"孤立恶意主机算法"，以及"信任度综合计算算法"，依据这些算法评价和预测交互主机的信任状态。每一个主机可根据自身的信任需求，指定信任门限值，以区分"可信主机"和"不可信主机"，选择自己的可信交互机群，孤立恶意主机。本章对提出的所有算法都进行了模拟实验验证，证明了使用给出的系列算法在选择可信主机和在孤立恶意主机方面的有效性。

2. 移动 Agent 安全保护问题研究

在分析移动 Agent 系统安全问题成因、现有移动 Agent 安全保护技术基础上，提出了一种强化移动 Agent 安全保护方法（IEOP 方法），解决在不可信任环境中恶意主机对移动 Agent 的攻击问题。该方法的思路是：先采用加密函数计算技术对敏感移动 Agent 加密；再用 IEOP 协议对加密 Agent 和执行结果分别进行封装；最后由源主机对可疑结果使用执行追踪技术进行检查，确认是否有恶意行为。使用 IEOP 协议对到不可信主机上执行任务的移动 Agent 能实现完整性和机密性保护，并能够析出恶意主机。在基于组件的移动 Agent 系统 HBAgent 中，初步实现了该方法并分析和测试了它的巡回时间性能，实验结果证明使用 IEOP 方法保护移动 Agent 的完整性和机密性，对移动 Agent 巡回时间产生的增量与迁移时间相比可以忽略不计。

3. 移动 Agent 系统安全功能评价问题研究

首先分析 CC 标准和通用评价方法论 CEM 的使用方法；然后，基于 CC 标准规范移动 Agent 系统安全功能开发过程，采用 MAS_PP 表达移动 Agent 系统安全需求，采用 MAS_ST 表达移动 Agent 系统安全目标，采用组件技术设计移动 Agent 系统安全子系统功能，并实施 CC—EAL3 等级的安全保证措施，目的是综合提升移动 Agent 系统安全功能效果。在此基础上，引入主观逻辑理论，对通用评价方法论 CEM 进行扩展，重点研究并给出了移动 Agent 系统安全功能确信度量化评价方法，以解决 CC_EALn～EALn＋1 两个等级之间的安全程度表示问题。最后，用三个评价示例验证了该方法是合理的与可行的，与其他评价方法比较具有更优化的性能。

4. 移动 Agent 系统 CPU 资源分配问题研究

分析了移动 Agent 系统 CPU 资源分配复杂性及拍卖的有效性，讨论了拍卖机制用于 CPU 资源分配的优势，综合分析了各种拍卖方式的可实现性、CPU 资源分配的特点、重复密封组合拍卖 CPU 时间片资源分配机制的优势，并设计了 CPU 资源组合拍卖协议协商过程。该协议允许主机系统设计以收入最大化为目标的分配策略，允许 Agent 根据自己的要求自由设计适合于自己目标的投标策略，充分体现了 Agent 和主机系统的自利性本质，可为不同类型的 Agent（有无具体截止期限要求）提供满足各自截止期要求的可区分服务。研究了组合拍卖 CPU 资源机制下的 CPU 资源分配策略，并针对对执行截止期限有无具体要求的两种 Agent 应用，提出了两种求解 CPU 资源最佳分配方案的算法，一种是改进的动态规划算法 IDP，适用于对执行截止期限无具体要求的 Agent 进行分配，仿真结果表明，该算法得到的解（分配方案）是最优解。另一种是针对组合拍卖 CPU 时间片资源的特殊性，专门设计的遗传算法 GASCAD，该算法可同时对截止期限有具体要求和无具体要求的 Agent 进行 CPU 资源分配。仿真结果表明，该算法进化搜索能力强，具有稳定性强、适应性强、求解精度高等优点。

5. 移动 Agent 投标策略研究

研究组合拍卖 CPU 资源机制下，适应不同目标的移动 Agent 投标策略，针对重复密封组合拍卖 CPU 时间片的特点及 Agent 的要求，设计了 Agent 多次投标时关于任务长度和截止期的处理方法，并在借鉴常规物品连续双边公开叫价拍卖（CDA）投标策略的思路基础上，提出了四种用于单边重复密封组合拍卖 CPU 时间片机制的投标算法：FLca、ZIPca、NZIPca 和 GDca。其中 ZIPca 根据 CDA 的 ZIP 策略改造而成，以最近一次拍卖信息和强化学习方法确定新报价；NZIPca 是根据组合拍卖特点和 ZIPca 的缺点提出的，只根据最近一次拍卖信息确定新报价；GDca 是根据组合拍卖特点和 CDA 的 GD 策略思想提出的，基于历史拍卖的各种竞胜标支付信息和单元期望收益最佳原则，确定新报价的投标算法；FLca 是利用模糊数学的思想提出的，针对自己的报价与历史拍卖的竞胜标各种支付价格的贴近程度及拍卖的实际成功率与理想成功率的贴近程度，分别建立模糊集及模糊推理规则，并据此确定新报价的投标策略。仿真结果表明，FLca 竞争资源能力最强，适应动态环境能力强，但单元收益较差，适于那些对截止期要求相对较为严格，对预算的剩余或收益要求不高的 Agent 使用。NZIPca 竞争资源能力仅次于 FLca，也具有适应动态环境能力强，单元收益差的特点，同样适于那些对截止期要求相对较为严格，对预算的剩余或收益要求不高的 Agent 使用。GDca 竞争资源能力中等，强于 ZIPca，但收益较高，适于截止期要求相对宽松、对预算剩余要求较高的 Agent 使用。ZIPca 单元收益最佳，但竞争资源能力最弱，仅适于对截止期要求相对非常宽松或不做要求，对预算的剩余要求越多越好的 Agent 使用。

9.2 主要创新点

1. 提出一种移动 Agent 系统客观信任对等管理模型（OTPMM），基于该模型提出一种移动 Agent 系统主观信任动态管理算法（STDMA）

基于 SPKI 和 RBAC 技术设计身份与属性证书，统一解决移动 Agent 和执行主机之间的身份认证、操作授权和访问控制问题。在客观信任管理基础上，对移动 Agent 和执行主机的交互行为实施主观信任动态管理，给出的一系列算法计算"信任度"，对交互主机信任状态进行评价和预测，交互主机可以根据自身的信任需求指定信任门限值，选择自己的可信交互机群，孤立恶意主机。

2. 提出一种增强移动 Agent 安全保护的方法（IEOP）

在不可信环境中，采用加密函数计算技术对移动 Agent 敏感代码和数据进行加密，再用改进后的 EOP 协议对加密后的移动 Agent 进行封装，最后由源主机对可疑执行结果采用执行追踪技术进行检查，能有效保护保护移动 Agent 的完整性和机密性。

3. 提出一种移动 Agent 系统安全功能确信度量化评价方法（CEM_MAS）

基于 CC 标准规范移动 Agent 系统安全功能开发过程，引入主观逻辑理论，对 CC 通用评估方法论 CEM 进行扩展，重点提出一种移动 Agent 系统安全功能确信度量化评价方法 CEM_MAS，解决 EALn～EALn＋1 等级之间的安全程度量化评价问题。

4. 提出了移动 Agent 系统两种 CPU 资源分配算法

针对组合拍卖 CPU 时间片分配目标（最大化收入）及移动 Agent 对截止期限有无具体要求，提出了两种 CPU 资源分配算法。一种是改进的动态规划算法——IDP，适用于对执行截止期限无具体要求的 Agent 进行分配。另一种是针对组合拍卖 CPU 时间片资源的特殊性，专门设计的遗传算法——GASCAD，该算法可同时对截止期限有具体要求和无具体要求的 Agent 进行 CPU 资源分配。

5. 提出了四种移动 Agent 投标算法

针对重复密封组合拍卖 CPU 时间片的特点及 Agent 的要求，设计了 Agent 多次投标时关于任务长度和截止期的处理方法，并在借鉴常规物品连续双边公开叫价拍卖（CDA）投标策略的思路基础上，提出了四种用于单边重复密封组合拍卖 CPU 时间片机制的移动 Agent 投标算法：FLca、ZIPca、NZIPca 和 GDca。

9.3　进一步研究内容

在云计算环境下，移动 Agent 系统是一种新型的计算范型，对其关键性技术的研究不够广泛也不够深入，本书对移动 Agent 系统信任、安全、资源分配的研究也需要进一步深入。

（1）在自开发的移动 Agent 系统原型（HBAgent）中，增加主观信任动态管理组件，实现可信主机选择。结合移动 Agent 路由方式，改进信任管理组件和安全控制组件。通过系统实验进一步检验信任管理组件对移动 Agent 系统运行效率的影响，使之更加完善与实用。改进加密算法，优化实现 IEOP 协议，充分保护移动 Agent 完整性和机密性。

（2）进一步研究基于信任管理的移动 Agent 系统资源分配方案。

（3）进一步研究移动 Agent 多任务调度策略和方法。

（4）把本书对移动 Agent 系统的相关理论和技术研究，实际应用于移动电子商务领域，开发一系列应用系统。

参 考 文 献

［1］ BOSS G，MALLADI P，QUAN D，et al. Cloud Computing ［EB/OL］．http：//downl   oad. boulder. ibm. com/ibmdl/pub/software/dw/wes/hipods/Cloud _ com puting _ wp _ final _ 8Oct. pdf.

［2］ Cloud Computing Forum & Workshop ［EB/OL］．［2010 - 08 - 20］．http：//www. nist. gov/itl/cloud. cfm.

［3］ R. GRAY，G. CYBENKO，D. KOTZ，et al. Mobile Agents and State of the Art. J. Bradshaw，Handbook of Agent Technology ［M］．AAAI/MIT Press，2002.

［4］ 韩国栋. 一种基于组件技术的移动 Agent 平台与应用研究 ［D］．石家庄：军械工程学院，2007.

［5］ BUSI N，PADOVANI L. A Distributed Implementation of Mobile Nets as Mobile agents. In：Proceedings of the 7th IFIP WG 6. 1 International Conference on Formal Methods for Open Object-based Distributed Systems ［M］．Berlin：Springer，2005.

［6］ J. BRADSHAW. An Introduction to Software Agents. Software Agents ［M］．AAAI Press/MIT Press，1997.

［7］ IBM GMD FORKUS. Mobile Agent Interoperability Facilities Specification ［EB/OL］．［1998 - 03 - 09］．http：//wenku. baidu. com/view/a76a961ec5da50e2524d7f38. html.

［8］Foundation for Intelligent Physical Agents ［M］．Published by FIPA，September，2002.

［9］ FIPA ARCHITECTURE BOARD. FIPA Abstract Architecture Specification ［C］．Foundation for Intelligent Physical agents，reference SC00001L，Geneva，Switzerland，2002.

［10］ Agent Facility. htm ［EB/OL］．［2000 - 01 - 02］．http：//www. omg. org/technology/documens/formal/mobile .

［11］ ICHIRO SATOH. An Architecture for Next Generation Mobile agent Infrastructure [EB/OL] . http：//wenku. baidu. com/view/2d0ebbec5ef7ba0d4a733ba5. html.

[12] S. FRANKLIN，A. GRAESSER. Is It an Agent or Just a Program? A Taxonomy for Autonomous agents. Intelligent agents III-agent Theories，Architectures and Languages (ATAL' 96) [M] . Berlin ：Springer-Verlag，1996.

[13] JOHANSEN D. ，SUDMANN N. P. ，VAN RENESSE R. Performance Issues in TACOMA [C] . Proceedings of the 3rd ECOOP Workshop on Mobile Object Systems：Operating System support for Mobile Object Systems，1997，Jyvälskylä，Finland.

[14] JOHN K. OUSTERHOUT，JACOB Y. LEVY，BRENT B. Welch. The Safe-Tcl Security Model，Technical Report SMLI TR-97-60 [R] . Sun Microsystems，1997.

[15] MITSUBISHI ELECTRIC. Concordia：An Infrastructure for Collaborating Mobile agents [C] . In Proceedings of the 1st International Workshop on Mobile agents (MA'97)，1997.

[16] THE AGLETS TEAM. Aglet Software Development Kit [EB/OL] . [2007 - 8 - 21] . http：//freecode. com/projects/aglets.

[17] IKV++ GMBH CORP. Grasshopper Basics and Concepts [EB/OL] . http：//www. softwareresearch. net/fileadmin/src/docs/teaching/SS04/ST/BasicsAndConcepts2. 2pdf.

[18] OBJECTSPACE INC. Objectspace Voyager Technical Overview [EB/OL] . http：//www. objectspace. com/voyager.

[19] STEFANIA BANDINI，SARA MANZONI，GIUSEPPE VIZZARI. Agent Based Modeling and Simulation [J] . Encyclopedia of Complexity and Systems Science2009 (1)：184 - 197.

[20] J. WHITE. Telescript Technology：Mobile agents. Software agents. General Magic whitepaper [M] . AAI/MIT Press，1996.

[21] ROBERT S. GRAY. Agent Tcl：A flexible and Secure Mobile agent system. In Proceedings of the Fourth Annual Tcl/Tk Workshop (TCL' 96) [C] . 1996.

[22] GUNTER KARJOTH，DANNY LANGE，MITSURU OSHIMA. A Security Model for Aglets [J] . IEEE Internet Computing，1997：68 - 77.

[23] ObjectSpace Voyager Core Package Technical Overview. Technical report [R] . ObjectSpace, Inc. , 1997.

［24］ DAVID WONG，NOEMI PACIOREK，TOM WALSH，et al. Concordia：An Infrastructure for Collaborating Mobile Agents ［J］. Lecture Notes in Computer Science，1997 (12)：86 – 97.

［25］ D. S. MILOJICIC，W. LAFORGE，D. CHAUHAN. Mobile Objects and Agents（MOA）［J］. In 4th USENIX Conf. on OO Tech. and Sys.，1998：179 – 194.

［26］ T. GSCHWIND，M. FERIDUN，S. PLEISCH. ADK—Building Mobile agents for Network and Systems Management from Reusable Components ［C］. Proc. First Int' l Conf. Agent Systems and Applications/Mobile Agents，ASAMA'99，1999.

［27］ P. MARQUES，N. SANTOS，L. SILVA，et al. The security architecture of the M&M Mobile Agent Framework. In Proc. of the SPIE' s Int' l. Symp. on The Convergence of Information Technologies and Communications ［C］. 2001.

［28］陶先平，冯新宇，李新，等. Agent 系统的通信机制［J］. 软件学报，2000，11 (8)：1060 – 1065.

［29］骆正虎. 移动 Agent 系统若干关键技术问题研究 ［D］. 合肥：合肥工业大学，2002.

［30］李刚. MARP：一个移动代理平台的关键问题的研究 ［D］. 西安：西安交通大学，2002.

［31］胡建理. 移动 agent 路由策略及安全性问题研究 ［D］. 石家庄：军械工程学院，2006.

［32］刘大有，杨鲲，陈建忠. 移动 Agent 研究现状与发展趋势 ［J］. 软件学报，2000，11 (3)：315 – 321.

［33］谢希仁. 计算机网络 ［M］. 4 版. 北京：电子工业出版社，2004.

［34］郑人杰，等. 实用软件工程 ［M］. 2 版. 北京：清华大学出版社，2001.

［35］ DAVID KOTZ，ROBERT GRAY，DANIELA RUS. Future Directions for Mobile-agent Research. Technical Report TR2002 – 415 ［R］. Department of Computer Science，Dartmouth College，2002.

［36］ LANGE D. B.，OSHIMA，M. Seven Good Reasons for Mobile Agents ［J］. Commication of the ACM，Vol. 42，1993 (3).

[37] AUDUN JOSANG. A Logic for Uncertain Probabilities [J]. International Journal of Uncertainty, Fuzziness and Knowledge Based System, 2001, 9 (3): 279 - 311.

[38] AUDUM JOSANG, VIGGO A BONDI. Legal reasoning with subjective logic [J]. Artificial Intelligence and law, 2001, 8 (4): 289 - 315.

[39] JORIS CLAESSENS, BART PRENEEL, JOOS VANDEWALLE. How can mobile agents do secure electronic transactions on untrusted hosts? a survey of the security issues and the current solutions [J]. ACM Trans Inter Tech, 2003, 3 (1): 28 - 48.

[40] SERGI ROBLES. Mobile agent Systems and Trust, A Combined View toward Secure Sea-of-DataApplications [EB/OL]. http: //www. tdx. cesca. es/ TESIS_UAB/ availableAVAILABLE/ TDX - 1128102 - 173916//srmldel.

[41] GAMBETTA D. Can We Trust Trust? [A]. Gambetta D. Trust: Making and Breaking Cooperative Relations [C]. Basil Blackwell: Oxford Press, 1990: 213 - 237.

[42] BLAZE M, FEIGENBAUM J, LACY J. Decentralized trust management. In: Dale, J., Dinolt, G., eds. Proceedings of the 17th Symposium on Security and Privacy. Oakland, CA: IEEE Computer Society Press, 1996: 164 - 173.

[43] POVEY D. Developing Electronic Trust Policies Using a Risk Management Model [A]. Proceeding of the 1999 CQRE Congress [C]. 1999: 1 - 16.

[44] ABDUL-RAHMAN A, HAILES S. A Distributed Trust Model [A]. Proceeding of the 1997 New Security Paradigms Workshop [C]. Cumbria ACM Press, 1998: 48 - 60.

[45] ABDUL-RAHMAN A, HAILES S. Using Recommendations for Managing Trust in Distributed System [A]. Proceeding of the IEEE Malaysia International Conference on Communication' 97 (MICC' 97) [C]. Kuala Lumpur IEEE Press, 1997.

[46] ICE-TEL Successfully Established a Pilot Certification Authority Infrastructure Throughout, Using a Root CA Based in Denmark [EB/OL]. [2008 - 06 -10]. http: //security. polito. it/.

[47] 张鹏程, 陈克非. 一种新的公钥基础设施——SPKI [J]. 计算机科学, 2003 - 01 - 15.

［48］陈飞舟 . 电子商务中基于 SPKI 证书的信任关系［D］. 重庆：重庆大学，2004.

［49］BLAZE M，FEIGENBAUM J，LACY J. Decentralized trust management［M］. Oakland，CA：IEEE Computer Society Press，1996.

［50］http：//eprints. ecs. soton. ac. uk/ 6399/. Available on 05/16/2008.

［51］R. GUHA，R. KUMAR，P. RAGHAVAN，et al. Propagation of Trust and Distrust［C］. In Proceedings of the Thirteenth International World Wide Web Conference，ACM，New York，2004.

［52］DERBAS G，KAYSSI A，ARTAIL H，et al. A reputation-based trust model for peer to peer ecommerce communities［C］. Proceedings of the IEEE International Conference on E-Commerce，2003.

［53］http：//www. computer. org/csdl/proceedings/cec/2004/2098/00/20980321-abs. html.

［54］Y. WANG，J. VASSILEVA. Bayesian network-based trust model in peer-to-peer networks［A］. Proceedings of the Workshop on "Deception，Fraud and Trust in Agent Societies" at the Autonomous Agents and Multi Agent Systems 2003（AAMAS－03）［C］. Berlin：Springer-Verlag，2003：23－34.

［55］YAN WANG，VIJAY VARADHARAJAN. Interaction Trust Evaluation in Decentralized Environments［EB/OL］. http：//www. comp. mq. edu. au/—yanwang/ecweb-12 _ final. pdf.

［56］GUI XIAOLIN，et al. Study on the Behavior-Based Trust in Grid Security System，Service Computing，2004.（SCC 2004）［C］. IEEE International Conference 15－18 September，2004.

［57］Y WANG，J VASSILEVA. Trust：Developing Trust in Peer-to-Peer Environments［EB/OL］. http：//www. comp. mq. edu. au/—yanwang/SCC05 _ final. pdf.

［58］YU BIN，SINGH M P. Detecting deception in reputation management［C］. Proceedings of the 2nd International Joint Conference on Autonomous Agents and Multiagent Systems. New York：ACM，2003：14－18.

［59］唐文，陈冲 . 基于模糊集合的主观信任管理模型研究［J］. 软件学报，2003，14（8）：1401－1408.

［60］R GUHA，R KUMAR，P RAGHAVAN，et al. Propagation of Trust

and Distrust [C]. In Proceedings of the Thirteenth International World Wide Web Conference, ACM, New York, 2004.

[61] PERLMAN R. An overview of PKI trust model [J]. IEEE Networks vol. 13, December, 1999: 38 – 43.

[62] ANDREW NASH, WILLIAM DUANE, CELIA JOSEPH, et al. PKI: Implementing and Managing E-Security [M]. Osborne/McGraw-Hill 2003.

[63] http: //world. std. com/—cme/html/spki. html.

[64] ELLISON C, FRANTZ B, LAMPSON B, et al. SPKI Certificate Theory, Request For Comments 2693 [J]. Internet Engineering Task Force, 1999 (9).

[65] ELLISON C. SPKI Requirements, Request for Comments 2692 [J]. Internet Engineering Task Force, 1999 (9).

[66] ELLISON C, FRANTZ B, LAMPSON B, et al. SPKI Examples [J]. The Internet Society, 1998 (3).

[67] SERGI ROBLES. Mobile Agent Systems and Trust, A Combined View toward Secure Sea – of – Data Applications [EB/OL]. http: //www. tdx. cesca. es/TESIS_UAB/AVAILABLE/TDX-1128102-173916//srmldel.

[68] 林琪，张建伟. 恶意主机上的移动代理安全 [J]. 计算机工程，2002 (6)：118 – 120.

[69] K. SINGELEE, J. C. A. vander Lubbe. Security in Mobile Code. In 25th Symposium on Information Theory in the Benelux, Rolduc, Kerkrade, the Netherlands, June 2004.

[70] D. SINGELEE AND B. PRENEEL. Secure e-commerce using mobile a-gents on untrusted hosts [R]. Computer Security and Industrial Cryptography (COSIC) Internal Report, May, 2004.

[71] http: //wenku. baidu. com/view/eb42e1eab8f67c1cfad6b8a9. html.

[72] L. CAPRA. Engineering Human Trust in Mobile agent System Collabo-rations [C]. In Proc. Of the 12th International Symposium on the Foundations of Software Engineering (SIGSOFT2004/FSE – 12). November 2004, Newport Beach, CA.

[73] JOSAN A, KNAP SKOG S J. A Metric for Trusted Systems, Global

IT Security [M]. Wien：Austrian Computer Society，1998.

[74] JOSAN A. Trusted-based Decision Making for Electronic Transactions [EB/OL]. Proceedings of the 4th Nordic Workshop on Secure Computer System (NORDSEC'99)，http：//security. dstc. edu. au/staff/ajosan/paper. html，1999.

[75] WANG SUZHEN, WANG JIAZHEN, DANG CHEN，et al. Trust Measurement and Management in Mobile agent System [C]. 7th International Symposium on Test and Measurement. (ISTM2007). Beijing China，2007.

[76] WANG SUZHEN, WANG JIAZHEN PENG DEYUN. A Method to Evaluate Security Performance of Mobile agent System [C]. 2006 IEEE International Conference on Service Operations and Logistics，and Informatics. Shanghai China，2006.

[77] SUZHEN WANG, JIAZHEN WANG, CHEN DANG，et al. A Trust Evaluation Method of Mobile agent System [C]. 2007 International Conference on Wireless Communications Networking and Mobile Computing. (WINCOM2007)，Shanghai China，2007 (EI).

[78] G. GRIMMETT. Probability：An Introduction [M]. Oxford University Press，1986.

[79] YAN WANG，VIJAY VARADHARAJAN. Interaction Trust Evaluation in Decentralized [EB/OL]. http：//www. comp. mq. edu. au/—yanwang/ecweb-12 _ final.

[80] JOSANG A. The Right Type of Trust for Distributed Systems [A]. Measows C. Proceedings of the New Security Paradigms Workshop [C]. Lake A rrowhead：ACM Press，1996.

[81] JOSANG A. A Model for Trust in Security Systems [EB/OL]. Proceedings of the 2nd Nordic Workshop on Secure Computer Systems，http：//security. dstc. edu. au/staff/ ajosang/ papers. html，1977.

[82] JOSANG A. A Subjective Metric of Authentication [A]. Quisquater J. Proceedings of the ESORICS' 98 [C]. Louvain-la-Neuve：Springer Verlag，1998：329 – 344.

[83] 李向前，宋昆. 高可信网络信任度评估模型的研究与发展 [J]. 山东农业大学学报：自然科学版，2006，37 (2)：243 – 247.

[84] 常俊胜，王怀民，尹刚. DyTrust：一种 P2P 系统中基于时间帧的动态

信任模型 [J] . 计算机学报，2006，29（8）.

[85] http：//www. nist. gov. 2008/08/06 available.

[86] http：//sec. isi. salford. ac. uk/cms2004/Program/CMS2004final/ p2a3. pdf.

[87] MD. NURUL HUDA, SHIGEKI YAMADA, EIJI KAMIO-KA. Privacy Protection in Mobile Agent Based Service Domain [C] . In：Third International Conference on Information Technology and Applications（ICITA' 05）Volume 2. Issue Date：July 2005：482 – 487.

[88] MICHELLE S. WANGHAM, JONI S. FRAGA, RICARDO J. RABELO, LAU C. LUNG. Secure Mobile Agent System and Its Application in the Trust Building Process of Virtual Enterprises [M] . In：Multi-agent and Grid Systems archive. Volume 1，Issue 3（August 2005）table of contents，2005.

[89] 谭湘，顾毓清，包崇明. 移动 Agent 系统安全性研究综述 [J] . 计算机研究与发展，2003，40（7）.

[90] 冯兵. 网络安全脆弱性综合测评方法理论与应用研究 [D] . 石家庄：军械工程学院，2004.

[91] 张千里，陈光英. 网络安全新技术 [M] . 北京：人民邮电出版社，2003.

[92] 王汝传，等. 移动代理安全性研究综述 [J] . 重庆邮电学院学报：自然科学版，2004（3）：81 – 86.

[93] 李新，吕建，曹春，等. 移动 Agent 系统的安全性研究 [J] . 软件学报，2002（10）.

[94] 候方勇，李宗伯，刘真. 移动代理防范恶意主机安全技术研究 [J] . 计算机应用研究，2004（9）.

[95] http：//java. sun. com/javase/technologies/security/ index. jsp. 2007.

[96] http：//java. sun. com/ javase/technologies/security/ index. jsp. 2007.

[97] S. LOUREIRO, R. MOLVA，Y. ROUDIER. Mobile Code Security Institut Eurecom，2001.

[98] W. FORD, M. BAUM, Secure Electronic Commerce [M] . Prentice-Hall Inc，1997.

[99] FARMER W. ，GUTTMAN J. SWARUP V. Security for mobile a-gents：authentication and state appraisal [C] . Proceedings of the European

Symposium on Research in Computer Security (ESORICS' 96), Lecture Notes in Computer Science, 1996.

[100] http: //wenku. baidu. com/view/7c9cdb21bcd126fff7050b13. html.

[101] G. C. NECULA, P. LEE. Proof-carrying code [R] . Technical Report, CMUCS - 96 - 165, Camegie Mellon University, Pittsburgh, USA, September, 1996.

[102] H. K. TAN, L. MOREAU, D. CRUICKSHANK, et al. Certificates for Mobile Code Security", In Proceeding of The 17th ACM Systems, 2002: 76.

[103] R. SEKER, C. R. RAMAKRISHNAN. Model-carrying code (MCC): A new paradigm for mobile-code security [M] . New York: ACM Press, 2001.

[104] H. K. TAN AND L. MOREAU. Execution Tracing for Mobile Code Security [C] . In K. Fischer and D. Hutter (Eds.), Proceedings of Second International Workshop on Security of Mobile Multi agent Systems (SEMAS' 2002), Bologna, Italy, 2002.

[105] V. ROTH. Mutual protection of cooperating agents [M] . Springer Verlag, 1999.

[106] V. ROTH. Secure Recording of Itineraries through Cooperating agents [C] . Proceeding of the ECOOP Workshop on Distributed Object Security and 4th Workshop on Mobile Object System: Secure Internet Mobile Computations, INRIA, France, 1998.

[107] J. RIORDAN, B. SCHNEIER. Environmental Key Generation Towards Clueless agents [M] . Springer-Verlag, 1998.

[108] T. SANDER, C. TSCHUDIN. Protecting Mobile agent Against Malicious Hosts [M] . Springer Verlag, 1998.

[109] SERGIO LOUREIRO, REFIK MOLVA. Function Hiding Based on Error Correcting Codes [C] . Proceedings of Cryptec' 99, International Workshop on Cryptographic Techniques and Electronic Commerce, Hong Kong, 1999: 92 - 98.

[110] L. D' Anna, B. Matt, A. Reisse, T. Van Vleck, Schwab, and P. Leblanc. Self-Protecting Mobile agents Obfuscation Report [R] . Report 03 - 015, Network Associates Laboratories, 2003.

[111] G. WROBLEWSKI. General Method of Program Code Obfuscation [D]. Wroclaw University of Technology, Institute of Engineering Cybernetics, 2002.

[112] FRITZ HOHL. Time Limited Blackbox Security: Protecting Mobile Agent from Malicious Hosts [C]. Mobile Agents and Security, Springer Verlag LNCS 1419, 1998: 92 – 113.

[113] TOMAS SANDER, CHRISTIAN TSCHUDIM. Towards Mobile Cryptography [C]. Proceedings of the 1998 IEEE Symposium on Security and Privacy, IEEE Computer Society, Los Alamitos, Calif. 1998: 215 – 224.

[114] YOUNG, M. YUNG. Encryption Tools for Mobile agents: Sliding Encryption [M]. Springer-Verlag, Germany, 1997.

[115] MIHIR BELLARE, BENNET YEE. Forward Integrity for Secure Audit Logs [EB/OL]. http: //www. cs. ucsd. edu/user/bsy/pub/fi. ps, 1997.

[116] G. KARJOTH, N. ASOKAN, C. GLC. Protecting the Computation Results of Free Roaming agents [C]. Second International Workshop on Mobile agents, Stuttgart, Germany, Setp. 1998.

[117] PALMER E. An Introduction to Citadel: A Secure Crypto Coprocessor for Workstations [C]. Proceedings of the IFIP SEC' 94 Conference, Curacao, 1994: 9 – 14.

[118] 王汝传，徐小龙，郑晓燕，等. 移动代理安全机制模型的研究 [J]. 计算机学报, 2002, 25 (12): 1299 – 1301.

[119] 林琪，张建伟. 恶意主机上的移动代理安全 [J]. 计算机工程, 2002 (6): 118 – 120.

[120] EWA Z BERN. Protecting Mobile Agent in a Hostile Environment [C]. Agent Technology III (MAMA' 2000), ICSC Academic Press, Canada, 2000.

[121] G. VIGNA. Protecting mobile agents though tracing [M]. Finland: Springer Verlag, 1997.

[122] FEIGENBAUM J, MERRITT M. Open Questions, Talk Abstracts and Summary of Discussions. DIMACS Series in Discrete Mathematics and Theoretical Computer Science, 1991, 2: 1 – 45.

[123] 罗敦红，张红旗. 基于加密 EOP 的移动代理安全机制 [J]. 电子技

术学院学报，2006.4.

［124］http：//www. utd. edu/—mhg042000/ paper/AED03. pdf.

［125］苏智睿. 新型网络安全防护技术——网络安全隔离与信息交换技术的研究［D］. 北京：电子科技大学，2004.

［126］http：//aglets. sourceforge. net/usermanual. html. 2008/02/02avilable.

［127］http：//wenku. baidu. com/view/dbe993e86294dd88d0d26b38. html.

［128］The International Organization for Standardization. Common Criteria for Information Technology Security Evaluation-Part 2：Security Functional Requirements ［S］. ISO/IEC 15408－2：1999（E），1999.

［129］The International Organization for Standardization，Common Criteria for Information Technology Security Evaluation-Part 3：Security Assurance Requirements ［S］. ISO/IEC 15408－3：1999（E），1999.

［130］周欣. 远程教育系统中考试子系统的安全策略研究［D］. 重庆：重庆大学，2002.

［131］石文昌，孙玉芳. 信息安全国际标准CC的结构模型分析［J］. 计算机科学，2001（9）.

［132］王锋.（CC）标准化工作回顾与展望［J］. 网络信息与安全，2003（1）.

［133］高常波. CC工具箱系统开发［D］. 成都：四川大学，2004.

［134］W. BINDER，V. ROTH. Secure mobile agent systems using Java：where are we heading? ［C］. Proceedings of the 2002 ACM Symposium on Applied Computing，2002.

［135］许永国. 拍卖经济理论综述［J］. 经济研究，2002（9）：84－89.

［136］殷红. 几类特性物品的拍卖机制设计理论及方法研究［D］. 武汉：武汉大学，2005.

［137］http：// agent. cs. dartmouth. edu /paper/gray：spe. pdf. available on 06/06/2008.

［138］石文昌，孙玉芳. CC标准框架下安全确信度的定量描述方法［J］. 广西科学，2002，9（1）：1－5.

［139］冯新宇，陶先平，曹春，等. 一种改进的移动 Agent 通信算法［J］. 计算机学报，2002，（4）：357－364.

［140］周龙骧. 关于"可移动 Agent 系统位置透明通信的一种实现"的一点注记［J］. 计算机学报，2003（4）：511－512.

[141] 郭忠文，刘慧，尚传进．Agent 推与拉通信模式性能比较临界条件及推模式算法 [J]．计算机研究与发展，2007（3）：392-398.

[142] 刘大有．一种 Agent 通信中逻辑意外信息转换方法 [J]．计算机研究与发展，2007（3）：7-33.

[143] 张阳，曹迎春，黄皓，等．移动 Agent 系统中的安全问题和技术综述 [J]．计算机科学，2005（3）：86-95.

[144] 张至柔，罗四维，陈歆，等．移动 Agent 在网格中的路径优化算法研究 [J]．计算机研究与发展，2006（5）：791-796.

[145] 杜荣华，姚刚，吴泉源．蚁群算法在移动 Agent 迁移中的应用研究 [J]．计算机研究与发展，2007（7）：282-287.

[146] 李琪林，王敏毅，姚芸，等．一种基于移动 Agent 的动态计算资源模型的研究 [J]．计算机研究与发展，2004（7）：1157-1165.

[147] 扬公平，曾广周，卢朝霞．移动 Agent 系统中的排队机制研究 [J]．计算机学报，2005（11）：1817-1822.

[148] 刘爱珍，王嘉祯，彭德云，等．一种高效的基于拍卖背包体制的移动 Agent 调度策略 [J]．计算机应用研究，2007（6）．

[149] 郑宇，何大可，何明星．基于可信计算的移动终端用户认证方案 [J]．计算机学报，2006（8）：1255-1264.

[150] 廖俊国，洪帆，朱更明，等．基于信任度的授权委托模型 [J]．计算机学报，2006（8）：1265-1270.

[151] 华熹．一种基于身份的多信任域认证模型 [J]．计算机学报，2006（8）：1271-1281.

[152] 高迎，程涛远，王珊．对等网信任管理模型及安全凭证回收方法的研究 [J]．计算机学报，2006（8）：1282-1289.

[153] 姜守旭，李建中．一种 P2P 电子商务系统中基于声誉的信任机制 [J]．软件学报，2007，18（10）：2551-2563.

[154] 邓晓衡，卢锡城，王怀民．iVCE 中基于可信评价的资源调度研究 [J]．计算机学报，2007（10）：1750-1762.

[155] FERNANDES D. L. , SABOIA V. F. S. , DE CASTRO M. F, et al. A Secure Mobile Agents Platform Based on Peer-to-Peer Infrastructure [C]．International Conference，2006.

[156] AZZEDINE BOUKERCHE, YONGLIN REN, ZHENXIA ZHANG.

Performance Evaluation of an Anonymous Routing Protocol using Mobile Agents for Wireless Ad hoc Networks ［C］. 32nd IEEE Conference on Local Computer Networks (LCN 2007)，2007.

［157］ AXEL BURKLE, BARBARA ESSENDORFER, ALICE HERTE, et al. A Test Suite for the Evaluation of Mobile Agent Platform Security［C］. 2006 IEEE/WIC/ACM International Conference on Intelligent Agent Technology (IAT'06)，2006.

［158］ LEILA ISMAIL. Evaluation of Authentication Mechanisms for Mobile Agents on top of Java［C］. 6th IEEE/ACIS International Conference on Computer and Information Science (ICIS 2007)，2007.

［159］杨娟，邱玉辉，李建国，等. 一种应用部件可动态规划的 MA 模型［J］. 计算机研究与发展，2005 (5)：830－834.

［160］常志明，毛新军，齐治昌. 基于 Agent 的网格软件构件模型及其实现［J］. 软件学报，2008 (5)：1113－1124.

［161］王嘉祯，王素贞，党辰，等. 移动 Agent 平台 HBAgent［J］. 技术报告，2008 (6).

［162］ http：//hosted-communications. tmcnet. com/topics/broadband-comm/articles/32652-trust-digital-delivers-first-mobile-security-solution-compliant. htm.

［163］ DAVID FOSTER, VIJAY VARADHARAJAN, VIJAY. Trust-enhanced secure mobile agent-based system design［J］. International Journal of Agent-Oriented Software Engineering，2007 (2)：205－224.

［164］ MICHAIL FRAGKAKIS, NIKOLAOS ALEXANDRIS. Comparing the Trust and Security Models of Mobile Agents［C］. Third International Symposium on Information Assurance and Security，2007.

［165］ V. VALLI KUMARI, Y. ADITYA KUMAR, KVSVN RAJU, et al. Policy Based Controlled Migration of Mobile Agents to Untrusted Hosts［C］. Third International Conference on International Information Hiding and Multimedia Signal Processing (IIH－MSP 2007)，2007.

［166］孙海鸣，王志坚. 移动 Agent 系统的服务动态部署研究［J］. 计算机技术与发展，2006 (6)：177－182.

［167］欧中洪，宋美娜，战晓苏，等. 移动对等网络关键技术［J］. 软件学报，2008，19 (2)：404－418.

［168］吴骏，王崇骏，陈世福 . Agent 主动目标的形式化模型［J］. 软件学报，2008，19（7）：1644－1653.

［169］陈康，郑纬民 . 云计算：系统实例与研究现状［J］. 软件学报，2009（5）.

［170］冯登国，张敏，张妍，等 . 云计算安全研究［J］. 软件学报，2011（1）.

［171］胡军 . 基于智能体的电子商务关键技术研究［D］. 北京：北京理工大学，2003.

［172］P. R. MILGROM. Auction theory［M］. Cambridge University Press，1997.

［173］刘爱珍，王嘉祯，等 . 一种考虑 Agent 截止期限的 CPU 时间片分配算法［J］. 计算机应用，2008（3）.

［174］刘爱珍，王嘉祯，等 . CPU 时间片组合拍卖遗传算法［J］. 计算机工程，2008（10）.

［175］何炎祥，宋文欣，彭锋 . 高级操作系统［M］. 科学出版社，2001.

［176］http：//www. essex. ac. uk/wehia05/Paper/Parallel5/Session1/FasliM. pdf.

［177］W. VICKREY. Counter-speculation，Auctions and Competitive Sealed Tenders. Journal of Finance，1961（6）：8－37.

［178］王克成，王科俊，余达太 . 两种改进的神经网络结构学习算法［J］. 北京科技大学学报，1997，19（5）：490－494.

［179］R. WILSON. Auctions of Shares［J］. Quarterly Journal of Economics，1979（93）：675－689.

［180］K BACK，J. F. ZENDER. Auctions of Divisible Goods：on the Rationale for the Treasury Experiment［J］. Review of Finiancial Studies，1993（6）：733－764.

［181］ROBERT S. GRAY. Agent Tcl：A flexible and Secure Mobile Agent system［D］. Dartmouth College，1997.

［182］毛卫良 . 开放式代理系统中基于拍卖的资源分配机制的研究［D］. 上海：上海交通大学，2002.

［183］李光久 . 博弈论基础教程［M］. 北京：化学工业出版社，2005.

［184］D. FUDENBERG，J. TIROLE. Game Theory［M］. MIT Press，Cambridge，MA，1996.

［185］ A. GIBBARD. Manipulation of voting schemes: A general result ［J］. Econosmetric. 1973，41（4）：587－601.

［186］ M. A. SATTERTHWAITE. Stetegy-proofness and Arrow's Conditions: Existence and Correspondence Theorems for Voting Procedures and Social Welfare Functions ［J］. Journal of Economic Theory，1975（10）：187－217.

［187］ JONATHAN L. BREDIN. Market-based Control of Mobile-Agent Systems ［D］. Dartmouth College，2001.

［188］JONATHAN BREDIN，DAVID KOTZ，DANIELA RUS. Utility Driven Mobile-Agent Scheduling A Game-Theoretic Formulation of Multi-Agent Resource Allocation ［R］. Technical Report PCS-TR99－360，Dept. of Computer Science，Dartmouth College，October，1999.

［189］ JONATHAN BREDIN，RAJIV T. Maheswaran and ? agri Imer and Tamer Basar and David Kotz and Daniela Rus ［C］. In Proceedings of the Fourth International Conference on Autonomous Agents，2000.

［190］ JONATHAN BREDIN，DAVID KOTZ，DANIELA RUS，et al. Cagri Imer and Tamer Basar ［M］. Springer-Verlag，2001.

［191］JONATHAN BREDIN，RAJIV T. MAHESWARAN，AGRI IMER，et al. A Game-Theoretic Formulation of Multi-Agent Resource Allocation ［R］. Technical Report PCS-TR99－360，Dept. of Computer Science，Dartmouth College，1999.

［192］ JONATHAN BREDIN，DAVID KOTZ，DANIELA RUS. The Role of Information in Computational-Resource Allocation，for the TASK Electronic Commerce REF ［C］. Invited paper at the DARPA TASK PI meeting，May，2001.

［193］JONATHAN BREDIN，RAJIV T. MAHESWARAN，AGRI IMER，et al. Computational Markets to Regulate Mobile-Agent Systems ［J］. Autonomous Agents and Multi-Agent Systems，2003，6（3）：235－263.

［194］ http：//www. cs. dartmouth. edu/—dfk/papers/bredin-lottery-tr. pdf.

［195］ JONATHAN BREDIN，DAVID KOTZ，DANIELA RUS. Mobile-Agent Planning in a Market-Oriented Environment ［R］. Technical Report PCS-TR99－345，Dept. of Computer Science，Dartmouth College，1999.

［196］ JONATHAN BREDIN，DAVID KOTZ，DANIELA RUS. Market-based Resource Control for Mobile Agents［C］. In Proceedings of the Second International Conference on Autonomous Agents，May，1998.

［197］JONATHAN BREDIN，DAVID KOTZ，DANIELA RUS. Market-based Resource Control for Mobile Agents［C］. Technical Report PCS-TR97-326，Dept. of Computer Science，Dartmouth College，December，1997.

［198］http：//www. cs. dartmouth. edu/—dfk/papers/bredin-position. pdf.

［199］JONATHAN BREDIN，DAVID KOTZ，DANIELA RUS. Trading Risk in Mobile-Agent Computational Markets［C］. In the Sixth International Conference on Computing in Economics and Finance，Barcelona，Spain，July，2000.

［200］EZRA E. K. COOPER，ROBERT S. GRAY. An Economic CPU-Time Market for D'Agents［R］. Technical Report TR2000 – 375，Dept. of Computer Science，Dartmouth College，June，2000：1 – 24.

［201］B. REGGERS. Markets for Computational Resources［D］. Maastricht：Universiteit Maastricht，2004.

［202］http：//proceedings. eldoc. ub. rug. nl/FILES/HOME/bnaic/2004/

［203］郭忠文，刘玉梅，刘勇，等. 一种基于拍卖理论的移动 Agent 资源分配模型［J］. 青岛海洋大学学报，2003，33（3）：439 – 442.

［204］H. HOOS，C. BOUTILIER. Solving Combinational Auctions Using Stochastic Local Search［C］. Proceedings of the 17th National Conference on Artificial Intelligence，2000：22 – 29.

［205］B. CHANDRA，M. HALLDORSSON. Greedy Local Improvement and Weighted Set Packing Approximation［C］. Proceedings of the 10th Annual ACM-SIAM Symposium on Discrete Algorithms（SODA—99）. 1999：169 – 176.

［206］Y. FUJISIMA，K. LEYON-BROWN，Y. SHOHAM. Taming the Computational Complexity of Combinational Auctions［C］. Proceedings of the 16th International Joint Conference on Artificial Intelligence（IJCAI—99），1999：548 – 553.

［207］罗小虎，赵雷. 一个解决 0/1 背包问题的蚁群方法［J］. 苏州大学学报，2004，24（1）：41 – 44.

［208］马良，王德龙. 背包问题的蚂蚁优化算法［J］. 计算机应用，2001，21（8）：4 – 5.

［209］霍红卫，许晋，保铮. 基于遗传算法的 0/1 背包问题求解 ［J］. 西安电子科技大学学报，1999，26（4）：493 - 497.

［210］http：//home. himolde. no/—arildh/.

［211］S. KHURI，T. BACK，J. HEITKOTTER. The Zeros/One Multiple Knapsack Problem and Genetic Algorithms ［C］. Proceedings of ACM Symposium of Applied Computation (SAC' 94) . 1994.

［212］T. SANDHOLM. An Algorithm for Optimal Winner Determination in Combinatorial Auctions ［C］. Proceedings of the 16th International Joint Conference on Artificial Intelligence (IJCAI - 99)，1999.

［213］T. SANDHOLM. Algorithm for Optimal Winner Determination in Combinatorial Auctions ［J］. Artificial Intelligence，2002 (135)：1 - 54.

［214］http：//www. site. uottawa. ca/—holte/publications/ai2001. ps.

［215］R. GONEN，D. LEHMAN. Optimal Solutions for Multi-unit Combinatorial Auctions：Branch and Bound Heuristics ［C］. ACM Conference on Eelectronic Commerce (EC - 00)，2000.

［216］D. CLIFF. Minimal-intelligence Agents for Bargaining Behaviors in Market-based Environments ［R］. Technical Report HPL-97-91，Hewlett Packard Laboratories，Bristol，England，1997.

［217］D. CLIFF. Genetic Optimization of Adaptive Trading Agents for Double-auction Markets ［C］. In Proceedings of the 1998 Conference on Computational Intelligence for Financial Engineering (CIFEr)，1998.

［218］D. CLIFF，J. BRUTEN. Less than Human：Simple Adaptive Trading Agents for CDA Markets ［C］. The 1998 Symposium on Computation in Economics，Finance，and Engineering：Economic Systems，1998.

［219］D. CLIFF，J. BRUTEN. More than Zero Intelligence Needed for Continuous Double-auction Markets ［R］. Technical Report HPL-97-157，Hewlett Packard Laboratories，Bristol，England，1997. To be presented at CEFEES98，Cambridge UK，1998.

［220］http：//citeseer. ist. psu. edu/356809. html.

［221］D. CLIFF，J. BRUTEN. Shop' Til You Drop II：Collective Adaptive Behavior of Simple Autonomous Trading Agents in Simulated Retail Markets ［R］. Technical Report HPL-98 - 59，Hewlett Packard Laboratories，Bristol，England，1998.

［222］FANG-RUI YANG，XIAN-JIA WANG，HONG YANG. Agent Bidding Strategy and Simulation in Double Auctions ［C］. Proceedings of the Third International Conference on Machine Learning and Cybernetics，Shanghai，2004.

［223］http：//ieeexplore. ieee. org/xpl/freeabs-all. jsp? reload=true&arnumber = 1375400.

［224］D. K. GODE，S. SUNDER. Allocative Efficiency of Markets with Zero Intelligence Traders：Market as a Partial Substitute for Individual Rationality ［J］. Journal of Political Economy，1993，101 (1)：119 - 137.

［225］A. J. BAGNALL，I. E. TOFT. Autonomous Adaptive Agents for Single Seller Sealed Bid Auctions ［R］. Technical Report，Hewlett Packard Laboratories，2005.

［226］IAIN TOFT. Investigate Adaptive Agent Behaviors in Simulated Auctions Scenarios ［R］. Technical Report，Hewlett Packard Laboratories，2004.

［227］S. GJERSTAD，J. DICKHAUT. Price Formation in Double Auctions ［J］. Games and Economic Behaviour. 1998，22 (1)：1 - 29.

［228］FU LI-FANG，FENG YU-QIANG，WU GANG. Mechaism Designing of Multi-unit Combinatorial Online Double Auction ［C］. International Conference on Management Science and Engineering. 5 - 7 Oct. French，2006.

［229］马俊涛，积仁. Mobile Agent 体系结构及关键技术探讨 ［J］. 小型微型计算机系统，1998，19 (2)：7 - 14.

［230］刘爱珍，贾红丽，王嘉祯，等. 基于组合拍卖机制的移动 Agent 投标策略 ［J］. 计算机工程，2009 (4).

附　　录

1. 实验环境 HBAgent 平台

HBAgent 是基于组件技术的移动 Agent 系统原型，其系统结构如图 1 所示。在每台主机上，移动 Agent 平台由一系列的组件构成，这些组件按服务目标可分为三类：①作为服务器端的组件集合 Place：完成与其他服务器的连接与断开、基本组件的装配与卸载等。其中，Place 是一个基本组件子集，形成移动 Agent 运行环境；②作为客户端组件集合 Client：完成对移动 Agent 的基本服务，包括编辑移动 Agent、文件操作、发送移动 Agent、回收移动 Agent 等；③通信组件集合 Communicator：是用于服务器端和客户端进行通信的基本组件子集，给移动 Agent 提供通信功能。

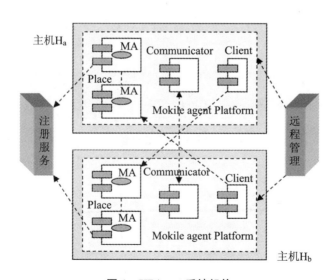

图 1　HBAgent 系统机构

系统允许扩展，还可以装配其他功能的组件子集，例如，在 HBAgent 已有组件的基础上加以扩展，以组件集的形式来实现本书所设计的安全子系统。分别如图 2 和图 3 所示。

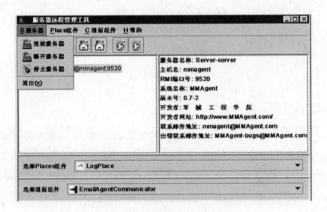

图 2 服务器端安全组件

图 3 服务器端新增安全组件

2. RSA 加密及时间测量算法

（1）RAS 密钥对生成算法

```
package com. _ 21cn. cryptto;
import java. security. KeyPair;
import java. security. PrivateKey;
import java. security. PublicKey;
import java. security. SecureRandom;
public class GenerateKeyPair {
```

```
private String priKey;
private String pubKey;
public void run () {
try {
java. security. KeyPairGenerator keygen = java. security. KeyPairGenerator
. getInstance (" RSA");
SecureRandom secrand = new SecureRandom ();
secrand. setSeed (" 21cn" . getBytes ()); // 初始化随机产生器
keygen. initialize (512, secrand);
KeyPair keys = keygen. genKeyPair ();
PublicKey pubkey = keys. getPublic ();
PrivateKey prikey = keys. getPrivate ();
pubKey = bytesToHexStr (pubkey. getEncoded ());
priKey = bytesToHexStr (prikey. getEncoded ());
System. out. println (" pubKey=" + pubKey);
System. out. println (" priKey=" + priKey);
System. out. println (" 写入对象 pubkeys ok");
System. out. println (" 生成密钥对成功");
} catch (java. lang. Exception e) {
e. printStackTrace ();
System. out. println (" 生成密钥对失败");
}
}
/ * *
 * Transform the specified byte into a Hex String form.
 * /
public static final String bytesToHexStr (byte [] bcd) {
StringBuffer s = new StringBuffer (bcd. length * 2);
for (int i = 0; i < bcd. length; i++) {
s. append (bcdLookup [ (bcd [i] >>> 4) & 0x0f]);
s. append (bcdLookup [bcd [i] & 0x0f]);
}
```

```
return s. toString ();
}
/ * *
 * Transform the specified Hex String into a byte array.
 */
public static final byte [] hexStrToBytes (String s) {
byte [] bytes;
bytes＝new byte [s. length () /2];
for (int i＝0; i＜bytes. length; i++) {
    bytes [i] = (byte) Integer. parseInt (s. substring (2 * i, 2 * i+2),
16);
}
return bytes;
}
private static final char [] bcdLookup＝ {'0', '1', '2', '3', '4', '5', '6', '7', '8',
'9', 'a', 'b', 'c', 'd', 'e', 'f'};
/ * *
 * @param args
 */
public static void main (String [] args) {
// TODO Auto－generated method stub
long start, stop, cont＝0;
Process proc＝null;
GenerateKeyPair n = new GenerateKeyPair ();
for (int i＝0; i＜50; i++) {
start＝System. currentTimeMillis ();
            n. run ();
stop＝System. currentTimeMillis ();
cont+＝stop－start;
}
System. out. println (" Exececute time:" + ( (float) cont/50));
}
```

```
}
```

（2）使用所产生的密钥对签名算法时间测量

```
package com. _ 21cn. cryptto;
import java. security. KeyFactory;
import java. security. PrivateKey;
import java. security. spec. PKCS8EncodedKeySpec;
public class SignatureData {
public void run () {
try {
String prikeyvalue = " 30820153020100300d06092a864886f70d010101050004
82013d30820139020100024100abc133204aa2cd54a058a149e224c57ddd66603bd7380
21ea7c3afc2f88f9731679aff62cb5721c47b3866e06a9d764eac60db81126920d411824c
b6c291b825020301000102403e146eee550bd33bab595db2ded27bafaabebe39e2e8939
b90f7e2278ec017dd6370e6d3f26074901f1d243d883c90836661da09b4a9f45f103e88f
eaac60501022100e505552f22a429e9ed06b29e283a3dc7c90b424fe06c6916642ed30d4
eae69b9022100bffcdecd47d1c22853c7534fb2c266f470fb28d8810e58058f43d026419b
07cd02201ab8ff928b693a56c84872c90f8a9430de9d88b4474c7f0a94cffde25c9eef4902
2004222a9ddad4fe4c25f99da6929fb2ddc26cf5e52b6a26a4ffffa2c4a016f96502205739
aab5d080c79bf703742023c23254c39c62a94bf7186a4efc17b13c9a09b0 "; //这  是
GenerateKeyPair 输出的私钥编码
PKCS8EncodedKeySpec priPKCS8 = new PKCS8EncodedKeySpec （hexStr-
ToBytes （prikeyvalue））;
KeyFactory keyf＝KeyFactory. getInstance （" RSA"）;
PrivateKey myprikey＝keyf. generatePrivate （priPKCS8）;
String myinfo = " 1234567890"; // 要签名的信息
// 用私钥对信息生成数字签名
byte [] signed = hexStrToBytes （" 6bb15f4713e849294dd88e578c8a8e2a8f
1293443dc909ba9fa4ac89865bdc0ef56c55fc3
b1ff7bac14ffaa27c96f18758fcf93a0b81ff36173f6279d5891f13"）; //这是 Signature-
Data 输出的数字签名
java. security. Signature  signet  =  java. security. Signature. getInstance
（" MD5withRSA"）;
```

signet. initSign（myprikey）;

signet. update（myinfo. getBytes（" ISO－8859－1"））;

signed ＝ signet. sign（）; // 对信息的数字签名

System. out. println（" signed（签名内容）原值＝" ＋ bytesToHexStr（signed））;

System. out. println（" info（原值）＝" ＋ myinfo）;

System. out. println（" 签名并生成文件成功"）;

} catch (java. lang. Exception e)｛

e. printStackTrace（）;

System. out. println（" 签名并生成文件失败"）;

}

;

}

/＊＊

＊ Transform the specified byte into a Hex String form.

＊/

public static final String bytesToHexStr（byte［］bcd）｛

StringBuffer s ＝ new StringBuffer（bcd. length ＊ 2）;

for (int i ＝ 0; i ＜ bcd. length; i＋＋) ｛

s. append（bcdLookup［（bcd［i］＞＞＞ 4）& 0x0f］）;

s. append（bcdLookup［bcd［i］& 0x0f］）;

}

return s. toString（）;

}

/＊＊

＊ Transform the specified Hex String into a byte array.

＊/

public static final byte［］hexStrToBytes（String s）｛

byte［］bytes;

bytes ＝ new byte［s. length（）/ 2］;

for (int i ＝ 0; i ＜ bytes. length; i＋＋) ｛

bytes［i］＝ (byte) Integer. parseInt（s. substring（2 ＊ i, 2 ＊ i ＋ 2），

16）；

}

return bytes；

}

private static final char [] bcdLookup = { '0', '1', '2', '3', '4', '5',
'6', '7', '8', '9', 'a', 'b', 'c', 'd', 'e', 'f' };

/ * *

* @param args

* /

public static void main （String [] args） {

// TODO Auto—generated method stub

SignatureData s = new SignatureData （）；

long start，stop，cont=0；

for （int i=0；i<1000；i++） {

start=System. currentTimeMillis （）；

s. run （）；

stop=System. currentTimeMillis （）；

cont+=stop—start；

}

System. out. println （" Execcute time：" + （ （float） cont/1000））；

}

}

（3）验证签名正常算法时间测量

package com. _ 21cn. cryptto；

import java. security. KeyFactory；

import java. security. PublicKey；

import java. security. spec. X509EncodedKeySpec；

//public

class VerifySignature implements Runnable {

public static void main （String [] args） {

VerifySignature v = new VerifySignature （）；

long start，stop，cont=0；

```
for (int i=0; i<1000; i++) {
start=System. currentTimeMillis ();
            v. run ();
stop=System. currentTimeMillis ();
cont+=stop-start;
}
System. out. println (" Exececute time:" + ( (float) cont/1000));
}
    public static final byte [] hexStrToBytes (String s) {
byte [] bytes;
bytes = new byte [s. length () / 2];
for (int i = 0; i < bytes. length; i++) {
bytes [i] = (byte) Integer. parseInt (s. substring (2 * i, 2 * i + 2),
16);
}
return bytes;
}
public void run () {
try {
String pubkeyvalue = " 305c300d06092a864886f70d0101010500034b003048
```

024100abc133204aa2cd54a058a149e224c57ddd66603bd738021ea7c3afc2f88f973167

9aff62cb5721c47b3866e06a9d764eac60db81126920d411824cb6c291b8250203010001"; // 这是 GenerateKeyPair 输出的公钥编码

　　X509EncodedKeySpec bobPubKeySpec = new X509EncodedKeySpec (hex-StrToBytes (pubkeyvalue));

　　KeyFactory keyFactory = KeyFactory. getInstance (" RSA");

　　PublicKey pubKey = keyFactory. generatePublic (bobPubKeySpec);

　　String info = " 123456789";

　　byte [] signed=

hexStrToBytes (" 6bb15f4713e849294dd88e578c8a8e2a8f1293443dc909ba9

fa4ac89865bdc0ef56c55fc3b1ff7bac14ffaa27c96f18758fcf93a0b81f

f36173f6279d5891f1"); //这是 SignatureData 输出的数字签名

```
java. security. Signature  signetcheck = java. security. Signature. getInstance
(" MD5withRSA");
    signetcheck. initVerify (pubKey);
    signetcheck. update (info. getBytes ());
    if (signetcheck. verify (signed)) {
    System. out. println (" info=" + info);
    System. out. println (" 签名正常");
    }
    else System. out. println (" 非签名正常");
    }
    catch (java. lang. Exception e) {e. printStackTrace ();}
    }
    }
```

后　记

本书是在我的博士学位论文的基础上，经过进一步应用实践总结形成的。在本书即将出版之际，特向在博士学习阶段给予我指导和帮助的老师、同学和亲人们表示衷心的感谢！

首先感谢我的导师王嘉祯教授。在攻读博士学位期间，王教授在学术研究方面对我悉心指导、严格要求。王教授渊博的学识、严谨的治学态度、诲人不倦的长者风范，将使我受益终生。还要感谢米东教授、赵强教授、孟晨教授、王韬教授、寇应展教授在我的博士论文修改过程中给予我的指导和建议，使我受益匪浅。

特别感谢在移动 Agent 方向与我一同开展相关研究的同学及好友刘爱珍博士，她在博士学习期间给了我很大的帮助，相同的研究兴趣也使我们结下了深厚的友谊。2010 年，我们共同完成了河北省科技厅立项课题"基于移动 Agent 信任度的资源分配系统"的研发工作，目前正在合作研究 2011 年度河北省科技厅立项课题"移动电子商务征信系统研究与实现"。为了使本书的知识结构和逻辑更加完整，书中引用了刘爱珍博士的部分研究结论。

同时感谢在学习期间，彭德云、杨素敏、张政保、党辰、徐波、冯帆、谭月辉、文家福、马懿等同学对我学习和研究的支持和帮助。

还要感谢河北经贸大学领导和同事们在我学习和研究过程中给予的关怀和帮助以及对本书出版的大力支持！

另外，对河北省科技厅在移动 Agent 方向系列研究课题的项目资助表示感谢。

最后，衷心感谢我的家人对我始终如一的关怀和支持，他们的支持使我的学习和研究工作得以顺利完成。

本书得到河北经贸大学出版基金资助。

王素贞

2012 年 7 月